国家科学技术学术著作出版基金资助出版

学术中国·空间信息网络系列

空间信息网络协同传输与资源管理

Cooperative Transmission and Resource Management in Space Information Networks

匡麟玲　靳瑾　姜春晓　吴胜　陆建华　于全　著

人民邮电出版社
北京

图书在版编目（CIP）数据

空间信息网络协同传输与资源管理 / 匡麟玲等著. -- 北京：人民邮电出版社，2019.1（2023.1重印）
ISBN 978-7-115-50259-9

Ⅰ．①空… Ⅱ．①匡… Ⅲ．①卫星通信系统－数据传输②卫星通信系统－资源管理 Ⅳ．①TN927

中国版本图书馆CIP数据核字(2018)第265577号

内 容 提 要

本书针对空间信息网络动态拓扑下的传输和资源优化理论与方法展开研究，面向国家自然科学基金委员会"空间信息网络基础理论与关键技术"重大研究计划涉及的第二个科学问题，即空间动态网络高速传输理论与方法。本书重点关注了 3 个关键基本问题：空间频谱资源使用和共享方法、空间多星多波束信号协同处理方法，以及空间资源管理和优化。全书共 12 章，分为 3 个部分：首先研究空间信息网络不同轨道星座之间以及空间网络与地面网络之间的同频干扰特征规律，分析空间信息网络频谱使用与共享方法；在此基础上，进一步研究空间信息网络中多星多波束间的干扰机理及协同处理机制，提出星间与星地的协同干扰消除方法；最后讨论了空间信息网络无线资源优化配置问题，研究了空间多类资源的相互耦合和约束关系，建立异构网络资源统筹规划模型，提出星地一体化资源管理方法。

本书可作为空间信息网络相关专业研究生的教材，也适合从事相关领域研究的科研工作者阅读与参考。

◆ 著　　匡麟玲　靳　瑾　姜春晓　吴　胜　陆建华　于　全
责任编辑　代晓丽
责任印制　杨林杰

◆ 人民邮电出版社出版发行　北京市丰台区成寿寺路11号
邮编 100164　电子邮件 315@ptpress.com.cn
网址 http://www.ptpress.com.cn
固安县铭成印刷有限公司印刷

◆ 开本：710×1000　1/16
印张：17　　　　　　　　2019年1月第1版
字数：315千字　　　　　2023年1月河北第4次印刷

定价：128.00 元
读者服务热线：(010)81055493　印装质量热线：(010)81055316
反盗版热线：(010)81055315

《国之重器出版工程》
编辑委员会

编辑委员会主任：苗　圩

编辑委员会副主任：刘利华　辛国斌

编辑委员会委员：

冯长辉	梁志峰	高东升	姜子琨	许科敏
陈　因	郑立新	马向晖	高云虎	金　鑫
李　巍	高延敏	何　琼	刁石京	谢少锋
闻　库	韩　夏	赵志国	谢远生	赵永红
韩占武	刘　多	尹丽波	赵　波	卢　山
徐惠彬	赵长禄	周　玉	姚　郁	张　炜
聂　宏	付梦印	季仲华		

专家委员会委员（按姓氏笔画排列）：

于　全　　中国工程院院士
王　越　　中国科学院院士、中国工程院院士
王小谟　　中国工程院院士
王少萍　　"长江学者奖励计划"特聘教授
王建民　　清华大学软件学院院长
王哲荣　　中国工程院院士
尤肖虎　　"长江学者奖励计划"特聘教授
邓玉林　　国际宇航科学院院士
邓宗全　　中国工程院院士
甘晓华　　中国工程院院士
叶培建　　人民科学家、中国科学院院士
朱英富　　中国工程院院士
朵英贤　　中国工程院院士
邬贺铨　　中国工程院院士
刘大响　　中国工程院院士
刘辛军　　"长江学者奖励计划"特聘教授
刘怡昕　　中国工程院院士
刘韵洁　　中国工程院院士
孙逢春　　中国工程院院士
苏东林　　中国工程院院士
苏彦庆　　"长江学者奖励计划"特聘教授
苏哲子　　中国工程院院士
李寿平　　国际宇航科学院院士

李伯虎	中国工程院院士
李应红	中国科学院院士
李春明	中国兵器工业集团首席专家
李莹辉	国际宇航科学院院士
李得天	国际宇航科学院院士
李新亚	国家制造强国建设战略咨询委员会委员、中国机械工业联合会副会长
杨绍卿	中国工程院院士
杨德森	中国工程院院士
吴伟仁	中国工程院院士
宋爱国	国家杰出青年科学基金获得者
张　彦	电气电子工程师学会会士、英国工程技术学会会士
张宏科	北京交通大学下一代互联网互联设备国家工程实验室主任
陆　军	中国工程院院士
陆建勋	中国工程院院士
陆燕荪	国家制造强国建设战略咨询委员会委员、原机械工业部副部长
陈　谋	国家杰出青年科学基金获得者
陈一坚	中国工程院院士
陈懋章	中国工程院院士
金东寒	中国工程院院士
周立伟	中国工程院院士

郑纬民	中国工程院院士
郑建华	中国科学院院士
屈贤明	国家制造强国建设战略咨询委员会委员、工业和信息化部智能制造专家咨询委员会副主任
项昌乐	中国工程院院士
赵沁平	中国工程院院士
郝　跃	中国科学院院士
柳百成	中国工程院院士
段海滨	"长江学者奖励计划"特聘教授
侯增广	国家杰出青年科学基金获得者
闻雪友	中国工程院院士
姜会林	中国工程院院士
徐德民	中国工程院院士
唐长红	中国工程院院士
黄　维	中国科学院院士
黄卫东	"长江学者奖励计划"特聘教授
黄先祥	中国工程院院士
康　锐	"长江学者奖励计划"特聘教授
董景辰	工业和信息化部智能制造专家咨询委员会委员
焦宗夏	"长江学者奖励计划"特聘教授
谭春林	航天系统开发总师

# 前 言

  空间信息网络是以空间运动平台（包括卫星、飞艇和飞机）为载体，实时获取、传输和处理空间信息的网络系统，向上可支持深空探测，向下可支持对地观测、通信传输、时空基准等应用。空间信息网络具有不依赖地面站点、全球化广域覆盖、带宽分配灵活、业务应用多样、网络可拓展性强等独特优势。为了抢占未来网络的发展先机，各大国纷纷启动了空间信息网络相关的研究项目，研究涉及空间信息系统的基础理论和关键技术、相关的基础设施以及系统应用等各个层面。

  与地面信息网络相比，空间信息网络仍处于早期研究阶段，尚未形成特定的网络体系架构。发展空间信息网络的困难在于大时空尺度下的网络与信息理论尚未建立，面临受限空间资源下的大时空跨度网络体系结构、动态网络环境下的高速信息传输、稀疏观测数据的连续反演与高时效应用等基础性的科学挑战。其核心基础难题在于大时空跨度下的空间信息网络建模和动态组网、时变空变网络的高速信息传输以及稀疏观测数据与连续信息服务的矛盾。此外，空间信息网络的系统容量、响应时间、安全性能等指标设计及优化也面临着新的挑战，迫切需要技术架构、协议体系和应用服务等创新。

  在空间信息网络中，信息传输技术是提升信息时效性的重要手段，需要在大尺度时变、空变的环境下提供端到端高速可靠传输。相比于传统传输理论研究考虑的平稳链路、独立同分布噪声、泊松无记忆业务的场景，空间信息网络中信息传输场景更加复杂：首先在辐射/接收机制方面，由于距离远且方位变化频繁，链路体现出显著的非平稳特性；其次，在网络节点环境，由于空间信息网络的广域覆盖和空间开放等特点，节点的耦合干扰特征显著；最后，在业务需求上，需要从无记忆随机请求模式转变为可规划的过程模式。空间信息网络发展面临新的科学与技术难题，需要突破常规

框架。本书主要研究成果在国家自然科学基金委员会"空间信息网络基础理论与关键技术"重大研究计划支持下完成。围绕空间动态网络高速传输理论与方法的科学问题，从空间动态网络传输和资源优化方法出发，重点关注了 3 个关键基本问题：空间频谱资源使用和共享方法、空间多波束信号协同处理方法，以及空间资源管理和优化。

本书的第一部分为空间信息网络频谱共享。第 2 章介绍系统间同频共存的相关无线电规则框架及同频干扰分析模型；第 3 章主要研究 GEO 与 NGEO 通信系统的频谱共享问题；第 4 章讨论 NGEO 通信系统间的同频干扰问题；第 5 章针对 GEO 系统、感知 NGEO 系统和干扰 NGEO 系统共存的场景，考虑卫星通信系统多级功率控制的实际工作方式，研究了频谱感知技术的应用。第二部分为空间信息网络多用户信号协同处理问题。第 6 章建立空间信息网络多波束模型；第 7 章介绍多波束多用户协同信号处理方法，提出反向波束内和波束间干扰处理技术；第 8 章研究星地协同网络中的干扰估计与消除方法。第三部分为空间信息网络资源管理与优化。第 9 章以中继卫星系统为例，研究了空间天线资源的任务调度问题；第 10 章研究了空间异构网络一体化资源管理方法；第 11 章研究空间信息网络用户的资源竞争行为，提出了基于重复博弈的资源管理架构；第 12 章针对星地协同网络的联合资源管理问题，提出了两种星地协同网络资源分配方法。

本书作者所在的科研团队多年来一直致力于空间信息网络协同传输与资源管理等方面的相关研究工作，具有较好的理论及工程实践基础。

在此，我们要感谢一起奋斗的同事们，包括葛宁研究员、殷柳国研究员、晏坚副研究员、倪祖耀副研究员等，他们对本书的完成给予了诸多建议和帮助。此外，还要特别感谢为本书的整理及校对而辛勤工作的学生们，包括张弛、朱向明、贾浩歌、王磊、林新聪、钟远智、李婷等。

另外，感谢国家自然科学基金项目（编号：91438206，91538203，91638205，61621091，91738101）对本书的资助。

最后，十分感谢家人对作者工作的大力支持和理解。

由于作者水平有限，书中难免存在错误和不当之处，敬请读者批评指正。

作 者

目 录

第1章 绪论 ·· 001

  1.1 空间信息网络的概念与内涵 ··· 002
  1.2 国内外发展现状 ·· 002
  1.3 空间信息网络发展面临的科学和技术难题 ·································· 005
  1.4 本书内容 ··· 005

第一部分 空间信息网络频谱共享

第2章 空间信息网络频谱干扰特征与模型 ·· 011

  2.1 ITU 空间信息网络频谱相关规则 ·· 012
      2.1.1 频谱划分 ··· 012
      2.1.2 频谱共享约束 ·· 014
      2.1.3 卫星频率协调 ·· 016
  2.2 同频干扰建模方法 ··· 018
      2.2.1 卫星系统间干扰分析数学模型 ··· 018
      2.2.2 干扰分析软件建模的相关介绍 ··· 021
  2.3 频谱干扰规避方法及策略 ··· 022
      2.3.1 空域分隔 ··· 022
      2.3.2 功率控制 ··· 023
      2.3.3 其他方法 ··· 023
  2.4 本章小结 ··· 024
  参考文献 ··· 024

第3章 GEO 卫星通信系统与 NGEO 卫星通信系统频谱共享 ················ 027

  3.1 引言 ·· 028
  3.2 单个 NGEO 卫星对 GEO 卫星系统的干扰分析 ·························· 029
      3.2.1 系统干扰仿真分析流程 ·· 029
      3.2.2 干扰仿真模型建立 ·· 032
      3.2.3 干扰仿真结果分析 ·· 035

3.3 相轨迹分析方法 043
    3.3.1 相轨迹分析方法步骤 044
    3.3.2 干扰建模仿真 047
    3.3.3 干扰仿真分析结果 048

3.4 频谱共享方法分析 054
    3.4.1 系统模型 054
    3.4.2 角度隔离 056
    3.4.3 保护区 059
    3.4.4 仿真分析 063

3.5 本章小结 066

参考文献 067

第 4 章 NGEO 卫星通信系统间的频谱共享与分析方法 069

4.1 引言 070

4.2 OneWeb 卫星通信系统对 O3b 卫星通信系统的干扰仿真建模分析 071
    4.2.1 OneWeb 卫星通信系统对 O3b 卫星通信系统的干扰仿真分析结果 073
    4.2.2 干扰量级和时间分布 074

4.3 链路夹角概率分析方法 076
    4.3.1 链路夹角限值阈值计算方法 076
    4.3.2 有害干扰概率计算 078
    4.3.3 NGEO 星座间干扰的仿真结果 079

4.4 本章小结 082

参考文献 082

第 5 章 NGEO 卫星通信系统和 GEO 卫星通信系统中的频谱感知技术 085

5.1 引言 086

5.2 频谱感知场景和系统模型 087
    5.2.1 下行链路场景 087
    5.2.2 上行链路场景 090

5.3 频谱感知策略 093
    5.3.1 下行链路场景 093
    5.3.2 上行链路场景 100

5.4 算法性能仿真分析 102
    5.4.1 下行链路场景 103

  5.4.2 上行链路场景 ·············· 105
 5.5 本章小结 ·················· 107
 5.6 本部分小结 ················ 108
 参考文献 ····················· 109

第二部分 空间信息网络多用户信号协同处理

第6章 空间信息网络多波束干扰模型 ·············· 115
 6.1 研究意义 ·················· 116
 6.2 模型特性分析 ············· 118
 6.3 干扰分析 ·················· 119
  6.3.1 全景多波束干扰特征 ·············· 119
  6.3.2 动态多波束干扰特征 ·············· 120
  6.3.3 混合多波束干扰特征 ·············· 120
 6.4 信道建模 ·················· 121
  6.4.1 自由空间损耗 ·············· 121
  6.4.2 小尺度衰落 ·············· 122
  6.4.3 波束辐射方向增益 ·············· 122
 6.5 本章小结 ·················· 124
 参考文献 ····················· 124

第7章 多波束多用户协同信号处理方法 ············· 127
 7.1 反向链路多用户及多波束干扰处理技术 ············· 128
  7.1.1 CDMA多用户干扰的影响分析 ·············· 128
  7.1.2 反向波束内CDMA多用户干扰处理 ·············· 130
  7.1.3 反向波束间干扰处理技术 ·············· 139
 7.2 前向链路多波束干扰处理技术 ············· 149
 7.3 本章小结 ·················· 155
 参考文献 ····················· 156

第8章 星地协同网络的干扰估计与消除方法 ············· 157
 8.1 研究背景 ·················· 158
 8.2 基于位置信息的星地协同网络的干扰协调方法 ············· 159
  8.2.1 星地协同通信系统框架 ·············· 159

8.2.2　基于位置信息的干扰协调方法 161
　　　8.2.3　干扰协调方法精度分析 163
　　　8.2.4　仿真结果 166
　8.3　基于信道信息的星地协同网络干扰协调方法 167
　　　8.3.1　系统模型与框架 167
　　　8.3.2　拉格朗日对偶方法 169
　　　8.3.3　仿真结果 170
　8.4　本章小结 171
　8.5　本部分小结 171
　参考文献 172

第三部分　空间信息网络资源管理与优化

第9章　中继卫星系统任务调度 177
　9.1　引言 178
　9.2　任务特征 179
　9.3　任务需求预处理 181
　9.4　资源管控总体架构与任务调度模型 183
　9.5　任务调度算法 186
　9.6　本章小结 191
　参考文献 192

第10章　空间异构网络的资源管理与应急资源调度服务 195
　10.1　空间异构网络一体化资源管理方法 196
　　　10.1.1　空间异构网络一体化资源管理架构 196
　　　10.1.2　空间异构资源管理服务 198
　10.2　空间异构网络中的应急资源调度 202
　　　10.2.1　应急调度策略 203
　　　10.2.2　资源调度模型 205
　　　10.2.3　资源调度算法 207
　　　10.2.4　场景设置与仿真 210
　10.3　本章小结 212
　参考文献 212

第 11 章　空间信息网络资源竞争行为协调方法 215

- 11.1　引言 216
- 11.2　问题描述与建模 217
- 11.3　用户资源竞争行为分析 219
- 11.4　用户合作机理 221
- 11.5　有限惩罚与宽容策略 223
- 11.6　本章小结 229
- 参考文献 230

第 12 章　星地协同网络的联合资源管理方法与技术 233

- 12.1　引言 234
- 12.2　星地协同网络中的功率分配 235
  - 12.2.1　星地协同网络系统框架 235
  - 12.2.2　最优功率分配策略 237
  - 12.2.3　仿真结果 239
- 12.3　基于云处理的星地协同网络中的资源分配方法 241
  - 12.3.1　基于云处理的星地协同网络框架 241
  - 12.3.2　最优子信道和功率分配方法 244
  - 12.3.3　仿真结果 247
- 12.4　本章小结 249
- 12.5　本部分小结 250
- 参考文献 251

名词索引 255

第1章
绪 论

作为全书的绪论,本章首先介绍了空间信息网络概念和内涵;其次,通过分析国内外的发展现状,指出了当前空间信息网络发展存在的问题,并探究了未来的发展方向;同时,本章还分析了空间信息网络在空间动态网络高速传输方面所面临的科学和技术难题;最后介绍了本书的基本研究内容和总体结构。

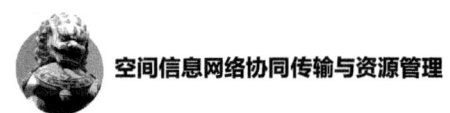

1.1 空间信息网络的概念与内涵

空间信息网络是以空间运动平台（包括卫星、飞艇和飞机）为载体，实时获取、传输和处理空间信息的网络系统，向上可支持深空探测，向下可支持对地观测等应用。空间信息网络具有全球化广域覆盖、带宽分配灵活、业务应用多样、网络可拓展性强等独特优势。空间信息网络向下可支持陆地、海洋、大气空间等全方位应用，向上可延伸到星际科学研究，从而将人类科学、文化、生产活动拓展至前所未有的领域。

与地面信息网络相比，空间信息网络仍处于早期研究阶段，尚未形成特定的网络体系架构。空间信息网络在发展中的困难在于大时空尺度下的网络与信息理论尚未建立，面临受限空间资源下的大时空跨度网络体系结构、动态网络环境下的高速信息传输、稀疏观测数据的连续反演与高时效应用等基础性的科学挑战。其核心基础难题在于大时空跨度下的空间信息网络建模和动态组网、时变空变网络的高速信息传输以及稀疏观测数据与连续信息服务的矛盾。

1.2 国内外发展现状

地面 Internet 发展 50 年来，已形成以自治互联和 TCP/IP 协议分层为核心的网络架构。移动蜂窝网发展30余年，形成了蜂窝接入网和IP核心网相结合的架构。当前，空间信息网络还处于早期研究阶段，尚未形成特定的网络体系架构。

现有卫星移动通信网络提供的业务类型分为固定卫星服务（Fixed Satellite Service，FSS）和移动卫星服务（Mobile Satellite Service，MSS）。FSS通常扮演着"无线光纤"的角色，如Spaceway3、WGS、ViaSat、Ka-Sat等，采用频分多址/时分多址（FDMA/TDMA）技术体制框架，下行多基于DVB-S/DVB-S2标准或类似协议，上行采用运营商各自的多频时分多址（MF-TDMA）协议，尚未形成统一标准。MSS通常扮演着"空间基站"的角色，其技术体制一般基于地面移动通信网络技术经过适应性改进而成，如铱星系统采用类似全球移动通信系统（GSM）的技术体制、全球星采用类似窄带码分多址（NCDMA）的技术方案、海事卫星系统的卫星移动业务采用类似地面移动通信3G技术、美国的移动用户目标系统（MUOS）采用宽带码分多址（WCDMA）的技术方案等。

随着全球移动宽带互联需求的不断增长，FSS正试图将原有的宽带业务移动化，如WGS、ViaSat等；MSS正试图将原有的移动业务宽带化，如铱星二代（Iridium-Next）、Inmarsat-5。实际上，两者也正在逐步融合，以期提供全球化的宽窄带灵活服务。但与地面Internet和移动蜂窝网发展不同的是，地面网络正逐步走向协议标准化，而卫星通信服务运营商普遍采用各自的协议，要形成全球统一的空间信息网络协议架构尚待时日，同时也潜在巨大的发展空间。

近年来，世界发达国家正通过商业资本、空间资源和科技优势整合互联网服务与卫星网络资源，大力发展全球化的互联网业务，为在利用卫星提供互联网服务的竞争中占得先机，国际上一些新兴科技公司已纷纷行动起来。2013年6月，谷歌（Google）公司投资的O3b卫星网络8颗卫星发射入轨，打造服务偏远地区和海洋用户的"空中光纤"，投入商用半年便获得1亿美元收入，2018年5月，O3b星座在轨卫星数升至16颗，总容量达到240 Gbit/s，并计划在2019年继续发射下一代4颗mPower卫星。谷歌公司的商业成功促使了大量科技公司投入空间信息网络这个新兴领域。

2017年2月，美国OneWeb公司在其总容量达5 Tbit/s的720颗低轨卫星星座计划基础上，提出了未来2 000颗卫星组成的"星座互联网"计划，这一计划获得了美国联邦通讯委员会（Federal Communications Commission，FCC）的批准，被允许进入美国市场。2017年3月，美国SpaceX公司在此前不少于4 257颗小卫星的STEAM互联网星座基础上，又提出了发展基于V频段的由7 518颗卫星组成的低轨（VLEO）星座。2018年3月，FCC批准了SpaceX公司的卫星星座计划"StarLink"，星座共计11 943颗卫星（4 425颗低轨道（Low Earth Orbit，LEO）卫星和7 518颗VLEO卫星）。该系统将可为每个用户提供最高容量达1 Gbit/s的宽带服务。

与此同时，传统卫星通信运营公司也不甘落后。2017年5月，美国铱星公司宣布成功部署首批10颗"下一代"铱星，开始提供基于Ka频段的通信服务。截至2018年5月，铱星公司已累积发射50颗"下一代"铱星，并预计在2018年年底前完成全部部署。2017年6月，美国卫讯公司部署了下一代大容量宽带卫星ViaSat-2，整星容量为300 Gbit/s，服务70万终端用户。SES、IntelSat和Inmarsat等卫星运营商也均开展了互联网接入等验证和测试。

可以看到，上述卫星网络计划大多从商业和资本运作角度考虑，以直接接入地面互联网的方式提供服务，主要是作为地面互联网的延伸，是简单形态的空间信息网络。

纵观国内，我国卫星通信在21世纪进入蓬勃发展期，国家大力推动空间信息网络的发展。通过国家自然科学基金空间信息网络重大研究计划、"863"计划等，我国已经开始布局相关基础研究、关键技术研究、应用架构与系统设计等工作。2014年9月，我国第一颗低轨通信卫星"灵巧通信试验卫星"成功发射和测试，验证了基于星上处理交换的移动互联网接入等关键创新技术。2016年8月，我国第一颗同步轨道移动通信卫星"天通一号01星"发射，2018年5月开始正式放号应用，解决了我国国土范围内移动话音和窄带数据通信的问题。2017年4月，我国首颗高通量通信试验卫星"实践十三号"（中星16号）发射，覆盖我国东南、西南陆地和近海海域，在宽带卫星通信和互联网接入领域迈出了坚实的一步。

对比美、欧、日、俄等发达国家，我国通信卫星的发展还存在较大差距，难以适应快速增长的全球化宽带互联需要。由于轨道及频率的限制，我国现有的静止轨道通信卫星仍以提供区域性服务为主。以天通卫星为例，其用于卫星移动业务的S频段1 980 MHz～2 010 MHz（上行）和2 170 MHz～2 200 MHz（下行）在境外很多地区都被用于地面业务，海外频率落地存在极大的协调难度，很难在该频段实现全球服务。中星16号等高通量卫星则以提供区域地面互联网接入的透明转发为主要业务，难以构建真正意义的空间信息网络。

2016年，国务院正式印发《"十三五"国家科技创新规划》，面向2030年，将选择一批体现国家战略意图的重大科技项目，力争有所突破。其中，天地一体化信息网络作为重点方向。其目标是推进天基信息网、未来互联网、移动通信网的全面融合，形成覆盖全球的天地一体化信息网络。受限于地面布站、频率和轨位资源、发射和运行规模、海外业务应用需求等约束，我国天地一体化信息网络的发展不能简单地照搬国外的模式，需要针对我国现实条件，重新审视和思考基础网络架构与技术发展路线，在国际空间信息网络发展的凶猛浪潮中找准定位、重点突破，大力发展以星间组网技术为核心的空间信息网络，减少对地面站点的依赖，充分挖掘新的频率和轨位资源，将网络接入、互联和服务能力拓展至全球，逐步增强国际竞争能力。

1.3 空间信息网络发展面临的科学和技术难题

空间信息网络的信息传输技术是大幅提升信息时效性的有效手段，需要在时变空变的环境下提供端到端高速可靠传输。支撑传输理论研究的传统香农信息论考虑的是平稳链路、独立同分布噪声、泊松无记忆业务的场景。但空间信息网络面临一系列的本质变化：首先在辐射/接收机制方面，由于距离远且方位变化频繁，链路体现出显著的非平稳特性，需要从常规宽波束预定覆盖变革为高精度窄波束的动态跟瞄式覆盖；其次，在网络节点环境方面，由于空间信息网络的广域覆盖和空间开放等特点，节点的高维耦合干扰特征显著，需要考虑多星多波束场景下的协同传输、处理和干扰消除等问题；最后，在业务需求上，需要从无记忆随机请求模式转变为可规划的过程模式。空间信息网络发展面临新的科学与技术难题，需要突破常规框架。

非香农信息论框架由于链路模型、节点分布模型以及业务承载模式的不同，在链路、节点环境和业务三要素上呈现新的难题，即链路非平稳性、高维耦合干扰和业务过程记忆性。由于上述应用模式与条件的变革，需要重点围绕链路、节点环境和业务三要素展开，突破点到点链路级的资源分割使用方法，发展多点到多点网络级的资源综合使用新模式，大幅提升频谱/功率等无线资源与体积/功耗等载荷资源的综合使用效率。

1.4 本书内容

针对空间动态网络高速传输理论与方法的研究，本书重点关注空间信息网络物理层和数据链路层中的 3 个关键基本问题：电磁频谱利用和共享、开放复杂空间中多用户信号的协同处理和网络资源管理与优化。首先，电磁频谱是支撑空间网络数据传输的媒介和基础，为提高有限频谱资源的利用效率，本书重点研究空间网络不同轨道星座之间以及空间网络与地面网络之间的同频干扰特征规律，提出有效的空间信息网络频谱使用与共享方法，目标是使各种网络系统能够有效同频共存。在此基础上，进一步分析开放复杂空间中多星多用户信号干扰这一制约通信网络容量的瓶颈，本书重点研究空间信息网络中多星多波束间的干扰机理及协同机制，提出星间与星地的协同干扰消除方法。最后，本书进一步讨论空间信息网络资源管理和优化配置问题。为实现空间网络受限资源的最大化效用挖掘和智能化管理，本书重点研究空间网络资源的相互耦合和约束关系，建立异构网络资源统筹规划模型，提出星地一体化资源管理方法。

全书分为 3 个部分，共 12 章，具体安排如下。

第一部分为空间信息网络频谱共享。首先在第 2 章详细介绍了国际电信联盟（International Telecommunication Union，ITU）关于空间网络的频谱划分、频谱共享以及频率协调的相关规则。同时，在当前 ITU 的规则框架下，介绍了卫星通信系统间同频干扰分析模型及一些通用的同频干扰规避方法和策略。第 3~5 章则在第 2 章空间信息网络频谱干扰模型的基础上，对不同通信系统间的同频干扰问题展开研究。第 3 章讨论了地球同步轨道（Geostationary Earth Orbit，GEO）卫星与非静止轨道（Non GEO，NGEO）卫星通信系统的频谱共享问题，第 4 章则针对 NGEO 卫星通信系统间的同频干扰问题展开分析。针对各通信系统的特点，提出了相应的干扰分析方法和解决方案，实现频谱共享。第 5 章针对 GEO 卫星系统、感知 NGEO 卫星系统和干扰 NGEO 卫星系统共存的场景，考虑卫星通信系统多级功率控制的实际工作方式，研究了频谱感知技术的应用。

第二部分为空间信息网络多用户信号协同处理。第 6 章考虑了地面波束成形和多波束协同处理等方面，建立了空间信息网络多波束模型。第 7 章介绍了多波束多用户协同信号处理方法，提出了反向波束内和波束间干扰处理技术。第 8 章研究了星地协同网络中的干扰估计与消除方法。

第三部分为空间信息网络资源管理与优化。第 9 章以中继卫星系统为例，研究了空间天线资源的任务调度问题，通过设计一种改进的贪婪随机自适应算法对系统资源分配模型求解，提高中继卫星系统效能。第 10 章研究了空间异构网络一体化资

源管理方法，可以支持各类用户资源的按需分配和用户无感实时接入，还分析了空间信息网络中存在的应急资源调度问题。第 11 章研究了空间信息网络的用户资源竞争行为，提出了基于重复博弈的资源管理架构促使用户保持合作，提升网络整体收益。第 12 章研究了星地协同网络的联合资源管理问题，提出了两种星地协同网络资源分配方法，提高了空间信息网络的资源利用效率。

第一部分
空间信息网络频谱共享

本部分详细介绍空间信息网络的频谱使用和共享问题。从卫星通信系统同频干扰分析模型出发,探讨通用的同频干扰规避方法和策略,并对不同通信系统之间的同频干扰问题展开研究,包括 GEO 卫星通信系统与地面移动通信系统间的频谱共享问题、NGEO 卫星通信系统之间的同频干扰问题,以及相应的软件仿真平台的搭建过程。

第 2 章

空间信息网络频谱干扰特征与模型

空间频谱的使用规则以及同频干扰的基本场景是实现空间信息网络频谱共享的基础。本章首先介绍了 ITU 关于频谱使用的相关规则,在此基础上,介绍了卫星通信系统间同频干扰场景分析模型及一些通用的同频干扰规避方法和策略。

空间信息网络协同传输与资源管理

2.1 ITU 空间信息网络频谱相关规则

2.1.1 频谱划分

频率资源是国际共享且不可再生的有限资源。随着社会经济的不断发展,各类无线电业务被广泛地应用于通信、广播、导航、航天等领域,无线电频谱资源也成为社会发展过程中各国抢占的重要战略资源。ITU 对频率资源有着严格统一的分配。无线电业务覆盖广泛,为了更高效地完成全球无线电业务频率的统一规划以及区域性业务的频率复用,提高频谱利用率,ITU 在其发布的《无线电规则》中依据各地区的经济发展及业务分布情况,将全球划分成 3 个用频区域[1],如图 2-1 所示:第一区包括欧洲、非洲、西亚、俄罗斯及蒙古等;第二区包括美洲大陆及格陵兰岛部分;第三区包括东亚(包括中国)、东南亚、南亚以及澳洲。在 3 个用频区域内针对空间业务的频谱划分基本一致,均涵盖了低至 2 501 kHz 的空间研究业务,高至 275 GHz 的卫星固定业务(地对空)。

根据波长和用途的不同,无线电频谱可分为多个频段。空间业务常用的频段及范围为:高频(High Frequency,HF)、甚高频(Very High Frequency,VHF)、特高频(Ultra High Frequency,UHF)、超高频(Super High Frequency,SHF)和极

高频（Extremely High Frequency，EHF）。

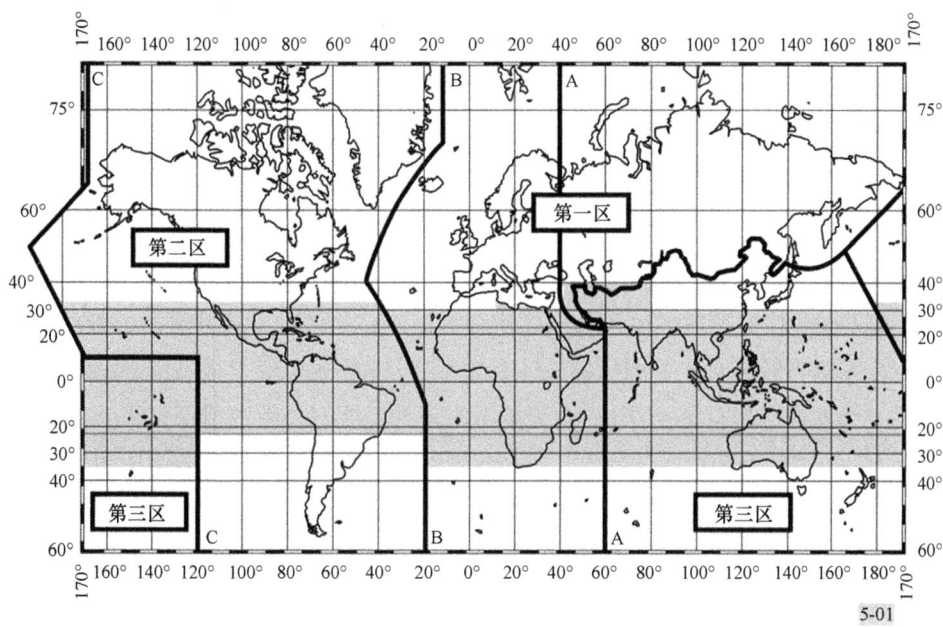

图 2-1　ITU 频率区域划分

以我国所在的第三区为例，HF 频段（3 MHz～30 MHz）主要涉及空间研究业务和卫星业余业务；VHF 频段（30 MHz～300 MHz）包含空间研究业务、卫星业余业务、空间操作业务、卫星气象业务及卫星移动业务等；UFH 频段（300 MHz～3 GHz）和 SHF 频段（3 GHz～30 GHz）应用较为广泛，涉及空间研究业务、空间操作业务、卫星气象业务、卫星移动业务、卫星固定业务、卫星广播业务、卫星地球探测业务及卫星无线电导航业务等多项空间业务；而 EHF 频段（30 GHz～300 GHz）除 SHF 频段所涉及的业务外，还包括卫星间业务和卫星业余业务。其中，UHF 频段可细分为 L 频段（1 GHz～2 GHz）和 S 频段（2 GHz～4 GHz），大部分应用于静止卫星测控链路的指令传输，以及特殊卫星业务，如卫星导航等。SHF 频段可进一步划分为更常用的 S 频段（2 GHz～4 GHz）、C 频段（4 GHz～8 GHz）、X 频段（8 GHz～12 GHz）、Ku 频段（12 GHz～18 GHz）及 Ka 频段（18 GHz～40 GHz），大部分卫星固定业务使用 C 频段和 Ku 频段，而近年来 Ka 频段的空间业务应用也在不断增多，成为宽带卫星业务发展的主流。此外，为了获取更高的传输速率，EHF 频段所包含的 Q 频段（36 GHz～46 GHz）和 V 频段（46 GHz～56 GHz）也成为未来空间业务的开发方向。

2.1.2　频谱共享约束

为了提高频率资源的有效利用率，ITU 在划分和指配频率时允许多种业务、多个电台间在规则框架内合理地共享频谱。随着卫星数量的不断增多，全球性卫星星座的不断提出和建设，卫星系统间、卫星系统与地面系统之间频谱重叠的情况愈发常见，频谱重叠的系统间可能存在不同程度的同频干扰问题。针对这一问题，ITU 在不同频段对频谱的使用做出了详细的规定：当多种业务共享同一频段时，次要业务应当保证对主要业务不造成有害干扰；非静止轨道卫星系统不得对静止轨道卫星系统产生有害干扰；后建设的卫星系统需要对在轨的卫星系统实施干扰保护，不得对其产生有害干扰。卫星系统的用频应根据具体的业务类型和频段范围，符合相应的干扰保护限制。根据 ITU 的相关规定，主要存在以下 4 种干扰保护限制指标[1]。

1. 等效全向辐射功率（Equivalent Isotropic Radiated Power，EIRP）限制

根据 ITU《无线电规则》第 21 条第 21.2 和 21.8 款，对于共用 1 GHz 以上频段的固定和移动业务，在不同频段内等效全向辐射功率的最大值应符合表 2-1 所列的限制，如果超过所限制的定值，应当尽可能保证发射天线的最大辐射方向与对地静止卫星轨道至少偏离表 2-1 内对应的角度。

表 2-1　1 GHz 以上的卫星固定和移动业务等效全向辐射功率的最大值限制

频段	等效全向辐射功率值/dBW	对于对地静止卫星轨道的最小偏离角度
1 GHz～10 GHz	+35	2°
10 GHz～15 GHz	+45	1.5°
25.25 GHz～27.5 GHz	+24（任一 1 MHz 频段）	1.5°
15 GHz 以上其他频段	+55	无限制

除了遵守上述等效全向辐射功率限制外，具体地，地球站在不同频段和水平仰角 θ 范围内也应当遵守功率的限制，在任一 4 kHz 频段内，有以下限制。

在 1 GHz～15 GHz 的频段内：等效全向辐射功率值在任一 4 kHz 频带内，在 $\theta<10°$ 范围内小于+40 dBW；在 $0°<\theta<5°$ 范围内小于 $40+3\theta$ dBW。

在 15 GHz 以上的频段内：等效全向辐射功率值在任一 1 MHz 频带内，在 $\theta<10°$ 范围内小于 +64 dBW；在 $0°<\theta<5°$ 范围内小于 $64+3\theta$ dBW。

2. 功率通量密度（Power Flux Density，PFD）限制

对于包括卫星在内的空间电台，其发射在地球表面所产生的功率通量密度，在所有条件和调制方法下不得超过 ITU《无线电规则》第 21 条第 21.16 款表 21-4 中关于"空间电台的发射在地球表面所产生的功率通量密度限值"。以 Ka 频段为例，所涉及卫星相关业务的 *pfd* 限制见表 2-2 所列。

表 2-2 无线电规则关于功率通量密度限制的表 21-4 的 Ka 频段节选

频段	业务	水平面上到达角（δ）的限值/dB(W/m²)			参考带宽
17.7 GHz～19.3 GHz	卫星固定（空对地）	0°～3°	3°～12°	12°～25°	1 MHz
		−120	−120 + (8/9)(δ−3)	−112 +(7/13)(δ−12)	
19.3 GHz～19.7 GHz	卫星固定（空对地）	0°～3°	3°～12°	12°～25°	1 MHz
		−120	−120 +(8/9)(δ−3)	−112 +(7/13)(δ−12)	
19.3 GHz～19.7 GHz 21.4 GHz～22 GHz （1 区和 3 区） 22.55 GHz～23.55 GHz 24.45 GHz～24.75 GHz 25.25 GHz～27.5 GHz	卫星固定（空对地） 卫星广播 卫星地球探测（空对地） 卫星间	0°～5°	5°～25°	25°～90°	1 MHz
		−115	−115 + 0.5（δ−5）	−105	

3. 等效功率通量密度（Equivalent Power Flux Density，EPFD）限制

等效功率通量密度限制是针对非静止轨道卫星系统的，对其上、下行链路的 *epfd* 均有一定的限制。在非对地静止卫星系统范围内，所有发射电台在地球表面或在地球静止轨道中的对地静止卫星系统的接收电台产生的功率通量密度的总和，即 *epfd*，对于所有条件和所有调制方法，在给定的百分比时间内不得超过《无线电规则》第 22 条第 22.5 款表 22-1 中给定的限值。非对地静止卫星系统的所有地球站的发射，在对地静止卫星轨道的任何点产生的等效功率通量密度，*epfd*，对于所有条件和所有调制方法，在给定的百分比时间内不得超过《无线电规则》第 22 条第 22.5 款表 22-2 中给定的限制。若超过对应限制，则认为该非静止轨道卫星系统会对静止轨道卫星系统产生有害干扰。以 Ka 频段为例，常用频段的 *epfd* 限制见表 2-3 所列。

表 2-3 无线电规则关于等效功率通量密度限制的表 22-1 及表 22-2 的 Ka 频段节选

频段	$epfd\downarrow$/ (dB(W/m²))	不超出 $epfd\downarrow$ 值的时间百分比	参考带宽 /kHz	参考天线直径和参考辐射模式
19.7 GHz～20.2 GHz	−154	100	40	70 cm ITU-R S.1428-1 建议书
	−140	100	1 000	
	−154	100	40	90 cm ITU-R S.1428-1 建议书
	−140	100	1 000	
	−154	100	40	2.5 m ITU-R S.1428-1 建议书
	−140	100	1 000	
	−154	100	40	5 m ITU-R S.1428-1 建议书
	−140	100	1 000	
27.5 GHz～28.6 GHz	−162	100	40	1.55° ITU-R S.672-4 建议书，$L_s = -10$
29.5 GHz～30 GHz	−162	100	40	1.55° ITU-R S.672-4 建议书，$L_s = -10$

4. I/N 限制

《无线电规则》附录 8 规定，对于卫星系统而言，受发射干扰而引起的卫星链路等效噪声温度的视在增量$\Delta T/T$ 超过 6%的门限，则认为该卫星系统受到了有害干扰。ITU-R S.1432-1 建议书[2]将系统噪声的百分比表示的干扰容限转换成对应的干扰噪声比 I/N，并将其转化成对数的形式，对应任何月份的 100%时间，得到 −12.2 dB 的 I/N，即此时来自固定业务和其他共同主用分配业务的干扰占晴空系统噪声的 6%。若某一卫星系统卫星的接收端接收到的来自另一卫星系统的干扰噪声比 I/N 超过了 −12.2 dB 的门限值，则认为其受到了有害干扰。

2.1.3 卫星频率协调

1. 卫星频率协调概述

鉴于 ITU 对于卫星频率及轨位资源的分配与管理需要，ITU 所有成员国在规划建设卫星网络系统时，需要向 ITU 申报、提交相应的卫星网络资料（包括卫星网络正常工作过程中所涉及的无线电频率和空间轨道等相关信息），并遵守相应程序完成频率的协调工作。在频率协调中，所定义的卫星网络（或卫星系统）是指由卫星（包括人造卫星、飞船、空间站、深空探测器等航天器）及相应地球站组成的卫星无线电系统或卫星无线电系统的一部分。只有在完成相应频率协调程序后，该卫星网络（或系统）才可获得相应频率和轨位资源的使用权及保护地位。在频率使用方面，采取"先登先占"的原则，即最先向 ITU 申报成功的卫星网络（或系统）将获取所申请频段的优先使用权，通常后申报的网络和系统在进行频率协调时应确保不得对其产生有害干扰。频率协调是卫星网络设计和建设初期的重要工作之一，通常由专业的频率协调团队完成，分析与周边高优先级卫星系统的潜在干扰情况，并开展协调谈判。

2. 卫星频率协调流程

根据 ITU 的相关规定，卫星网络频率协调具有一套完整的程序和流程，在为卫星网络指配频率时，需要提前 2~7 年完成卫星网络资料的国际申报、协调、频率指配的通知与登记等程序。在 ITU-R 每两周发布更新的卫星网络资料 SRS 数据库中，包括提前公布的 A 资料、协调使用的 C 资料以及最终公布的 N 资料，分别对应频率协调程序的 3 个阶段[3]。

提前公布资料阶段：在开始卫星网络频率协调程序时，首先需要向 ITU 的无线电通信局送交卫星网络的说明性文件，说明文件包括轨道、波束、链路等信息，无线电通信局在收到相关资料后，3 个月内将在其国际频率信息通报（BR IFIC）中公布该资料，即提前公布的 A 资料。

协调资料阶段：根据无线电通信局的要求，申请国家在公布 A 资料后的两年内需要提交详细的卫星网络资料，ITU 将提交的协调 C 资料公布出来。在 C 资料公布之后，若其他卫星网络所属单位认为该资料对某些频段的使用会对现有的卫星网络产生不可接受的有害干扰，则需要在收到资料 4 个月内向公布资料的主管部门提出相关协调意见。提出协调要求后，双方进入具体的频率协调流程，直至达成一致的协调意见。

最终公布资料阶段：完成相应的协调工作后，申请国家需要在规定的时间内提交 N 资料，供无线电通信局审查。经审查确认符合 ITU 的频率划分、使用及频率共享的相关规则和建议书后，该卫星网络将被登记入《登记总表》，自此获得国际保护地位。N 资料公布之后，应于 7 年之内完成卫星发射，否则资料将自动作废。

按照最新的《无线电规则》，根据网络资料申报的具体频段不同，适用于不同的协调流程，包括"A-N 流程"和"C-N 流程"。非对地静止轨道卫星固定业务按照《无线电规则》第 9.11A 款走协调程序，即 "C-N 流程"；其他则不走协调程序，"A-N 流程"即可。

值得注意的是，在协调过程中，卫星系统间干扰的计算与分析是频率协调过程中的基础数据依据。下一节将介绍两个卫星系统间干扰的通用计算方法。

2.2 同频干扰建模方法

2.2.1 卫星系统间干扰分析数学模型

当两个卫星系统的工作频段存在重叠的情况时，就存在相互干扰的可能性[4]。下面针对两个卫星通信系统之间相互干扰的情形，分别对上行干扰场景和下行干扰场景建立相应的数学模型，分析卫星系统2对卫星系统1的干扰情况。

1. 上行干扰

如图2-2所示，考虑卫星系统2对卫星系统1的干扰，当两个系统的上行工作链路存在频段重叠时，地球站2的部分发射功率会被卫星1的接收天线捕获，形成"地球站2—卫星1"的干扰链路。

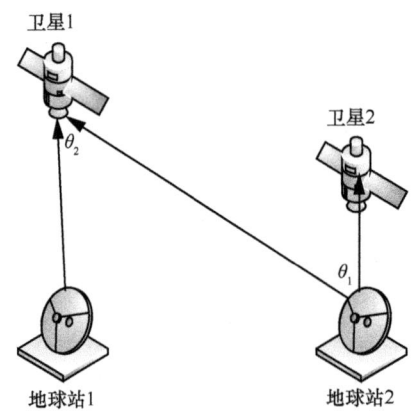

图2-2 上行干扰场景示意

由于两卫星系统间通常存在的是部分频段重叠的情况，此时只考虑带内干扰[5]。首先需要计算卫星通信系统2发射功率的功率谱密度，再计算重叠频带内的功率值，将重叠频带内的功率值作为干扰信号链路的发射功率。两卫星系统的频率使用情况如图2-3所示。

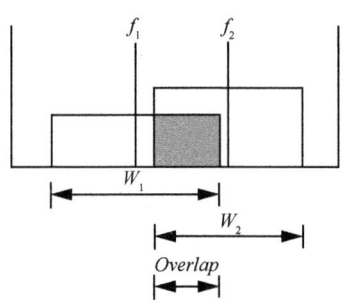

图 2-3 卫星系统 1、2 频段重叠示意

假设干扰信号的功率谱密度在带宽内均匀分布。W_1 为上行场景中卫星系统 1 的通信带宽，W_2 为卫星系统 2 的上行通信带宽，$Overlap$ 为两系统上行链路的重叠频带宽度。若地球站 2 的发射功率为 P_{TX2}，则带内干扰信号发射功率 $\hat{P}_{TX2}$ 为

$$\hat{P}_{TX2} = P_{TX2} \frac{Overlap}{W_2} \tag{2-1}$$

在计算得到带内干扰信号的发射功率后，卫星 1 接收到的干扰信号功率 I_{up} 为

$$I_{up} = \hat{P}_{TX2} G_{TX2}(\theta_1) G_{RX1}(\theta_2) \left(\frac{\lambda_1}{4\pi d_1}\right)^2 \tag{2-2}$$

其中，$\hat{P}_{TX2}$ 为上行干扰场景中地球站 2 在重叠频带内的发射功率，$G_{TX2}(\theta_1)$ 为地球站 2 的发射天线在偏离其主轴 θ_1 角度的天线增益，θ_1 为卫星系统 2 的上行工作链路与干扰链路之间的夹角；$G_{RX1}(\theta_2)$ 为卫星 1 的接收天线在偏离其主轴 θ_2 角度的天线增益，θ_2 为卫星系统 1 的上行工作链路与干扰链路之间的夹角；λ_1 为上行干扰场景中卫星系统的通信载波波长，d_1 为上行干扰场景中干扰链路的距离，即地球站 2 到卫星 1 的距离。

卫星系统 2 对卫星系统 1 的干扰可以通过干扰噪声比 I/N 来衡量，在上行干扰场景中，卫星系统 1 在接收端的干扰噪声比为

$$\left(\frac{I}{N}\right)_{up} = \frac{I_{up}}{KT_1W_1} = \frac{\hat{P}_{TX2} G_{TX2}(\theta_1) G_{RX1}(\theta_2)}{KT_1W_1} \left(\frac{\lambda_1}{4\pi d_1}\right)^2 \tag{2-3}$$

其中，K 为玻尔兹曼常数，T_1 为上行场景中卫星系统 1 的接收噪声温度。

除干扰噪声比 I/N 外，$epfd$ 也是衡量卫星系统干扰的另一重要指标。上行干扰场景中，地球站 2 的发射功率在卫星 1 处产生的等效功率通量密度 $epfd$ 可通过式（2-4）计算，单位为 $dB(W/m^2)$。

$$epfd_{up} = 10\lg\left(\hat{P}_{TX2} \cdot \frac{G_{TX2}(\theta_1)}{4\pi d_1^2} \cdot \frac{G_{RX1}(\theta_2)}{G_{RX1,\max}}\right) \quad (2\text{-}4)$$

其中，$G_{RX1,\max}$ 为卫星 1 的接收天线峰值增益。

2. 下行干扰

下行干扰场景与上行干扰场景类似。如图 2-4 所示，考虑卫星系统 2 对卫星系统 1 的干扰，当两个系统的下行工作链路存在频段重叠时，卫星 2 的部分发射功率会被地球站 1 的接收天线捕获，形成"卫星 2—地球站 1"的干扰链路。参考上行干扰场景下的干扰信号的数学模型，地球站 1 接收到的干扰信号为

$$I_{down} = \hat{P}'_{TX2} G'_{TX2}(\theta_3) G'_{RX1}(\theta_4) \left(\frac{\lambda_2}{4\pi d_2}\right)^2 \quad (2\text{-}5)$$

其中，$\hat{P}'_{TX2}$ 为下行干扰场景中卫星 2 在重叠频带内的发射功率，$G'_{TX2}(\theta_3)$ 为卫星 2 的发射天线在偏离其主轴 θ_3 角度时的天线增益，θ_3 为卫星系统 2 的下行工作链路与干扰链路之间的夹角；$G'_{RX1}(\theta_4)$ 为地球站 1 的接收天线在偏离其主轴 θ_4 角度时的天线增益，θ_4 为卫星系统 1 的下行工作链路与干扰链路之间的夹角；λ_2 为下行干扰场景中卫星系统的通信载波波长，d_2 为下行干扰场景中干扰链路的距离，即卫星 2 到地球站 1 的距离。

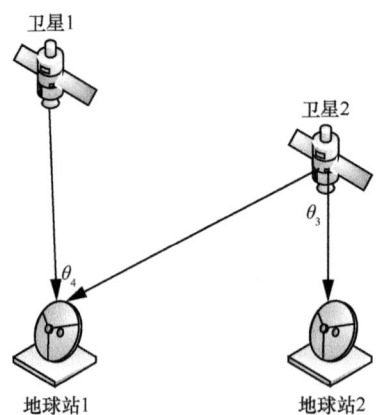

图 2-4　下行干扰场景示意

两个干扰指标的计算表达式分别为

$$\left(\frac{I}{N}\right)_{down} = \frac{I_{down}}{KT'_1 W'_1} = \frac{\hat{P}'_{TX2} G'_{TX2}(\theta_3) G'_{RX1}(\theta_4)}{KT'_1 W'_1}\left(\frac{\lambda_2}{4\pi d_2}\right)^2 \quad (2\text{-}6)$$

$$epfd_{\text{down}} = 10\lg\left(\hat{P}'_{\text{TX2}} \cdot \frac{G'_{\text{TX2}}(\theta_3)}{4\pi d_2^2} \cdot \frac{G'_{\text{RX1}}(\theta_4)}{G'_{\text{RX1,max}}}\right) \qquad (2\text{-}7)$$

其中，T'_1 为下行场景中卫星系统 1 的接收噪声温度，W'_1 为下行场景中卫星系统 1 的通信带宽，$G'_{\text{RX1,max}}$ 为地球站 1 的接收天线峰值增益。

以上建立了在上行干扰场景和下行干扰场景下，两个卫星系统间的干扰分析数学模型。可以将衡量系统受到干扰的两个指标与 ITU 规定的干扰保护限制结合起来，判断是否产生干扰，并划定可能产生干扰的区域范围[6]。此外，可以通过分析干扰信号随各参数的变化规律，从干扰抑制的角度对卫星系统的参数设计提供参考意见。

2.2.2 干扰分析软件建模的相关介绍

Visualyse Professional（简称为 Visualyse）是经 ITU 认证指定的干扰分析软件工具，目前已经更新到了 7.0 版本。该软件含有多个对象模块，包括天线、站点、链路、载波、传播模型、跟踪策略、业务量等，可以通过多个对象模块的组合建立干扰仿真系统，来分析各种无线电系统间的潜在干扰情况，例如卫星通信系统间的干扰、卫星通信系统与地面通信系统间的干扰、地面通信系统间的干扰等，实时输出工作链路与干扰链路的各项指标。软件建模分为系统建模和干扰建模两部分：系统建模包括干扰产生系统和被干扰系统的建立，每个系统包括站点、天线、链路等对象；干扰建模主要是建立系统间的干扰与被干扰关系。图 2-5 为在 Visualyse 软件中建立的干扰仿真场景。在 ITU 的卫星网络资料申报和频率协调过程中，为避免对其他高优先级的卫星网络产生有害干扰，通常会通过 Visualyse 软件建模来完成相应的干扰仿真分析。

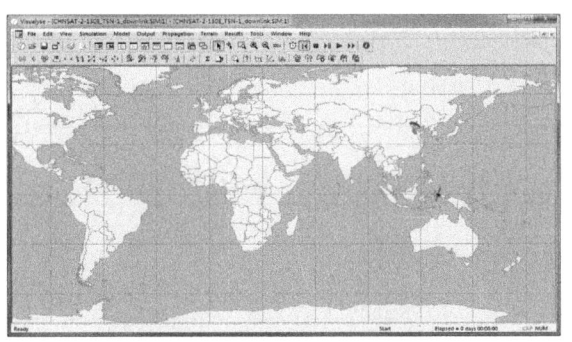

图 2-5 Visualyse 软件干扰仿真场景

2.3 频谱干扰规避方法及策略

2.3.1 空域分隔

此种规避方法是在卫星系统设计之初从轨道设计的角度与可能受到有害干扰的卫星系统实现空域分隔，从而最大限度地规避对其的干扰。对于两个同处于对地静止轨道（GEO）的卫星系统而言，可通过设置对地静止卫星间的相对弧度间隔来规避干扰，不同的卫星系统间的弧度间隔可以通过干扰分析的结果来确定。

近年来，随着宽带卫星网络的发展，中低轨卫星系统的数量逐渐增多，非静止轨道（NGEO）卫星系统对 GEO 卫星系统的潜在干扰问题愈发复杂。由于 NGEO 卫星时空特性的变化范围较大，卫星相对地球站的位置是实时变化的，其空域分隔的干扰规避方法较 GEO 卫星系统间的规避方法更为复杂，主要包括以下两种形式[7]。

（1）基于禁区技术的空域分隔

如图 2-6 所示，GEO 卫星位于赤道平面的静止轨道上。参考赤道平面，设置 $\pm X°$ 的纬度间隔来确定相应禁区的范围，当 NGEO 卫星位于禁区外时，认为其不会对 GEO 地球站产生有害干扰；当 NGEO 卫星进入禁区时，应采取相应措施避免由于该 NGEO 卫星天线的主波束与 GEO 地球站天线主波束耦合引发干扰。

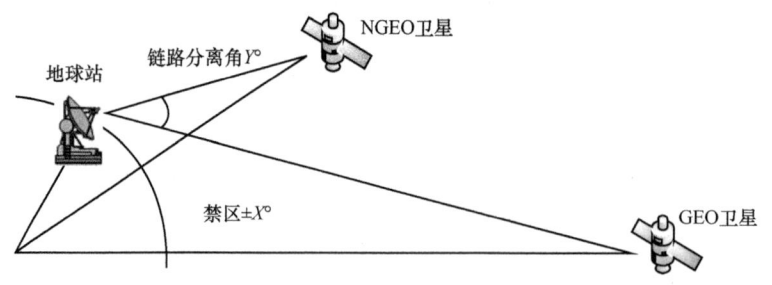

图 2-6 空域分隔禁区、链路分离角设置示意

（2）基于链路分离角的空域分隔

如图 2-6 所示，对于在地球上的任意位置的地球站，规定相应的角度间隔阈值，当从地球站观察到的 GEO 卫星与 NGEO 卫星的角度间隔（即两系统的链路夹角）

小于规定的角度间隔阈值时，需要采取相应措施来避免对 GEO 系统的干扰。

此外，还可将两种形式的空域分隔方法结合起来，在设置禁区的基础上额外考虑链路分离角，充分规避 NGEO 卫星系统对 GEO 卫星系统的干扰。

上述空域分隔方法通常配合跳星策略使用。NGEO 卫星网络通常是由多颗 NGEO 卫星构成的星座，一旦地球站接入的 NGEO 卫星进入了禁区或对应链路分离角小于规定的角度阈值，地球站可以切换到其他未进入分隔区域的替代卫星以避免主波束耦合带来的干扰。在设计跳星策略时，需要选取适当的选星准则，主要包括以下两种。

① 最大仰角准则。通常情况下，地球站会在可用卫星集合中选择可获取最大工作仰角的卫星接入，从而获得较好的链路质量。

② 最长覆盖时间准则，也可以理解为最长剩余服务时间准则。将剩余服务时长作为卫星的一个属性，在任意时刻，地球站在可用卫星集合中选择拥有最长剩余服务时间的卫星接入，从而获取最长时间的覆盖。通过增加算法的复杂性来换取较低的卫星切换频率。

2.3.2 功率控制

在不考虑切换其他卫星的前提下，卫星系统可以通过降低发射功率、关闭波束等功率控制的方式来减轻甚至是规避对其他卫星系统的干扰。然而，此种干扰规避方式需要牺牲系统的工作链路质量，可能会付出信号覆盖中断或者损失的代价。文献[8]提出了一种"功率自适应"的方法，通过计算干扰值及时调整干扰系统的发射功率，从而避免有害干扰。此外，还在"功率自适应"的基础上提出了在两系统地球站间设置最小安全距离[9]，在保证干扰系统自身的工作链路质量的前提下规避对其他卫星系统的干扰。

2.3.3 其他方法

（1）使用低旁瓣增益天线

假设某卫星系统的上行和下行链路均可能对另一卫星系统产生有害干扰。针对下行链路，干扰系统的卫星使用低旁瓣增益的卫星天线可以降低对于被干扰系统地球站主瓣的干扰。同理，对上行链路而言，干扰系统的地球站终端使用低旁瓣增益天线可使得被干扰系统的卫星主瓣接收到的干扰降低。使用低旁瓣增益天线可以有效地缩小系统间可能发生有害干扰的区域。

（2）频率通道化

将允许使用的频带划分成更小频段的过程称为频率通道化[10]。在此方案中，每个子信道可被分配给不同卫星系统的单独的波束，从而保证最近的两个同频波束在空间上是隔离开的，以增大载波干扰比（C/I）。采用频率通道化措施可从以下两方面改善干扰情况。

- 通过降低频率重叠概率来减少干扰。
- 将干扰分散到一个带宽更宽的信号中，从而降低干扰噪声比（I/N）。

（3）偏振隔离

当存在频段重叠的两个卫星系统的天线在给定区域内采用相反的极化方式时，两个系统能够有效地同频共存。但由于不存在与其他两个系统的天线的极化方向均正交的第三种极化方向，此种偏振隔离的干扰规避方法仅对抑制两个卫星系统间同频共享引发的干扰情况有效，对于抑制两个以上卫星系统间的同频干扰无法取得较好的效果。

2.4 本章小结

本章首先介绍 ITU 关于空间信息网络的频谱划分、频谱共享以及卫星频率协调的规则。在此规则框架下，介绍了频谱干扰建模的方法，包括两个同频干扰的卫星系统间的干扰通用计算方法以及干扰分析软件建模。最后介绍一些通用的频谱干扰规避方法和策略。

参考文献

[1] ITU. Radio regulations[M]. 2012.

[2] ITU-R S.1432-1. Apportionment of the allowable error performance degradations to fixed-satellite service (FSS) hypothetical reference digital paths arising from time invariant interference for systems operating below 30 GHz[M]. 2006.

[3] LIU C, SHI H P, LI W. Analysis of international coordination of satellite networks[C]// WMC' 14. 2014.

[4] KUANG L, CHEN X, JIANG C, et al. Radio resource management in future terrestrial-satellite communication networks[J]. IEEE wireless communications, 2017, 24(5): 81-87.

[5] JIANG C, BEAULIEU N, LI Y, et al. DYWAMIT: asynchronous wideband dynamic spectrum sensing and access system[J]. IEEE systems journal, 2017, 11(3): 1777-1788.

[6] JIANG C, WANG B, HAN Y, et al. Exploring spatial focusing effect for spectrum sharing and network association[J]. IEEE transactions on wireless communications, 2017, 16(7): 4216-4231.

[7] Rec. ITU-R S.1325-3. Simulation methodologies for determining statistics of short-term interference between co-frequency, co-directional non-geostationary-satellite orbit fixed-satellite service systems in circular orbits and other non-geostationary fixed-satellite service systems in circular orbits or geostationary-satellite orbit fixed-satellite service networks[M]. 2003.

[8] SHARMA S K, CHATZINOTAS S, OTTERSTEN B. In-line interference mitigation techniques for spectral coexistence of GEO and NGEO satellites[J]. International journal of satellite communications & networking, 2016, 34(1): 11-39.

[9] POURMOGHADAS A, SHARMA S K, CHATZINOTAS S, et al. Cognitive interference management techniques for the spectral co-existence of GSO and NGSO satellites[C]// International Conference on Wireless and Satellite Systems. Springer, Cham, 2016:178-190.

[10] Rec. ITU-R S.1431. Methods to enhance sharing between NON-GSO FSS systems (except MSS feeder links) in the frequency bands between 10~30 GHz[M]. 2000.

第 3 章

GEO 卫星通信系统与 NGEO 卫星通信系统频谱共享

随着 NGEO 卫星系统数量的逐渐增多，GEO 卫星系统受到来自 NGEO 卫星系统的干扰也在不断增长。由于 GEO 卫星系统享有频谱使用优先权，确定 NGEO 卫星系统对 GEO 卫星系统的干扰保护边界成为两者频谱共享的关键技术。本章将针对 GEO 卫星通信系统与 NGEO 卫星通信系统的干扰分析及频谱共享问题展开讨论。

3.1 引言

近年来,随着中、低轨卫星通信系统的发展,在轨 NGEO 卫星系统数量越来越多。对于 GEO 卫星系统而言,其受到的干扰不仅来自地面网络,更多地来自 NGEO 卫星通信网络。根据无线电规则(RR)[1]中的静态频谱分配原则,GEO 和 NGEO 卫星系统频率共用,NGEO 卫星系统不得对在轨的 GEO 卫星系统造成有害干扰,特别是在某些特定频段,GEO 卫星系统享有优先权,NGEO 卫星系统不得对 GEO 卫星系统造成有害干扰,同时也不能寻求 GEO 卫星系统的干扰保护。因此,分析 NGEO 卫星系统对 GEO 卫星系统干扰,研究 GEO 卫星通信网络和 NGEO 卫星通信网络之间的频谱共享技术成为空间信息网络未来发展的重要问题。

目前,GEO 卫星系统与 NGEO 卫星系统之间的频谱共享技术研究还主要集中在干扰分析方面。在早期阶段,文献[2]描述了 NGEO 卫星移动业务信关站和反向链路中的 GEO 卫星固定业务地球站之间的干扰特性,文献[3]提出了一种不同 NGEO 卫星网络间评估干扰的解析方法。后来,文献[4]通过改变间隔角度大小和 NGEO 卫星的数量,利用误码率(BER)分析 NGEO 卫星系统对 GEO 卫星系统的干扰。最近,文献[5]提出了联合干扰和噪声估计算法来检测和评估主用户信号。文献[6]研究了 FSS 地球站在有遮挡和没遮挡两种场景下,仰角对 FSS 地球站和 BSS 信关站之

第 3 章　GEO 卫星通信系统与 NGEO 卫星通信系统频谱共享

间所需保护距离的影响。文献[7]利用自适应功率控制来减轻 GEO 卫星系统和 NGEO 卫星系统之间的共线干扰。此外，ITU-R 的建议书[8-10]提出了若干种干扰减轻策略，以实现 NGEO 和 GEO FSS 系统之间的频率共用，例如切换到其他卫星、采用较低的 NGEO 卫星系统天线旁瓣、频率信道化等。相比已有文献，本章主要内容可以归纳如下。

本章总结了卫星系统干扰仿真分析的流程步骤，为获得 GEO 卫星系统可接受的干扰分析结果，提出了"干扰最恶劣"的系统参数选取原则。在此基础上，选取典型的 GEO 卫星通信系统（SINOSAT-5 系统）和 NGEO 卫星通信系统（O3b 系统），通过软件建模仿真，分析了 NGEO 卫星通信系统对 GEO 卫星通信系统的干扰情形。具体地，对于上、下行干扰场景，分析了干扰产生条件、GEO 卫星通信系统受到干扰具体情况以及地球站位置的变化对干扰的影响。

提出了分析单颗卫星构成的 NGEO 卫星通信系统对单颗卫星构成的 GEO 卫星通信系统干扰的相轨迹分析方法，并与软件仿真结果进行比较。

在上述干扰分析的基础上，针对 GEO 卫星系统和 NGEO 卫星系统共存的实际场景，研究频谱共享技术，尤其是在频谱共享区域，如何确定干扰保护的边界。针对单个 NGEO 地球站的场景，设计了基于角度隔离的干扰规避方法，即当 GEO 卫星和 NGEO 卫星之间的地心角大于某一阈值时，这两个卫星系统可实现频谱共享。角度阈值的方法适用于卫星固定业务等 NGEO 地球站具有固定或相对固定的位置的场景，而对于卫星移动业务，考虑 NGEO 地球站随机均匀地分布在 GEO 地球站周围的场景，以 GEO 地球站为中心建立保护区，推导出 GEO 卫星系统所受干扰的期望以及所需保护半径。

3.2　单个 NGEO 卫星对 GEO 卫星系统的干扰分析

3.2.1　系统干扰仿真分析流程

科学有效的干扰建模仿真分析方法能够提高干扰分析和评估的效率，同时也能增强干扰仿真分析结果的科学性和可信性，卫星系统干扰分析的流程如图 3-1 所示。

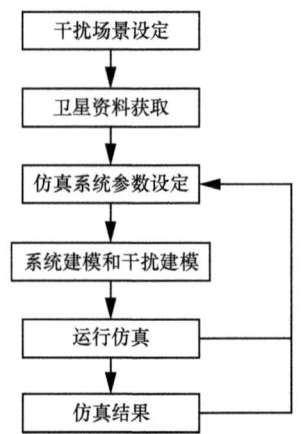

图 3-1 卫星系统干扰仿真分析流程

卫星系统干扰建模仿真分析方法的具体步骤和流程如下。

（1）干扰场景设定

首先分析卫星网络或卫星系统干扰问题，设定具体的干扰场景。不同卫星系统之间存在潜在干扰的前提条件是所使用的频段有重叠部分，根据这一前提条件，确定具体需要干扰仿真分析的卫星网络和卫星系统资料，设定基本的干扰场景。

（2）卫星网络或卫星系统资料获取

按照 ITU 的规定，申请卫星网络需要向 ITU 申报相关卫星网络资料，即卫星系统的相关参数。因此，在设定具体干扰场景后，我们可以通过 ITU 指定的专用数据查询软件 SpacePub 读取相关卫星网络参数，利用该软件也可以进行卫星资料信息的筛选、查询等相关操作。

（3）仿真系统参数设定

仿真系统参数包括卫星系统参数和对方的卫星系统参数。通常情况下，申报的卫星网络或卫星系统资料中包含了多个组别、波束、发射系统参数等，选择不同的地球站点、天线参数和系统链路参数，得到的干扰仿真结果也不相同。因此，选择一组典型的系统参数作为仿真系统的输入条件是仿真系统参数设定的重要步骤。

为了实现对在轨卫星系统的最大保护，仿真系统参数设定时采用"干扰最恶劣"原则，即选择对在轨卫星系统干扰最大的一组卫星系统参数作为仿真的输入。具体地，通过建立系统数学模型，依照"干扰最恶劣"原则，综合考虑发射端和接收端的相关参数，选取干扰产生卫星系统和被干扰卫星系统的典型参数。以图 3-2 中

NGEO 卫星通信系统 2 对 GEO 卫星通信系统 1 下行干扰场景为例，给出具体的系统参数设定方法。

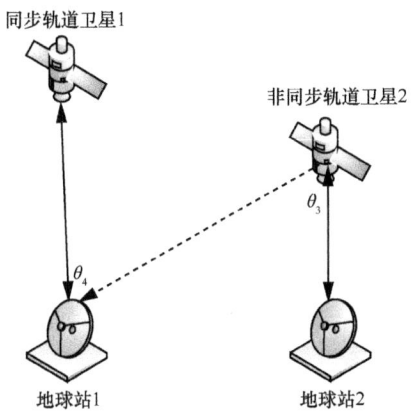

图 3-2　下行干扰场景示意

分析 NGEO 卫星通信系统 2 对 GEO 卫星通信系统 1 的干扰情形，对于下行干扰场景，参考 2.2.1 节中给出的下行干扰数学模型，计算卫星 2 发射功率在地球站 1 处产生的等效功率通量密度 $epfd$，单位为 $dB(W/m^2)$。

$$epfd = 10\lg\left(\hat{P}'_{TX2} \cdot \frac{G'_{TX2}(\theta_3)}{4\pi d_2^2} \cdot \frac{G'_{RX1}(\theta_4)}{G'_{RX1,max}}\right) \quad （3-1）$$

其中，$\hat{P}'_{TX2}$ 为 NGEO 卫星 2 的等效发射功率，$G'_{TX2}(\theta_3)$ 为卫星 2 的发射天线增益在偏离其主轴 θ_3 角度上的天线增益，$G'_{RX1}(\theta_4)$ 为地球站 1 的接收天线在偏离主轴 θ_4 方向上的接收天线增益，$G'_{RX1,max}$ 为地球站 1 的接收天线峰值增益。

分析地球站 1 接收到干扰信号 $epfd$ 的数学模型公式，其中变量 $\hat{P}'_{TX2}$、$G'_{TX2}(\theta_3)$ 为发射端相关参数，变量 $G'_{RX1}(\theta_4)$、$G'_{RX1,max}$ 为接收端相关参数，变量 θ_3、θ_4、d_3 由卫星运行状态下所处的实时空间位置状态决定。因此，对于相同的卫星和地球站空间位置状态，发射端应当选取 $P'_{TX2} \cdot G'_{TX2}(\theta_3)$ 最大的组合链路参数，接收端应当选择 $G'_{RX1}(\theta_4)/G'_{RX1,max}$ 最大的组合链路参数。以这种方式选择的卫星系统参数，可以使被干扰地球站 1 接收到的干扰信号最大，满足"干扰最恶劣原则"，所确定的卫星系统干扰链路参数作为干扰建模仿真分析输入的系统参数。

（4）系统建模仿真

确定仿真系统相关参数后，建立系统模型并进行干扰仿真分析。仿真建模分为系统建模和干扰建模两部分,系统建模包括干扰产生卫星系统和被干扰卫星系统,每个卫星系统包括站点、天线、链路等对象;干扰建模主要针对干扰链路建立模型。Visualyse 软件可以对不同场景下的无线电系统进行仿真分析,还可以分析不同通信系统之间的相互干扰,因此使用该软件分别建立卫星系统模型和干扰链路模型。

(5)仿真结果分析

输入典型系统参数建立仿真模型后,运行仿真,输出对应的仿真结果,根据具体应用场景的干扰信号选取相关指标和保护标准。为了增加仿真结果的科学性,通常选取几种典型的地球站位置,分别仿真分析被干扰卫星系统接收干扰信号的峰值,干扰超过相应标准阈值时间段等指标。

3.2.2 干扰仿真模型建立

"鑫诺五号"(SINOSAT-5)是我国于 2011 年发射成功的一颗用于广播通信的同步轨道通信卫星,是 1998 年 7 月发射的"鑫诺 1 号"(SINOSAT-1)的接替卫星。该卫星由中国航天科技集团公司下属中国空间技术研究院设计和建造,选用了"东方红四号"卫星平台,其轨位是 110.5°E 位置。SINOSAT-5 所使用的频段包括 C、Ku、Ka 等频段,上行频段主要为 27.55 GHz~28.55 GHz,下行频段主要为 17.8 GHz~21.1 GHz。O3b 卫星星座是由 O3b Networks 公司拥有和经营的轨道高度为 8 062 km 的中轨卫星星座,卫星轨道是倾角为 0°的圆轨道,使用频段集中在 Ka 和 Ku 频段,上行频段包括 27.6 GHz~28.14 GHz 和 28.6 GHz~29.1 GHz,下行频段包括 17.8 GHz~18.6 GHz 和 18.8 GHz~19.3 GHz。查询具体的 SINOSAT-5 卫星系统和 O3b 卫星网络资料,两卫星通信系统所使用的频段在上下行均具有重叠频段,因此上下行工作场景都存在相互干扰的可能性。

分析 O3b 卫星通信系统对 SINOSAT-5 卫星通信系统的干扰情形,如图 3-3 所示。以一颗 O3b 卫星对 SINOSAT-5 卫星的干扰为例:SINOSAT-5 卫星位于 110.5° E 位置,考虑一种极端情况,即两卫星通信系统地球站位置重合,且位于 SINOSAT-5 卫星的星下点 110.5° E 0° N 位置。干扰场景设定后,查询 O3b 星座和 SINOSAT-5 卫星系统资料,按照卫星系统干扰仿真分析流程步骤,进行仿真分析,分别对上行和下行干扰场景建立系统模型。

第 3 章　GEO 卫星通信系统与 NGEO 卫星通信系统频谱共享

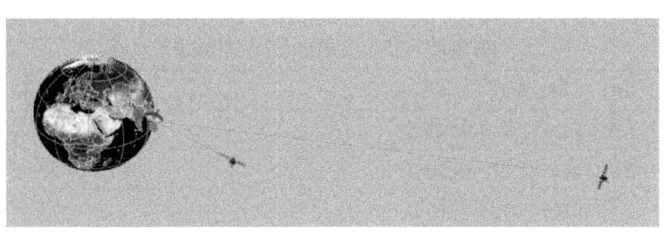

图 3-3　O3b 卫星通信系统对 SINOSAT-5 卫星通信系统干扰场景

在设定的干扰场景中，地球站的位置变化对于干扰结果会产生一定影响，在讨论两卫星通信系统地球站重合这一极端情况的基础上，仿真研究 O3b 地球站位置变化对 SINOSAT-5 卫星通信系统干扰的影响。具体地，通过固定 SINOSAT-5 地球站，改变 O3b 地球站的位置，分析 O3b 地球站位置变化对 SINOSAT-5 卫星通信系统干扰的影响。

1. 上行干扰场景

O3b 卫星通信系统对 SINOSAT-5 卫星通信系统产生干扰的前提条件是两卫星通信系统所使用频段有重叠。根据查询到的卫星资料，SINOSAT-5 卫星系统资料中上行波束包括 CTC、KATC、KU1R、RA1R 等多个波束，所使用频段包括 Ka、Ku、C 等多个频段。O3b 卫星系统资料中上行波束包括 R1R、R2R、R3R 以及 R4R 等波束，使用 Ka 频段 27.6 GHz～28.14 GHz 和 28.6 GHz～29.1 GHz。两卫星通信系统所申报的上行链路频段有重叠部分，存在相互干扰的可能性。根据"干扰最恶劣原则"确定系统参数，SINOSAT-5 卫星通信系统参数见表 3-1 所列。

表 3-1　SINOSAT-5 卫星通信系统参数

参数	数值
地球站发射天线峰值增益	66.9 dBi
地球站发射天线半功率波束角	0.08°
卫星接收天线峰值增益	45 dBi
卫星接收天线半功率波束角	0.9°
发射功率	30 dBW
通信带宽	100 MHz
通信频率	28.05 GHz
接收机系统噪声温度	640 K

O3b 卫星通信系统参数见表 3-2 所列。

表 3-2　O3b 卫星通信系统参数

参数	数值
地球站发射天线峰值增益	67.2 dBi
地球站发射天线半功率波束角	0.08°
卫星接收天线峰值增益	40.1 dBi
卫星接收天线半功率波束角	1.6°
发射功率	25.6 dBW
通信带宽	115 MHz
通信频率	28.0625 GHz
接收机系统噪声温度	600 K

根据相应参数，在 Visualyse 软件中建立 O3b 卫星通信系统对 SINOSAT-5 卫星通信系统上行干扰系统模型。首先仿真分析两卫星通信系统地球站重合情况，即位于 110.5° E 0° N 位置下的 SINOSAT-5 卫星系统接收到的干扰信号；然后改变 O3b 地球站位置，当其纬度分别处于 0° N、1° N、2° N、3° N、4° N 以及 5° N 位置时，研究 O3b 卫星在每个运行周期内，SINOSAT-5 卫星接收到干扰信号随 O3b 地球站位置变化的规律。

2. 下行干扰场景

SINOSAT-5 卫星系统资料中下行波束包括 CTM、EK1R、EK2R、EKAR 等多个波束，所使用频段包括 Ka、Ku、C 等多个频段。O3b 卫星系统资料中下行波束包括 T1R、T2R、T3R 以及 T4R 等波束，使用 Ku 频段 17.8 GHz~18.6 GHz 和 18.8 GHz~19.3 GHz。两卫星通信系统所申报的下行链路频段有重叠部分，存在相互干扰的可能性。根据"干扰最恶劣原则"确定系统参数，SINOSAT-5 卫星通信系统参数见表 3-3 所列。

表 3-3　SINOSAT-5 卫星通信系统参数

参数	数值
卫星发射天线峰值增益	45 dBi
卫星发射天线半功率波束角	0.9°
地球站接收天线半径	1 m
地球站接收天线效率	0.6
发射功率	21 dBW
通信带宽	100 MHz
通信频率	18 GHz
接收机系统噪声温度	200 K

O3b 卫星通信系统参数见表 3-4 所列。

表 3-4　O3b 卫星通信系统参数

参数	数值
卫星发射天线峰值增益	36.6 dBi
卫星发射天线半功率波束角	2.3°
地球站接收天线峰值增益	60.1 dBi
地球站接收天线半功率波束角	0.17°
发射功率	22 dBW
通信带宽	115 MHz
通信频率	17.9875 GHz
接收机系统噪声温度	100 K

根据相应参数，在 Visualyse 软件中建立 O3b 卫星通信系统对 SINOSAT-5 卫星通信系统下行干扰的系统模型。首先仿真分析两卫星通信系统地球站重合的情况，即位于 110.5° E 0° N 位置下的 SINOSAT-5 卫星系统接收到的干扰信号；然后改变 O3b 地球站位置，当其纬度分别处于 0° N、10° N、20° N、30° N、40° N 以及 50° N 位置时，研究 O3b 卫星在每个运行周期内，SINOSAT-5 地球站接收到干扰信号随地球站位置变化的规律。

3.2.3　干扰仿真结果分析

根据 3.2.2 节中确定的干扰仿真系统参数，分别针对 O3b 卫星通信系统对 SINOSAT-5 卫星通信系统干扰的上下行干扰场景完成软件建模仿真。首先仿真研究 O3b 卫星通信系统对 SINOSAT-5 卫星通信系统的干扰产生条件。在满足干扰产生条件的基础上，具体对上下行干扰场景进行仿真研究。

对于上行干扰场景，首先仿真分析两卫星通信系统地球站重合情况，即位于 110.5° E 0° N 位置，SINOSAT-5 卫星受到干扰的情况，包括被干扰总时长、干扰超过保护标准总时长以及最大的 I/N。然后，将 SINOSAT-5 地球站固定在 110.5° E 0° N 位置，O3b 地球站经度固定为 110.5° E，当纬度分别处于 0° N、1° N、2° N、3° N、4° N 以及 5° N 位置时，研究 O3b 卫星在每个运行周期内，SINOSAT-5 卫星受到的干扰随 O3b 地球站位置变化的规律。

对于下行干扰场景，首先仿真分析两卫星通信系统地球站重合的情况，即位于

110.5° E 0° N 位置，SINOSAT-5 地球站受到干扰的情况，包括 SINOSAT-5 地球站被干扰总时长、干扰超过保护标准总时长以及最大的 $epfd$；然后，将 SINOSAT-5 地球站固定在 110.5° E 0° N 位置，O3b 地球站经度固定为 110.5° E，当纬度分别处于 0° N、10° N、20° N、30° N、40° N 以及 50° N 位置时，研究 O3b 卫星在每个运行周期内，SINOSAT-5 地球站受到的干扰随 O3b 地球站位置变化的规律。

1. 干扰产生条件

分析 O3b 卫星通信系统对 SINOSAT-5 卫星通信系统的干扰情形，SINOSAT-5 卫星通信系统接收到 O3b 卫星通信系统的功率信号，接收到的信号对于 SINOSAT-5 卫星通信系统而言为干扰信号。对 SINOSAT-5 卫星通信系统产生干扰的条件为：SINOSAT-5 卫星通信系统和 O3b 卫星通信系统同时建立通信链路。此时两卫星通信系统同时工作，O3b 卫星通信系统发射功率信号，SINOSAT-5 卫星通信系统接收功率信号，同时接收到 O3b 卫星通信系统的干扰信号，干扰产生。

当两卫星通信系统地球站重合且位于 SINOSAT-5 星下点 110.5° E 0° N 位置时，SINOSAT-5 卫星始终可以和地球站建立通信链路，因此该具体场景下对 SINOSAT-5 卫星通信系统产生干扰的条件为：O3b 卫星和其地球站互相可见，建立通信链路。O3b 卫星通信系统链路建立时间分布如图 3-4 所示。

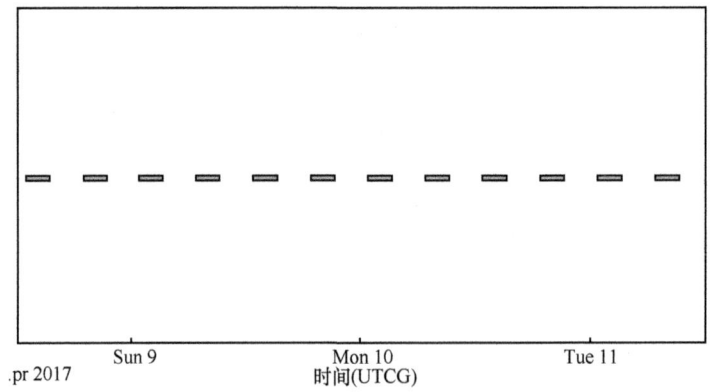

图 3-4 O3b 卫星通信系统链路建立时间分布

满足干扰产生的前提条件，根据建立的干扰仿真系统模型，上下行干扰仿真结果具体见下面阐述。当 O3b 地球站位置改变时，干扰产生的条件相同，具体建立链路时间有对应差别。

2. 上行干扰仿真结果

在上行干扰场景中,SINOSAT-5 卫星接收到的 O3b 地球站发射信号为干扰信号,对于两卫星通信系统地球站重合情况,即同时位于 110.5° E 0° N 位置时,SINOSAT-5 卫星接收到的干扰信号的 I/N 随时间的变化如图 3-5 所示。

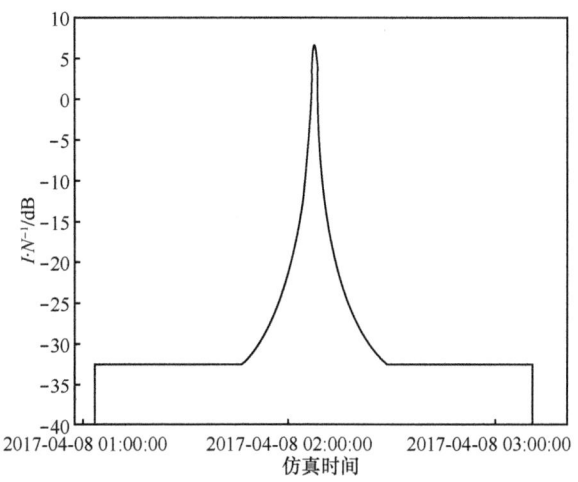

图 3-5 SINOSAT-5 卫星干扰信号的 I/N 随时间变化

在 O3b 卫星运行过程中,随着 O3b 卫星接近地球站上空位置,SINOSAT-5 卫星的 I/N 逐渐增大;当卫星运行至地球站正上空位置时,干扰信号最大;随着卫星远离地球站正上空位置,干扰信号逐渐减小。在每个干扰周期,即 O3b 卫星运行周期内,SINOSAT-5 卫星的 I/N 峰值为 6.5 dB,干扰总时长为 127.5 min。参考同步轨道卫星系统需要协调的干扰保护标准 I/N=−12.2 dB,每一个干扰周期内超过该保护标准的时长为 6.17 min,在此范围内应当采取相应的干扰抑制措施。

由于 O3b 卫星轨道为在赤道上空的周期性回归轨道,而 SINOSAT-5 同步轨道卫星位置相对固定,因此 O3b 卫星通信系统对 SINOSAT-5 卫星通信系统的干扰周期性重复,每个干扰周期内的 I/N 峰值、干扰总时长以及超过干扰保护标准的时间长度都相同。

对于两卫星通信系统地球站不重合情况,将 SINOSAT-5 地球站固定在 110.5°E 0°N 位置,改变 O3b 地球站的位置,SINOSAT-5 卫星受到干扰的总时长与 O3b 地球站的位置关系如图 3-6 所示。

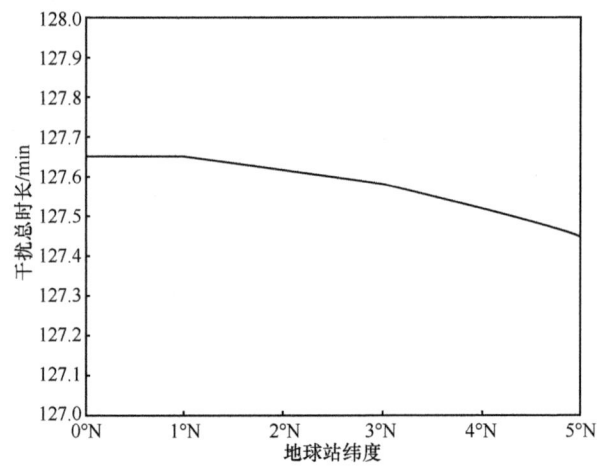

图 3-6 SINOSAT-5 卫星受到干扰的总时长随 O3b 地球站位置变化

随着 O3b 地球站所处纬度增大，两卫星通信系统的地球站间隔增大，SINOSAT-5 卫星受到干扰的总时长逐渐减小。由于 O3b 地球站纬度从 0°N 至 5°N 间隔 1°变化，变化范围较小，因此 SINOSAT-5 卫星受到干扰的总时长变化也较小，干扰总时长保持在 127.6 min 左右。

改变 O3b 地球站的位置，SINOSAT-5 卫星受到干扰超过保护标准的总时长与 O3b 地球站的位置关系如图 3-7 所示。

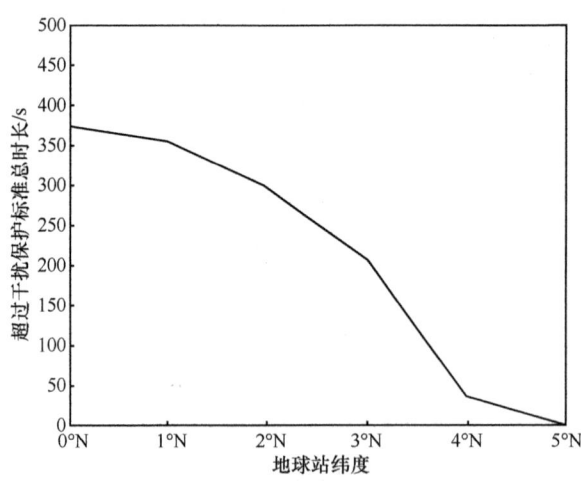

图 3-7 SINOSAT-5 卫星受到干扰超过保护标准总时长随 O3b 地球站位置变化

观察图 3-7 可以发现，随着 O3b 地球站所处纬度的增大，两卫星通信系统的地球站间隔增大，SINOSAT-5 卫星受到干扰超过保护标准的总时长逐渐减小。O3b 地球站纬度从 0°N 增加至 4°N 时，SINOSAT-5 卫星受到干扰超过保护标准的总时长的下降速率较快，超过 5°N 后，超过保护标准总时长的下降速率减慢。因此，当 O3b 地球站纬度在接近于 0°N 的较小范围内变化时，对 SINOSAT-5 卫星受到干扰超过保护标准的总时长影响更大。

改变 O3b 地球站的位置，SINOSAT-5 卫星受到干扰的 I/N 峰值与 O3b 地球站的位置关系如图 3-8 所示。

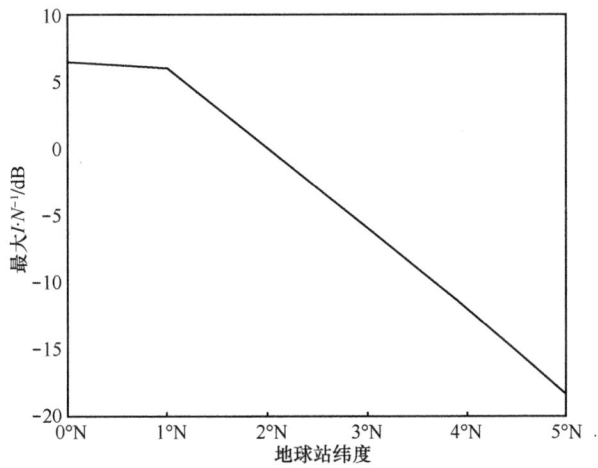

图 3-8 SINOSAT-5 卫星接收到干扰信号 I/N 最大值随 O3b 地球站位置变化

观察图 3-8 可以发现，随着 O3b 地球站所处纬度的增大，两卫星通信系统的地球站间隔增大，SINOSAT-5 卫星接收到干扰信号的 I/N 峰值逐渐减小。O3b 地球站纬度在 1°N 范围内时，SINOSAT-5 卫星接收到干扰信号的 I/N 峰值变化较小；超过 1°N 后，SINOSAT-5 卫星接收到干扰信号的 I/N 峰值下降速率更快。因此，在 O3b 地球站纬度超过 1°N 范围内时，其位置变化对 SINOSAT-5 接收到干扰信号的 I/N 峰值影响剧烈。

3. 下行干扰仿真结果

在下行干扰场景中，SINOSAT-5 地球站接收到 O3b 卫星发射信号的干扰信号，对于两卫星通信系统地球站重合情况，即同时位于 110.5°E 0°N 位置时，O3b 卫星发射功率在 SINOSAT-5 地球站处的 $epfd$ 随时间变化如图 3-9 所示。

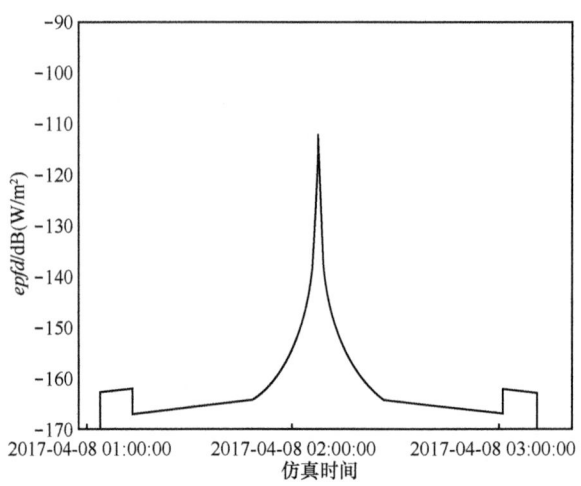

图 3-9 SINOSAT-5 地球站处的 *epfd* 随时间变化

与上行干扰仿真结果类似，在 O3b 卫星运行过程中，O3b 卫星越接近地球站正上空位置，其在 SINOSAT-5 地球站处的 *epfd* 越大。在每个干扰周期，即 O3b 卫星运行周期内，O3b 卫星发射功率在 SINOSAT-5 地球站处产生的 *epfd* 峰值为$-112\ \text{dB}(\text{W}/\text{m}^2)$，干扰总时长为 127.5 min。参考 ITU 保护对地静止卫星系统发射的 *epfd*$=-150\ \text{dB}(\text{W}/\text{m}^2)$的限制，每个干扰周期内超过该保护标准的总时长为 10.83 min，在此范围内应当采取相应的干扰抑制措施。

由于 SINOSAT-5 同步轨道卫星位置相对固定，且 O3b 卫星轨道为周期性回归轨道，下行干扰结果与上行干扰结果呈现类似的周期性规律，O3b 卫星通信系统对 SINOSAT-5 卫星通信系统的干扰周期性重复，并且每个干扰周期内的 *epfd* 峰值、干扰总时长以及超过干扰保护标准的总时长相同。

对于两卫星通信系统地球站不重合的情况，将 SINOSAT-5 地球站固定在 110.5° E 0° N 位置，改变 O3b 地球站的位置，SINOSAT-5 地球站受到干扰的总时长与 O3b 地球站的位置关系如图 3-10 所示。

随着 O3b 地球站所处纬度的增大，两卫星通信系统的地球站间隔增大，SINOSAT-5 卫星受到干扰的总时长逐渐减小。与上行干扰场景对比，可以发现 SINOSAT-5 卫星受到干扰的总时长随 O3b 地球站的位置变化缓慢，原因是在中低纬度地区，O3b 卫星地球站位置变化对其在一个运行周期内的可见时长影响较小。

第 3 章　GEO 卫星通信系统与 NGEO 卫星通信系统频谱共享

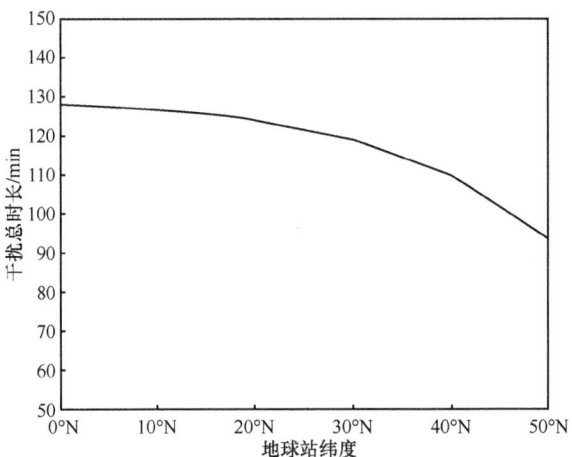

图 3-10　SINOSAT-5 地球站受到干扰的总时长随 O3b 地球站位置变化

改变 O3b 地球站的位置，SINOSAT-5 地球站受到干扰超过保护标准的总时长与 O3b 地球站的位置关系如图 3-11 所示。

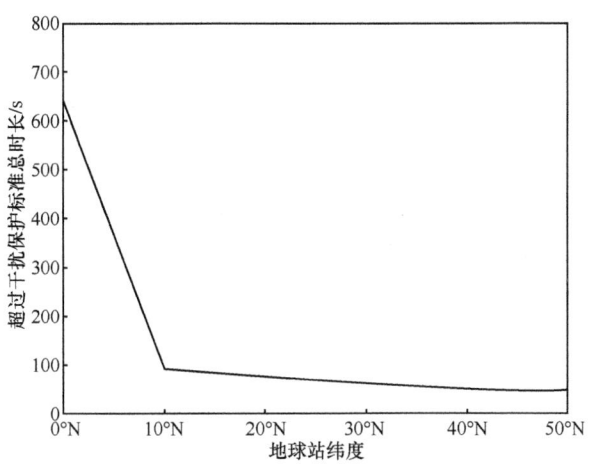

图 3-11　SINOSAT-5 地球站受到干扰超过保护标准总时长随 O3b 地球站位置变化

观察图 3-11 可以发现，随着 O3b 地球站的纬度增大，两卫星通信系统的地球站间隔增大，SINOSAT-5 卫星受到干扰超过保护标准的总时长逐渐减小。O3b 地球站纬度从 0°N 增加至 10°N 的过程中，SINOSAT-5 卫星受到干扰超过保护标准的总时长的下降速率较快，超过 10°N 后，超过保护标准总时长的下降速率减慢。因此，O3b 地球站纬度在低于 10°N 的范围内变化时，对 SINOSAT-5 卫星受到干扰超过保护标准的总时长影响更大。

改变 O3b 地球站的位置，SINOSAT-5 地球站受到干扰的 $epfd$ 峰值与 O3b 地球站的位置关系如图 3-12 所示。

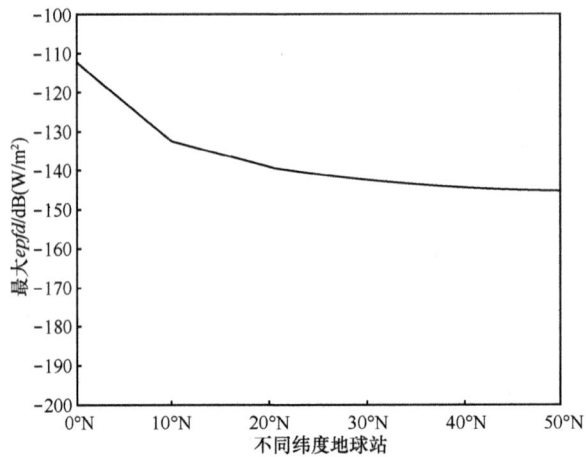

图 3-12 SINOSAT-5 地球站处的干扰信号 $epfd$ 峰值随 O3b 地球站位置变化

观察图 3-12 可以发现，随着 O3b 地球站所处纬度的增大，两卫星通信系统的地球站间隔增大，O3b 卫星在 SINOSAT-5 地球站处的干扰信号 $epfd$ 峰值逐渐减小。O3b 地球站纬度在 10°N 范围内变化时，在 SINOSAT-5 地球站处的干扰信号 $epfd$ 峰值下降较快；超过 10°N 后，在 SINOSAT-5 地球站处的干扰信号 $epfd$ 峰值下降速率减慢。因此，在 O3b 地球站纬度低于 10°N 范围内变化时，O3b 地球站位置的变化对卫星在 SINOSAT-5 地球站处的干扰信号 $epfd$ 峰值影响剧烈。

当 O3b 卫星运行至 110.5°E 位置时，区域分析结果如图 3-13 所示。

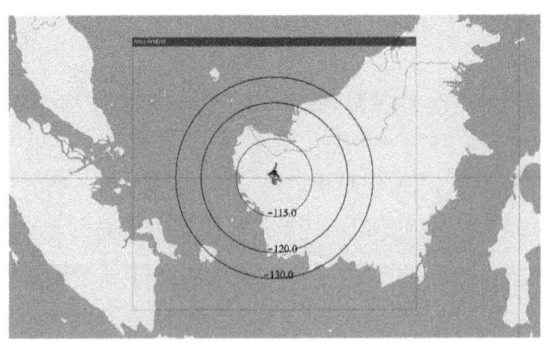

图 3-13 O3b 卫星运行至 110.5°E 位置区域分析结果

以此时 SINOSAT-5 地球站处的 *epfd* 为-112 dB(W/m^2)为标准，此时 O3b 卫星运行至地球站正上空，在 SINOSAT-5 地球站处的 *epfd* 最大，以 SINOSAT-5 地球站位置为中心，移动 O3b 地球站位置，绘制 O3b 卫星在 SINOSAT-5 地球站处的干扰信号 *epfd* 的等高线如图 3-13 所示。

3.3　相轨迹分析方法

由于 NGEO 卫星系统的动态特性，NGEO 卫星系统对 GEO 卫星系统的干扰情况复杂，而且 NGEO 卫星系统可调的设计参数比 GEO 卫星系统多，因此，在设计初期了解其对 GEO 卫星系统的全局干扰状态，对于 NGEO 卫星系统设计有重要的应用意义。本节提出利用相轨迹分析方法分析单颗卫星构成的 NGEO 卫星系统对单颗卫星构成的 GEO 卫星系统的干扰情形。与干扰仿真分析软件方法相比，相轨迹分析方法可以得到全局的干扰状态，对于卫星通信系统和卫星星座设计，尤其是卫星轨道设计和地球站选址，以及卫星系统干扰抑制和规避都有重要的应用意义。

通常在干扰信号数学模型分析中，数学模型表达式中的变量分为两大类：一大类为轨道位置相关的变量，包括链路夹角和链路距离；另一大类为通信系统相关的变量，包括发射功率、发射天线和接收天线参考方向图函数等其他参数。对于干扰信号的计算过程，可以通过分离两类变量将计算过程分为轨道计算部分和通信计算部分。对于轨道计算部分，相关输入参数包括各卫星的轨道位置参数以及各地球站的位置参数，在某一确定时刻，链路夹角和链路距离由这些参数决定；对于通信计算部分，相关输入参数包括干扰信号的发射功率、各卫星和地球站的天线参考方向图函数以及系统通信带宽等其他相关参数，在某一时刻，根据轨道计算部分得到的干扰链路夹角和干扰链路距离，计算得到干扰信号值。因此，在某一确定时刻，对于整个干扰信号计算过程，轨道计算部分和通信计算部分通过干扰链路夹角和干扰链路距离这两个变量连接。换言之，轨道计算部分和通信计算部分之间相关的中间变量为干扰链路夹角和干扰链路距离。通过分离中间变量，既可以根据轨道计算模型得到卫星运行过程中的中间变量变化规律，同时也可以根据通信计算模型分析干扰信号随中间变量变化的规律。具体如图 3-14 所示。

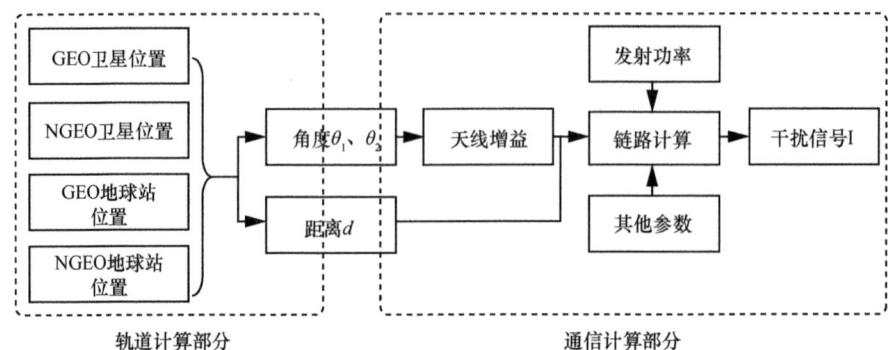

图 3-14 卫星通信系统干扰计算

这种分析方法的核心思想是将卫星轨道位置参数的变化规律反映于链路夹角和链路距离两个中间变量的变化规律中。首先根据轨道计算模型,在相平面上绘制卫星在运行周期内链路夹角的变化规律,即卫星运行过程中的相轨迹线;同时,根据通信计算模型,遍历特定角度范围内的所有链路夹角对应的干扰信号值得到全局的干扰特性,并根据干扰相关的干扰保护标准,确定链路夹角的限制范围,即干扰保护区域;最后,通过在相平面上绘制相轨迹和干扰保护区域,分析获得在卫星运行过程中,一个卫星通信系统对另外一个卫星通信系统所造成干扰超过保护标准的时段和相位角范围。下面在 3.2 节基础上,给出该方法具体的实施步骤。

3.3.1 相轨迹分析方法步骤

考虑同步轨道卫星系统和非同步轨道单星系统同频共存的场景,如图 3-15 所示,同步轨道卫星 1 和地球站 1 通信,为同步轨道卫星通信系统 1;非同步轨道卫星 2 和地球站 2 通信,为非同步轨道卫星通信系统 2。下面采用相轨迹法分析非同步轨道卫星系统 2 对同步轨道干扰系统 1 的干扰情形。

下面给出该方法的具体流程。

① 确定干扰场景中各通信链路和干扰链路,以及链路之间夹角。

在设定的干扰场景中,确定干扰产生的卫星通信系统和被干扰卫星通信系统,具体包括:卫星通信系统中的卫星以及与卫星通信的地球站。在此基础上,确定两个卫星通信系统的通信链路和干扰链路。

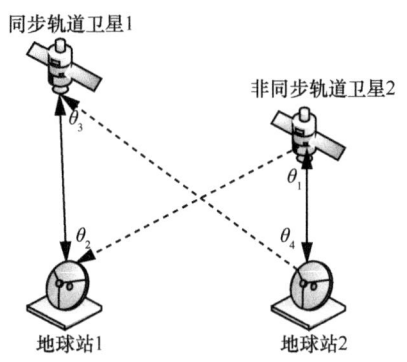

图 3-15　干扰场景示意

对于同步轨道卫星通信系统 1，"地球站 1—卫星 1"为上行通信链路，"卫星 1—地球站 1"为下行通信链路；对于非同步轨道卫星通信系统 2，"地球站 2—卫星 2"为上行通信链路，"卫星 2—地球站 2"为下行通信链路。考虑卫星通信系统 2 对卫星通信系统 1 的干扰，"地球站 2—卫星 1"为上行干扰场景中干扰卫星通信系统 2 对卫星通信系统 1 的干扰链路；"卫星 2—地球站 1"为下行干扰场景中干扰卫星通信系统 2 对卫星通信系统 1 的干扰链路。根据以上链路确定各链路夹角 θ_1、θ_2、θ_3、θ_4，如图 3-15 所示。

② 获取卫星通信系统的相关参数，具体包括轨道位置参数和通信系统参数。

轨道位置参数包括卫星的轨道根数，包括历元时刻、卫星轨道高度、轨道倾角、升交点赤经、近地点幅角、真近点角和椭圆轨道的偏心率，以及地球站的位置参数。通信系统参数包括通信频率、通信带宽、发射天线参数和接收天线参数等。

对于同步轨道卫星通信系统 1，需要获取卫星 1 的经度位置以及地球站 1 的位置参数，以及卫星通信系统 1 的通信频率、通信带宽、发射天线参数和接收天线参数等；对于非同步轨道卫星通信系统 2，需要获取卫星 2 的轨道根数以及地球站 2 的位置参数，以及卫星通信系统 2 的通信频率、通信带宽、发射天线参数和接收天线参数等。

③ 遍历特定范围内的链路夹角所对应被干扰卫星通信系统的干扰信号值，根据相关的干扰保护标准，计算达到干扰保护标准的链路夹角的取值范围，即为干扰保护区域。

根据步骤②中确定的卫星通信系统相关参数，通过通信计算模型遍历特定范围内的链路夹角对应被干扰卫星通信系统接收的干扰信号值，绘制干扰信号随链路夹角变化的三维曲线，根据 ITU 的干扰保护标准，确定超过干扰保护标准的链路夹角范围，在二维平面中画出对应的链路夹角限制范围，即为干扰保护区域。

④ 在设定仿真时间内，计算链路夹角随时间变化。

NGEO 卫星在运行过程中，卫星的位置变化导致链路夹角时刻变化，首先计算各卫星和地球站的位置坐标，计算各链路矢量，通过链路矢量计算链路夹角。绘制 NGEO 卫星运行过程中，确定链路夹角随时间的变化规律。

在 J2000 坐标系下，卫星 1 的位置坐标矢量为 $\boldsymbol{R}_1(t)=(x_{11}(t), y_{11}(t), z_{11}(t))$；卫星 2 的位置坐标矢量为 $\boldsymbol{R}_2(t)=(x_{12}(t), y_{12}(t), z_{12}(t))$；地球站 1 的位置坐标矢量为 $\boldsymbol{E}_1(t)=(x_{21}(t), y_{21}(t), z_{21}(t))$；地球站 2 的位置坐标矢量为 $\boldsymbol{E}_2(t)=(x_{22}(t), y_{22}(t), z_{22}(t))$。

各链路夹角通过下面表达式计算得

$$\cos\theta_1 = \frac{\langle (\boldsymbol{R}_2(t)-\boldsymbol{E}_1(t)), (\boldsymbol{R}_2(t)-\boldsymbol{E}_2(t)) \rangle}{|\boldsymbol{R}_2(t)-\boldsymbol{E}_1(t)||\boldsymbol{R}_2(t)-\boldsymbol{E}_2(t)|} \quad (3\text{-}2)$$

$$\cos\theta_2 = \frac{\langle (\boldsymbol{R}_1(t)-\boldsymbol{E}_1(t)), (\boldsymbol{R}_2(t)-\boldsymbol{E}_1(t)) \rangle}{|\boldsymbol{R}_1(t)-\boldsymbol{E}_1(t)||\boldsymbol{R}_2(t)-\boldsymbol{E}_1(t)|} \quad (3\text{-}3)$$

$$\cos\theta_3 = \frac{\langle (\boldsymbol{R}_1(t)-\boldsymbol{E}_1(t)), (\boldsymbol{R}_1(t)-\boldsymbol{E}_2(t)) \rangle}{|\boldsymbol{R}_1(t)-\boldsymbol{E}_1(t)||\boldsymbol{R}_1(t)-\boldsymbol{E}_2(t)|} \quad (3\text{-}4)$$

$$\cos\theta_4 = \frac{\langle (\boldsymbol{R}_1(t)-\boldsymbol{E}_2(t)), (\boldsymbol{R}_2(t)-\boldsymbol{E}_2(t)) \rangle}{|\boldsymbol{R}_1(t)-\boldsymbol{E}_2(t)||\boldsymbol{R}_2(t)-\boldsymbol{E}_2(t)|} \quad (3\text{-}5)$$

⑤ 在相平面上绘制卫星运行过程中的相轨迹线和干扰保护区域，分析干扰情形。

将步骤③所计算的链路夹角变化曲线（即相位角）绘制于相平面内，即为在特定时间周期内卫星运行过程中相轨迹线；将步骤④中计算的链路夹角限制范围绘制于相平面内，即为干扰保护区域。在相平面中，观察相轨迹线穿越干扰保护区域的取值范围，获得 NGEO 卫星通信系统对 GEO 卫星通信系统所产生的干扰超过保护标准的时刻、时间长度和相位角范围。卫星系统干扰分析相轨迹方法不仅适用于分析非同步轨道卫星通信系统对同步轨道卫星通信系统造成的干扰情形，也可以扩展到分析非同步轨道卫星通信系统之间的相互干扰。在干扰信号模型的基础上，通过提取中间变量，将整个干扰计算过程分为轨道计算部分和通信计算部分，卫星运行过程中的轨道位置参数变化反映于中间变量的变化规律中，减少了轨道位置相关的自变量数目；同时，通过分析中间变量的变化对于干扰信号的影响，可以得到该场

第 3 章　GEO 卫星通信系统与 NGEO 卫星通信系统频谱共享

景下全局的干扰特性。在工程应用方面，通过在相平面绘制相轨迹线和设置干扰保护区域，快速获得一个卫星通信系统对另外一个卫星通信系统所产生的干扰超过保护标准的时刻、时间长度和相位角范围。对应可以制订切星的策略、卫星切换频率时刻、地面切换卫星时刻等。

3.3.2　干扰建模仿真

以 3.2 节 O3b 卫星通信系统对 SINOSAT-5 同步轨道卫星通信系统下行干扰场景为例，建立系统模型，分析干扰情形。

轨道计算模型：SINOSAT-5 位于 110.5° E 位置的同步轨道位置，轨道倾角为 0°；O3b 卫星轨道是半长轴为 14 400.1 km、轨道倾角为 0° 的圆轨道。

分别分析两卫星通信系统地球站重合和不重合两种情况下，O3b 卫星通信系统对 SINOSAT-5 同步轨道卫星通信系统的干扰情形。地球站重合情况：两卫星通信系统地球站都位于 110.5° E 0° N 位置。地球站不重合情况：SINOSAT-5 地球站位于 110.5° E 0° N 位置，O3b 卫星地球站分别位于 110.5° E 10° N 位置和 120.5° E 10° N 位置，在 MATLAB 软件中建立轨道计算模型，分析 O3b 卫星运行过程中其相轨迹线与干扰保护区的关系。

通信计算模型：对于下行干扰场景，SINOSAT-5 地球站接收到干扰信号的等效功率通量密度 $epfd$ 可以通过式（3-1）计算获得。

由式（3-1）可知，干扰前计算需要确定各台站的天线方向图。根据《无线电规则》的规定，SINOSAT-5 地球站的参考天线方向图采用 ITU-R S.1428-1[11]建议书中所规定形式，有如下描述。

$$G_{\text{RX1}}(\theta) = \begin{cases} G_{\max} - 2.5 \times 10^{-3}\left(\dfrac{D}{\lambda}\theta\right)^2, & 0 < \theta < \theta_m \\ G_1, & \theta_m < \theta < \theta_r \\ 29 - 25\log(\theta), & \theta_r < \theta < 10° \\ 34 - 30\log(\theta), & 10° < \theta < 34.1° \\ -12, & 34.1° < \theta < 80° \\ -7, & 80° < \theta < 120° \\ -12, & 120° < \theta < 180° \end{cases} \quad (\text{dBi}) \qquad (3\text{-}6)$$

其中，D 为天线口径，λ 为通信频率对应波长，其他中间变量计算如下。

$$\begin{cases} G_{\max} = 20\log\left(\dfrac{D}{\lambda}\right) + 8.4 \\ G_1 = -1 + 15\log\left(\dfrac{D}{\lambda}\right) \\ \theta_m = \dfrac{20\lambda}{D}\sqrt{G_{\max} - G_1} \text{ (deg)} \\ \theta_r = 15.85\left(\dfrac{D}{\lambda}\right)^{-0.6} \end{cases} \quad (3\text{-}7)$$

根据 ITU-R S.1528[12]建议书的规定，O3b 卫星的发射天线参考方向图有如下描述。

$$G(\theta) = \begin{cases} 10\log(D/\lambda) - 3(\theta/\theta_b)^2, & \theta_b < \theta < Y \\ 10\log(D/\lambda) + L_S - 25\log(\theta/Y), & Y < \theta < Z \\ L_F, & Z \leqslant \theta \leqslant 180° \end{cases} \text{(dBi)} \quad (3\text{-}8)$$

其中，D 为天线口径，λ 为通信频率对应波长，θ_b 为 3 dB 波束角宽度，对于中轨卫星，L_S=-12 dBi，L_F 理想情况为 0 dBi，其他变量描述如下。

$$\begin{cases} Y = \theta_b(-L_S/3)^{\frac{1}{2}} \\ Z = Y \times 10^{0.04(G_{\max} + L_S - L_F)} \end{cases} \quad (3\text{-}9)$$

其他通信系统参数参照 3.2.2 节中所确定的 SINOSAT-5 卫星通信系统参数和 O3b 卫星通信系统参数，根据上述干扰信号数学模型，在 MATLAB 软件中建立通信计算部分的系统仿真模型。

3.3.3 干扰仿真分析结果

根据相应的系统参数，分别建立轨道计算模型和通信计算模型。在 O3b 卫星通信系统对 SINOSAT-5 同步轨道卫星通信系统的下行干扰场景中，分别仿真研究：O3b 卫星发射功率在 SINOSAT-5 地球站处的干扰信号 epfd 随着链路夹角的变化规律，得到对 SINOSAT-5 系统全局的干扰特性；在两卫星通信系统地球站重合情况下，即位于 110.5° E 0° N 位置，研究链路夹角的变化规律；在两卫星通信系统地球站不重合情况，SINOSAT-5 地球站位于 110.5° E 0° N 位置，O3b 地球站位于 110.5°E

10° N 位置和 120.5° E 10° N 位置时，研究链路夹角的变化规律，分析链路夹角变化过程中相轨迹线与干扰保护区域的关系，确定干扰信号超过相应保护标准的范围。

设定 θ_1 在 $-30°\sim+30°$ 范围内，θ_2 在 $-100°\sim+100°$ 范围内，遍历所有设定范围内的链路夹角，计算 O3b 卫星发射功率在 SINOSAT-5 地球站处 $epfd$ 随链路夹角的分布如图 3-16 所示。

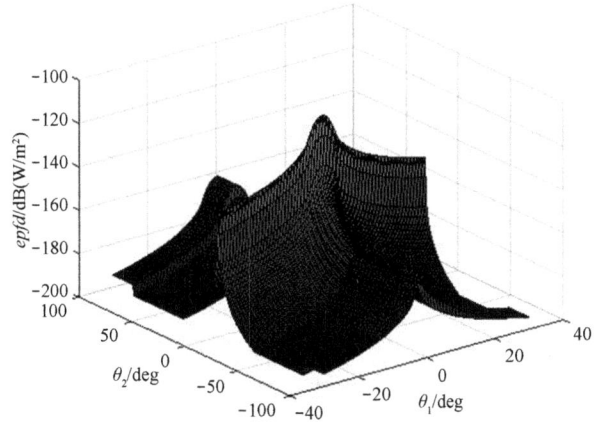

图 3-16　SINOSAT-5 地球站处 $epfd$ 随角度分布

参考 ITU 针对对地静止卫星系统下行 $epfd=-150\ \mathrm{dB(W/m^2)}$ 的干扰保护限制，绘制链路夹角限制范围如图 3-17 所示。

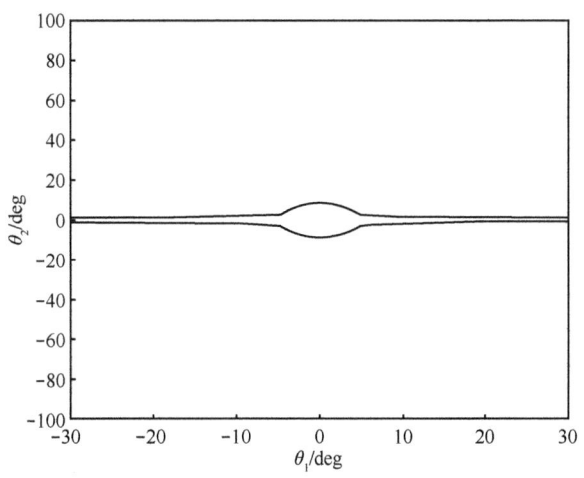

图 3-17　干扰保护限制对应的链路夹角限制范围

观察图 3-17 中对 SINOSAT-5 地球站的干扰保护所对应的链路夹角限制范围，即干扰保护区范围，θ_2 相对于 θ_1 的限制更小。当 θ_2 大于 9.0463°或小于−9.0463°时，O3b 卫星运行过程中相轨迹线不会进入干扰保护限制范围，即不会进入干扰保护区域内。

1. 地球站位置重合

在两卫星通信系统地球站重合情况下，即同时位于 110.5° E 0° N 位置，根据轨道计算模型，绘制链路夹角随时间变化规律如图 3-18 所示。

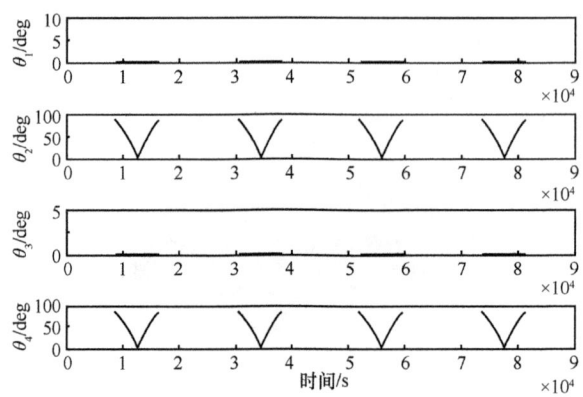

图 3-18 地球站重合链路夹角变化

观察图 3-18 可以发现，SINOSAT-5 卫星地球站和 O3b 卫星地球站位置重合，链路夹角 θ_1 和 θ_3 始终为 0；夹角 θ_2 等于 θ_4，并且随着 O3b 卫星的运行，夹角先减小到 0，即出现共线情况，随着 O3b 卫星远离夹角逐渐增大，在相平面上绘制 O3b 卫星运行过程中的相轨迹线如图 3-19 所示。

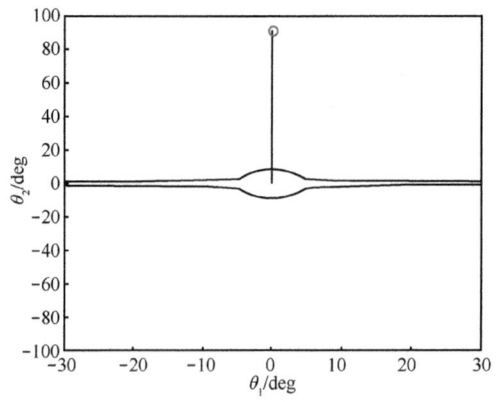

图 3-19 地球站重合情况相轨迹

观察图 3-19，在 O3b 卫星运行过程中，自西向东接近 110.5° E 位置时，θ_1 始终为 0，θ_2 逐渐减小，当 θ_2 小于 9.0463° 时，进入干扰保护区内，此时对 SINOSAT-5 卫星通信系统造成有害干扰，应当采取干扰规避措施；O3b 卫星继续运行，在远离 110.5° E 位置过程中，θ_2 逐渐增大，离开干扰保护区域。

2. 地球站位置不重合

当 SINOSAT-5 地球站位于 110.5° E 0° N 位置，O3b 卫星地球站位于 110.5° E 10° N 位置时，根据轨道计算模型，O3b 卫星运行过程中链路夹角变化如图 3-20 所示。

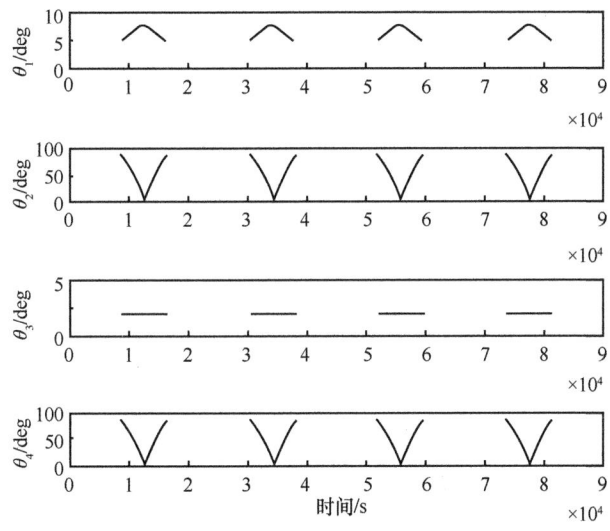

图 3-20　O3b 地球站位于 110.5° E 10° N 位置对应链路夹角变化

观察图 3-20 可以发现，链路夹角 θ_1 随着卫星运行先增加后减小；θ_2 和 θ_4 变化规律相同，随着 O3b 卫星运行先减小后增大；θ_3 始终为固定值。由于 O3b 地球站与 SINOSAT-5 地球站的经度相同，纬度为 10° N，因此当 O3b 卫星运行至 110.5° E 赤道上空时，θ_1 达到最大，θ_2 和 θ_4 达到最小，在接近 110.5° E 经度点位置和远离该位置过程中，各链路夹角呈对称性变化。

此时，在相平面上绘制相轨迹线和干扰保护区域如图 3-21 所示。

观察图 3-21，在 O3b 卫星运行过程中，自西向东接近 110.5° E 位置时，θ_1 逐渐增大，θ_2 逐渐减小，链路夹角进入干扰保护区内，此时对 SINOSAT-5 卫星通信系统造成有害干扰，应当采取干扰规避措施；当 O3b 卫星继续运行，远离 110.5° E 位置时，链路夹角离开干扰保护区域。

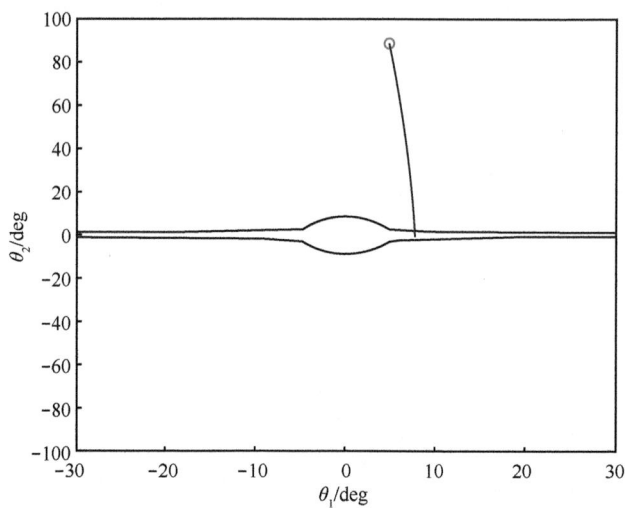

图 3-21　O3b 地球站位于 110.5° E 10° N 位置对应相轨迹

当 O3b 卫星地球站位于 120.5° E 10° N 位置时，根据轨道计算模型，O3b 卫星运行过程中链路夹角变化如图 3-22 所示。

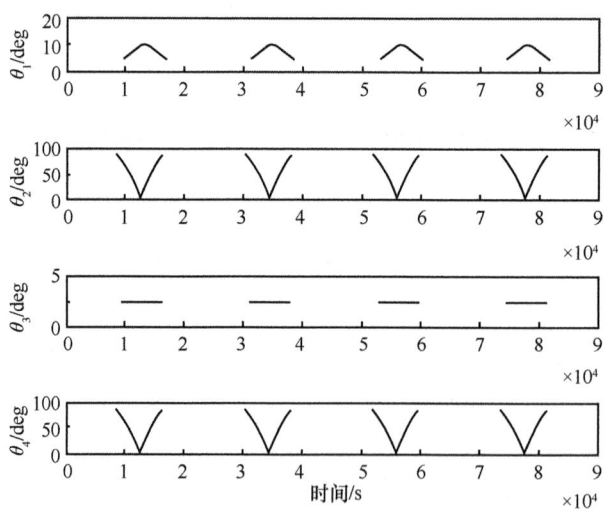

图 3-22　O3b 地球站位于 120.5° E 10° N 位置对应链路夹角变化

观察图 3-22 可以发现，链路夹角 θ_1 随着卫星运行先增大后减小，θ_2 和 θ_4 先减小后增大，θ_3 始终为固定值。与图 3-20 对比，由于 O3b 地球站与 SINOSAT-5 地球站的经度不相同，因此在 O3b 卫星运行过程中，当接近 110.5° E 经度点位置和远离该位置时，无空间对称关系，所以各链路夹角无严格对称性变化规律。

此时，在相平面上绘制相轨迹线和干扰保护区域如图 3-23 所示。

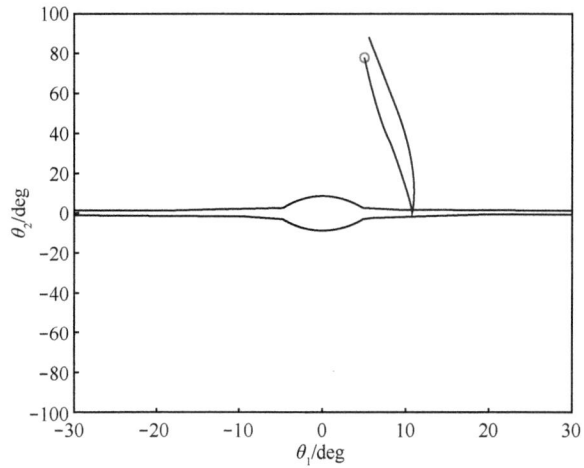

图 3-23　O3b 地球站位于 120.5° E 10° N 位置对应相轨迹

观察图 3-23，在 O3b 卫星运行过程中，θ_1 逐渐增加，θ_2 逐渐减小，进入干扰保护区内，此时对 SINOSAT-5 卫星通信系统造成有害干扰，应当采取干扰规避措施；O3b 卫星继续运行，θ_1 逐渐减小，θ_2 逐渐增大，链路夹角离开干扰保护区域。由于 SINOSAT-5 地球站位于 110.5° E 0° N 位置，O3b 地球站位于 120.5° E 10° N 位置，两地球站的经度和纬度各不相同，因此卫星和地球站在空间上无对称关系，导致链路夹角变化也无对称关系，O3b 卫星运行过程中，在接近 110.5° E 上空和远离该位置的过程中，与图 3-21 中相轨迹线重合情况相比，这两个过程中对应的相轨迹线分离。

相轨迹的干扰分析方法不仅适用于分析 NGEO 卫星系统对 GEO 卫星系统的干扰情形，也可以扩展到分析 NGEO 卫星系统之间的相互干扰。在工程应用方面，通过在相平面绘制相轨迹线和干扰保护区域的方法，快速获得一个卫星通信系统对另外一个卫星通信系统所产生的干扰超过保护标准的时刻、时间长度和相位角范围。对应可以制订切星策略、卫星切换频率时刻、地面切换卫星时刻。

3.4 频谱共享方法分析

3.4.1 系统模型

1. 干扰场景

按照 ITU-R 的规定，GEO 和 NGEO 卫星系统在 Ka 频段 FSS 链路的频谱共享通常以正常模式为主。正常模式意味着 GEO 和 NGEO 卫星系统的上行链路处于相同的频率，反之亦然。如图 3-24 所示，GEO 地球站在下行链路时受 NGEO 卫星的干扰，GEO 卫星在上行链路受 NGEO 地球站的干扰。当 NGEO 卫星靠近或通过 GEO 卫星与其地球站之间的连线时，干扰尤为严重。此外，GEO 地球站和 NGEO 地球站之间的距离以及 GEO 卫星和 NGEO 卫星之间的夹角是干扰分析中的关键因素。

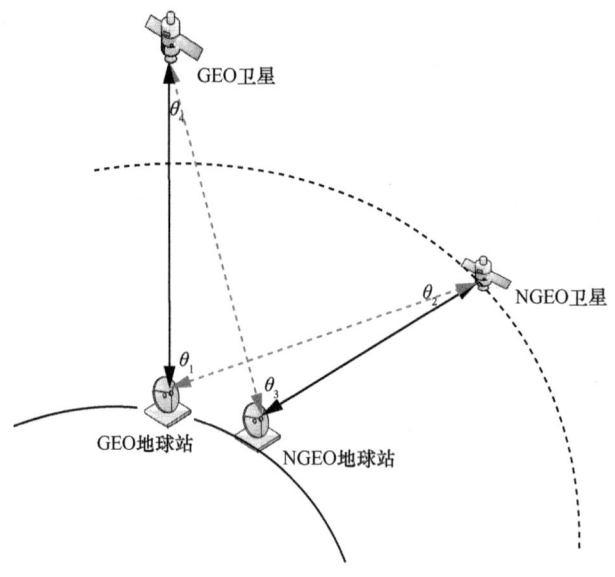

图 3-24 在上行和下行链路中 NGEO 和 GEO 系统频率共存场景

2. 直角坐标系

在图 3-24 中建立直角坐标系，如图 3-25 所示。假设 GEO 地球站位于 GEO 卫星的星下点。地心 O 是该坐标系的原点，θ_1 是 GEO 地球站在 NGEO 卫星方向上的离轴角，θ_2 是 NGEO 卫星在 GEO 地球站方向上的离轴角，θ_3 是 NGEO 地球站在 GEO 卫星方向的离轴角，θ_4 是 GEO 卫星在 NGEO 地球站方向的离轴角。此外，$d_{\text{ns}\to\text{es}}$ 表示 NGEO 卫星与 GEO 地球站之间的距离，$d_{\text{nt}\to\text{sa}}$ 表示 NGEO 地球站与 GEO 卫星之间的距离，ψ 表示 GEO 卫星和 NGEO 卫星之间的地心角，v 表示 GEO 地球站与 NGEO 地球站之间的地心角。另外，r 表示 GEO 地球站与 NGEO 地球站之间的距离。

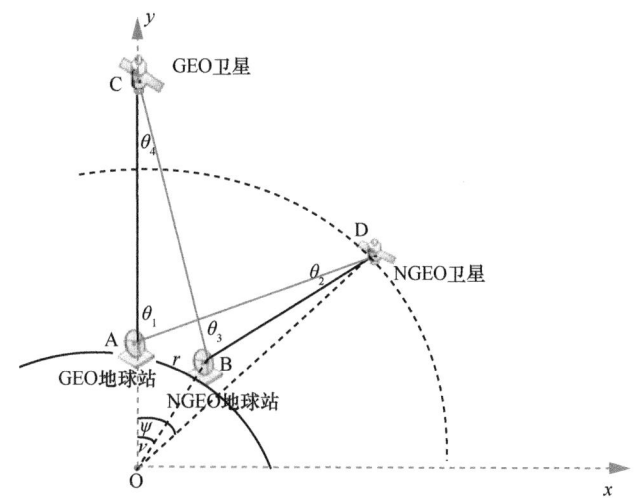

图 3-25 直角坐标系下 GEO 和 NGEO 系统频率共存场景

矢量 $\overrightarrow{AC}$、$\overrightarrow{AD}$、$\overrightarrow{BC}$、$\overrightarrow{BD}$ 可以表示为

$$\overrightarrow{AC} = [0, 35\,786] \quad (3\text{-}10)$$

$$\overrightarrow{AD} = \left[(h_{\text{ngeo}} + R_{\text{e}})\sin\psi, (h_{\text{ngeo}} + R_{\text{e}})\cos\psi - R_{\text{e}}\right] \quad (3\text{-}11)$$

$$\overrightarrow{BC} = \left[-R_{\text{e}}\sin v, (h_{\text{geo}} + R_{\text{e}}) - R_{\text{e}}\cos v\right] \quad (3\text{-}12)$$

$$\overrightarrow{BD} = \left[(h_{\text{ngeo}} + R_{\text{e}})\sin\psi - R_{\text{e}}\sin v, (h_{\text{ngeo}} + R_{\text{e}})\cos\psi - R_{\text{e}}\cos v\right] \quad (3\text{-}13)$$

其中，$v = \dfrac{r}{req}$，req 是地球半径，为 6 378 km，h_{ngeo} 是 NGEO 卫星到地面的高度，h_{geo} 是 GEO 卫星到地面的高度，约为 35 786 km。因此，角 θ_1 到 θ_4 可表示为

$$\theta_1 = \arccos\left(\frac{\overrightarrow{AC}\cdot\overrightarrow{AD}}{\left|\overrightarrow{AC}\right|\left|\overrightarrow{AD}\right|}\right) = \arccos\left(\frac{(h_{\text{ngeo}}+req)\cos\psi - req}{\sqrt{c_2 - 2c_1\cos\psi}}\right) \quad (3\text{-}14)$$

$$\theta_2 = \arccos\left(\frac{\overrightarrow{AD}\cdot\overrightarrow{BD}}{\left|\overrightarrow{AD}\right|\left|\overrightarrow{BD}\right|}\right) =$$

$$\arccos\left(\frac{(h_{\text{ngeo}}+req)^2 - c_1\cos(\psi-\nu)}{\sqrt{(c_2-2c_1\cos\psi)(c_2-2c_1\cos(\psi-\nu))}} + \frac{req^2\cos\nu - c_1\cos\psi}{\sqrt{(c_2-2c_1\cos\psi)(c_2-2c_1\cos(\psi-\nu))}}\right) \quad (3\text{-}15)$$

$$\theta_3 = \arccos\left(\frac{\overrightarrow{BC}\cdot\overrightarrow{BD}}{\left|\overrightarrow{BC}\right|\left|\overrightarrow{BD}\right|}\right) =$$

$$\arccos\left(\frac{req^2 - c_1\cos(\psi-\nu)}{\sqrt{(c_3-c_4\cos\nu)(c_2-2c_1\cos(\psi-\nu))}} + \frac{42\,164\big((h_{\text{ngeo}}+req)\cos\psi - req\cos\nu\big)}{\sqrt{(c_3-c_4\cos\nu)(c_2-2c_1\cos(\psi-\nu))}}\right) \quad (3\text{-}16)$$

$$\theta_4 = \arccos\left(\frac{\overrightarrow{AC}\cdot\overrightarrow{BC}}{\left|\overrightarrow{AC}\right|\left|\overrightarrow{BC}\right|}\right) = \arccos\left(\frac{42\,164 - R_e\cos\nu}{R_e^2 + c_3 - c_4}\right) \quad (3\text{-}17)$$

$$d_{\text{nt}\to\text{sa}} = \left|\overrightarrow{BC}\right| = \sqrt{c_3 - c_4\cos\nu} \quad (3\text{-}18)$$

$$d_{\text{ns}\to\text{es}} = \left|\overrightarrow{AD}\right| = \sqrt{c_2 - 2c_1\cos\psi} \quad (3\text{-}19)$$

其中，$c_1 = req(h_{\text{ngeo}}+req)$，$c_2 = (h_{\text{ngeo}}+req)^2 + req$，$c_3 = req^2 + (req+35\,786)^2$，$c_4 = 2req(req+35\,786)$。

3.4.2 角度隔离

在本节中，考虑的场景是单个 NGEO 系统和 GEO 系统共存，即 NGEO 系统和 GEO 系统均仅包含一颗卫星和一个地球站，提出了一种推导角度间隔的具体方法。

角度隔离通常用于避免单个 NGEO 地球站或卫星到单个 GEO 地球站或卫星的干扰[4,9]。已知隔离角大小，可以选择切换卫星或关闭波束来避免有害的干扰。已有的文献[4,9]只关注地球站与 NGEO 卫星和 GEO 卫星之间的夹角。例如，如图 3-25 所示，在下行链路中，当 θ_1 小于最小隔离角时，通常认为 GEO 地球站会受到有害干扰。然而，随着 NGEO 卫星的移动，角度 θ_2 和 θ_3 以及 NGEO 卫星与 GEO 地球站之间的距离也在不断变化。为了更准确地计算最小隔离角度，引入了 GEO 和 NGEO 卫星之间的地心角，即 ψ，来计算所需隔离角大小。如图 3-25 所示，该地心角 ψ 直接反映了 NGEO 和 GEO 卫星之间的相对位置，包括 θ_1、θ_2 和 θ_3 在内的所有角度均随着角 ψ 的变化而变化，其变化曲线如图 3-26 所示。因此，与传统的角度 θ_1 相比较，角 ψ 可以更准确地表示隔离角度。我们将 ξ 定义为所需最小隔离角，因此，当 $\psi \leqslant \xi$ 时，GEO 系统将受到有害干扰。在这种场景下，我们假设距离 r 是已知的，因此 $d_{\mathrm{ns \to sa}}$，角度 r 和 θ_4 是定值。很明显，较小的 r 对应于较大的 ξ。

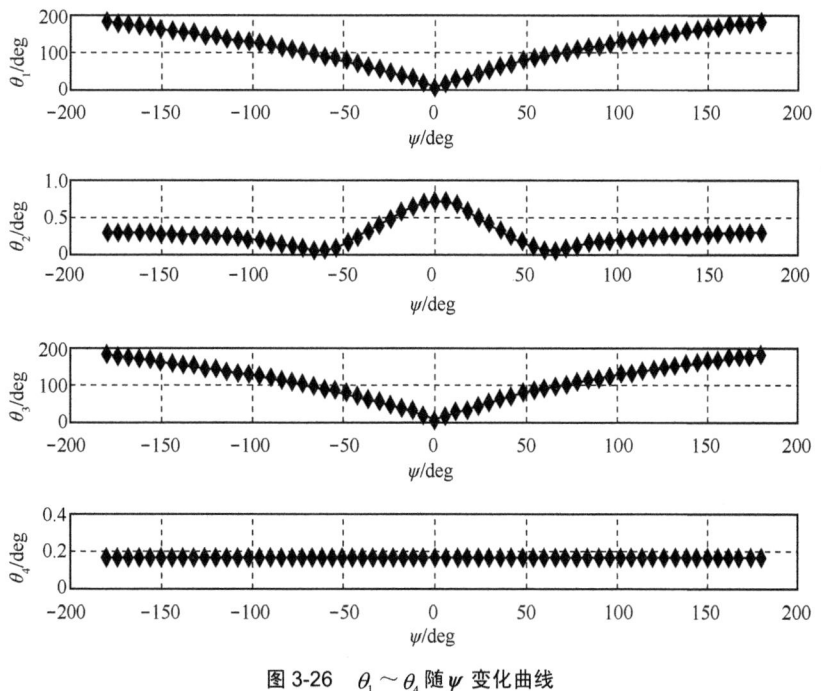

图 3-26　$\theta_1 \sim \theta_4$ 随 ψ 变化曲线

为了保护 GEO 系统，针对特定频段，RR 引入了等效功率通量密度（*epfd*）来评估 NGEO 系统对 GEO 系统的干扰。在本书中，使用 $epfd$ 来推导最小隔离角 ξ，具体方法如下。

1. 正常模式下的下行链路

参考 2.2.1 节中卫星系统间的干扰数学模型，NGEO 卫星对 GEO 地球站干扰的 $epfd$ 为

$$epfd_{\text{ns}\to\text{es}} = \frac{P_{\text{ns}} G_{\text{ns}}(\theta_2) G_{\text{es}}(\theta_1)}{4\pi d_{\text{ns}\to\text{es}}^2 G_{\text{es,max}}} \geqslant epfd_{\text{th}} \qquad (3\text{-}20)$$

其中，P_{ns} 是 NGEO 卫星的发射功率，$G_{\text{ns}}(\theta_2)$ 是 NGEO 卫星在 θ_2 角度方向的增益，$G_{\text{es}}(\theta_1)$ 是 GEO 地球站在 θ_1 角度方向的增益，$G_{\text{es,max}}$ 是 GEO 地球站接收天线的最大增益。并且 $epfd_{\text{th}}$ 表示 $epfd$ 在这个频段的门限值。如果 $epfd$ 超过给定的门限值，则认为 GEO 地球站会受 NGEO 卫星的干扰。

与 3.3.2 节下行干扰场景中的 O3b 卫星类似，NGEO 卫星的天线方向图参考 ITU 建议书 ITU-R S.1528。此外，GEO 地球站天线方向图则按照 ITU-R S.456 建议书所规定的形式，可表示为

$$G_{\text{es}}(\theta_1) = \begin{cases} 32 - 25\log(\theta_1), & \theta_m \leqslant \theta_1 < 48° \\ -10, & 48° \leqslant \theta_1 \leqslant 180° \end{cases} \qquad (3\text{-}21)$$

其中，天线半径和波长的比值小于 $50(D/\lambda \leqslant 50)$，而且 $\theta_m = \max(2, 114(D/\lambda))$ 度。

如式（3-14）和式（3-15）所示，角 θ_1 和 θ_2 是关于 ψ 的函数，那么 G_{ns} 和 G_{es} 同样可以用 ψ 来表示。因此，$epfd_{\text{ns}\to\text{es}}$ 是 ψ 的函数。通过 $epfd_{\text{th}}$ 的限制条件，联合式（3-14）、式（3-15）、式（3-20）和式（3-21），可以得到保证 GEO 地球站不受干扰的最小隔离角 ξ。

2. 正常模式下的上行链路

参考 2.2.1 节中卫星系统间的干扰数学模型，NGEO 地球站对 GEO 卫星干扰的 $epfd$ 为

$$epfd_{\text{nt}\to\text{sa}} = \frac{P_{\text{ns}} G_{\text{ns}}(\theta_3) G_{\text{sa}}(\theta_4)}{4\pi d_{\text{nt}\to\text{sa}}^2 G_{\text{sa,max}}} \geqslant epfd_{\text{th}} \qquad (3\text{-}22)$$

其中，P_{nt} 是 NGEO 地球站的发射功率，$G_{\text{nt}}(\theta_3)$ 是 NGEO 地球站天线在 θ_3 角度方向的增益，$G_{\text{sa}}(\theta_4)$ 是 GEO 卫星天线在 θ_4 角度方向的增益，$G_{\text{sa,max}}$ 是 GEO 卫星接收天线的最大增益。

与 3.3.2 节下行干扰场景中的 SINOSAT-5 地球站类似，NGEO 地球站的天线方向图参考 ITU 建议书 ITU-R S.1428。此外，GEO 卫星天线方向图按照 ITU-R S.672[13] 建议书所规定的形式，可表示为

$$G_{sa}(\theta_4) = \begin{cases} G_{sa,max} - 3(\theta_4/\theta_{sa,b})^2, & \theta_{sa,b} < \theta_4 < b\theta_{sa,b} \\ G_{sa,max} + L_n, & b\theta_{sa,b} < \theta_4 < c\theta_{sa,b} \\ G_{sa,max} + L_n + 20 - 25\log(\theta_4/\theta_{sa,b}), & c\theta_{sa,b} < \theta_4 < \theta_l \\ 0, & \theta_l \leq \theta_4 < 90° \\ 3, & 90° \leq \theta_4 < 180° \end{cases} \quad (3-23)$$

其中，$G_{sa,max}$ 是 GEO 卫星天线的最大增益，$\theta_{sa,b}$ 是 3 dB 波束宽度角的一半，L_n 是相关峰值增益的所需旁瓣，θ_l 是 $G_{sa}(\theta_4) = G_{sa,max} + L_n + 20 - 25\log(\theta_4/\theta_b) = 0$ dB 时 θ_4 的值。当 $L_n = -20$ 时，$b = 2.58$，$c = 6.32$。

$epfd_{th}$ 是上行频率所对应的门限值。把式（3-16）～式（3-18），式（3-23）代入式（3-22）中，可以得到最小隔离角 ξ。从式（3-16）和式（3-20）可以得知，ITU 所规定的 $epfd$ 值与 GEO 容量无关，是统一的、综合的标准。

3.4.3 保护区

目前，无线电认知（Cognitive Radio，CR）技术广泛地应用于地面通信系统[14]。文献[15-17]提出主用户排斥区（Primary Exclusive Region，PER）的概念，为保证主用户的通信质量，在主用户周围设置保护区域，次用户不能在该区域内工作。同样，我们将保护区的概念引入 NGEO 系统和 GEO 系统频谱共存的场景，分析在 NGEO 地球站分布密集的场景下，GEO 系统与 NGEO 系统频谱共享所需的保护距离。具体系统包括由一颗 NGEO 卫星和一定数量的 NGEO 地球站，NGEO 地球站以密度 ρ 随机均匀分布，如图 3-27 所示。为保证 GEO 系统通信质量不受影响，以 GEO 地球站为圆心，设置保护范围，NGEO 地球站随机均匀地分布在半径 R_0 到 R 的圆环中，R_0 即为保护半径。在保护范围以外，也就是圆环内，无论 NGEO 卫星移动到何处，无须感知 GEO 系统的频谱占用状态，可随时接入授权频段，不会对 GEO 系统造成干扰。通常，GEO 地球站的位置信息可以通过 ITU 数据库查询。

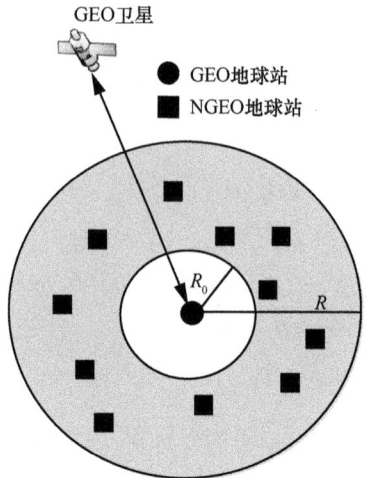

图 3-27　GEO 卫星和多个 NGEO 地球站频率共存场景

设置保护区的目的是保证 GEO 系统通信不受影响，GEO 系统的中断概率为

$$Pr[T_0 \leqslant C_0] \leqslant \eta \tag{3-24}$$

其中，T_0 是 GEO 系统的传输速率，$\eta(\eta<1)$ 是中断概率，C_0 是保证 GEO 系统正常通信的最小传输速率。这个约束确保在 η 时间外，GEO 系统的最小传输速率至少为 C_0。根据香农定理，GEO 系统的传输速率可以表示为

$$T_0 = \text{lb}\left(1 + \frac{P_{\text{gr}}}{I+N}\right) \tag{3-25}$$

其中，I 表示 GEO 系统接收端所受的集总干扰，P_{gr} 表示 GEO 系统的接收功率，N 表示 GEO 系统噪声，值为 $N=\text{K}TW$，K 为玻尔兹曼常数，T 为 GEO 系统的噪声温度，W 为带宽。因此，式（3-24）可表示为

$$Pr\left[I \geqslant \frac{P_{\text{gr}}}{2^{C_0}-1} - N\right] \leqslant \eta \tag{3-26}$$

根据此前的分析可知，距离 r 从 R_0 到 R 变化，角度 ψ 随 NGEO 卫星移动而变化。用等高线来描绘角 $\theta_1 \sim \theta_4$ 随 ψ 和 r 的变化程度，如图 3-28 所示。可以看出，r 对 θ_1 影响不大并且对 θ_3 有很小的影响；同时，随着 ψ 的变大，θ_1 和 θ_3 都增加。还可以发现，随着 ψ 的增加，θ_2 首先增加然后减小，而 θ_4 几乎没有变化；此外，较大的 r 对应较大的 θ_2 和 θ_4。

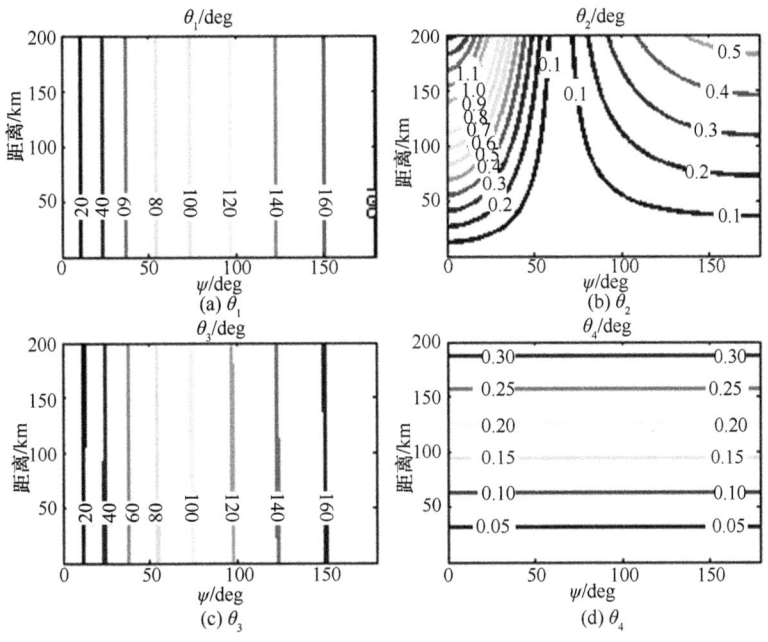

图 3-28 $\theta_1 \sim \theta_4$ 随 ψ 和 r 变化的等高线

1. 正常模式的下行链路

参考 2.2.1 节中卫星系统间的下行干扰数学模型，同时进一步考虑地面的信道衰落，NGEO 卫星对 GEO 地球站干扰的表达式[18-19]为

$$I_{\text{ns}\to\text{es}} = P_{\text{ns}} G_{\text{ns}}(\theta_2) G_{\text{es}}(\theta_1) \left(\frac{c}{4\pi f d_{\text{ns}\to\text{es}}}\right)^2 \phi_k^2 \quad (3\text{-}27)$$

其中，P_{ns} 是 NGEO 卫星的发射功率，$G_{\text{ns}}(\theta_2)$ 是 NGEO 卫星在 θ_2 方向的天线增益，$G_{\text{es}}(\theta_1)$ 是 GEO 地球站在 θ_1 方向的天线增益，c 是光速（$c = 3\times10^8$ m/s），f 是频谱的中心频率，ϕ_k 是莱斯参数。

基于此前的分析，因为所有的 NGEO 地球站随机均匀分布在半径为 $R_0 \sim R$ 的圆环内，r 的概率分布为 $f(r) = \dfrac{2r}{R^2 - R_0^2}$，$R_0 \leqslant r \leqslant R$。GEO 地球站所受的干扰来自 $n = \rho\pi(R^2 - R_0^2)$ 个 NGEO 发射端，式（3-27）的干扰期望可表示为

$$\mathrm{E}[I_{\text{ns}\to\text{es}}] = \mathrm{E}[\phi_k^2]\rho P_{\text{ns}} \int_{R_0}^{R} r \int_0^{2\pi} G_{\text{ns}}(\theta_2) G_{\text{es}}(\theta_1) \left(\frac{c}{4\pi f d_{\text{ns}\to\text{es}}}\right)^2 \mathrm{d}\psi \mathrm{d}r \quad (3\text{-}28)$$

由于 ϕ_k 是莱斯参数，$E(\phi_k) = 2\sigma^2 + v^2$，$v$ 是莱斯因子，σ 是阴影衰落系数。因此，

$$E[I_{\text{ns} \to \text{es}}] = (2\sigma^2 + v^2)\rho P_{\text{ns}} \int_{R_0}^{R} r \int_0^{2\pi} G_{\text{ns}}(\theta_2) G_{\text{es}}(\theta_1) \left(\frac{c}{4\pi f d_{\text{ns} \to \text{es}}}\right)^2 \mathrm{d}\psi \mathrm{d}r \quad (3\text{-}29)$$

其中，θ_1、θ_2 和 $d_{\text{ns} \to \text{es}}$ 的表达式分别如式（3-14）、式（3-15）和式（3-19）所示。显然，干扰期望 $E[I_{\text{ns} \to \text{es}}]$ 是 R_0 和 R 的函数。在后续的仿真中，认为 NGEO 地球站分布在一个有限的区域内。

保护区的设立是为了保证 GEO 系统的通信能力。利用马尔可夫不等式，式中 GEO 系统的中断概率可表示为

$$Pr[I_{\text{ns} \to \text{es}} \geq \frac{P_{\text{gre}}}{2^{C_0} - 1} - N_e] \leq \frac{E[I_{\text{ns} \to \text{es}}]}{\frac{P_{\text{gre}}}{2^{C_0} - 1} - N_e} \leq \eta \quad (3\text{-}30)$$

其中，P_{gre} 是 GEO 地球站的接收功率，N_e 是 GEO 地球站的噪声。因此，$E[I_{\text{ns} \to \text{es}}]$ 可表示为

$$E[I_{\text{ns} \to \text{es}}] \leq \eta \left(\frac{P_{\text{gre}}}{2^{C_0} - 1} - N_e\right) \quad (3\text{-}31)$$

将式（3-29）代入式（3-31）中，即可得到下行链路中保护半径 R_0 的边界值。

2. 正常模式的上行链路

参考 2.2.1 节中卫星系统间的上行干扰数学模型，同时进一步考虑地面的信道衰落，NGEO 地球站对 GEO 卫星干扰可表示为

$$I_{\text{nt} \to \text{sa}} = P_{\text{nt}} G_{\text{nt}}(\theta_3) G_{\text{sa}}(\theta_4) \left(\frac{c}{4\pi f d_{\text{nt} \to \text{sa}}}\right)^2 \phi_k^2 \quad (3\text{-}32)$$

其中，P_{nt} 是 NGEO 地球站的发射功率，$G_{\text{nt}}(\theta_3)$ 是 NGEO 卫星在 θ_3 方向的天线增益，$G_{\text{sa}}(\theta_4)$ 是 GEO 卫星在 θ_4 方向的天线增益。

与下行链路的分析方法类似，干扰期望可推导为

$$E[I_{\text{nt} \to \text{sa}}] = (2\sigma^2 + v^2)\rho P_{\text{ns}} \int_{R_0}^{R} r \int_0^{2\pi} G_{\text{nt}}(\theta_3) G_{\text{sa}}(\theta_4) \left(\frac{c}{4\pi f d_{\text{nt} \to \text{sa}}}\right)^2 \mathrm{d}\psi \mathrm{d}r \quad (3\text{-}33)$$

其中，θ_3、θ_4 和 $d_{\text{nt}\to\text{sa}}$ 的表达式分别如式（3-16）、式（3-17）和式（3-19）所示。

将 θ_3、θ_4 和 $d_{\text{nt}\to\text{sa}}$ 的表达式代入式（3-33），$E[I_{\text{ns}\to\text{sa}}]$ 是 R_0 和 R 的函数。再根据马尔可夫不等式，可得到 $E[I_{\text{ns}\to\text{sa}}]$ 的边界值为

$$E[I_{\text{nt}\to\text{sa}}] \leqslant \eta \left(\frac{P_{\text{grs}}}{2^{C_0}-1} - N_s \right) \tag{3-34}$$

其中，P_{grs} 是 GEO 卫星接收端的功率，N_s 是 GEO 卫星的噪声。最后，把 $E[I_{\text{ns}\to\text{sa}}]$ 的表达式代入式（3-34），即可得到下行链路中保护半径 R_0 的边界值。

3.4.4 仿真分析

在仿真中，NGEO 卫星系统参考 O3b 卫星系统的实际系统参数，具体的参数设置见表 3-5 和表 3-6。

表 3-5 下行链路参数

下行链路参数	数值
频率	18.48 GHz
NGEO 卫星高度/NGEO 卫星发射功率	6 000 km/7.8887 dBW 8 062 km/10.4546 dBW 10 000 km/12.3257 dBW
NGEO 卫星天线最大增益	31.5 dBi
NGEO 卫星半功率波束宽度	3.2°
NGEO 卫星天线类型	ITU-R S.1528
GEO 卫星高度	35 786 km
GEO 卫星 EIRP 值	62.7 dBW
GEO 地球站最大天线增益	41 dBW
GEO 地球站半径	0.75 m
GEO 地球站噪声温度	300 K
GEO 地球站天线类型	ITU-R S.465-6

表 3-6 上行链路参数

上行链路参数	数值
频率	28.28 GHz
NGEO 卫星高度/NGEO 地球站发射功率	6 000 km/7.8887 dBW 8 062 km/10.4546 dBW 10 000 km/12.3257 dBW

(续表)

上行链路参数	数值
NGEO 地球站天线半径	0.3 m
NGEO 地球站最大天线增益	36.7 dBi
NGEO 地球站天线类型	ITU-R S.1428-1
GEO 卫星高度	35 786 km
GEO 地球站 EIRP 值	63 dBW
GEO 卫星最大天线增益	47 dBi
卫星噪声温度	500K
GEO 卫星半功率波束宽度	0.82°
GEO 卫星天线类型	ITU-R S.465-6

1. 角度隔离

在下行链路和上行链路中，$epfd$ 和 ψ 随 NGEO 卫星高度的变化曲线分别如图 3-29 和图 3-30 所示。GEO 地球站和 NGEO 地球站的距离 r 为 3.31 km。在下行链路场景中，NGEO 卫星高度越高，NGEO 系统的发射功率就越大，同样 NGEO 卫星到地面的距离 $d_{\text{ge}\rightarrow\text{ns}}$ 越远；然而，发射功率的增长速率比距离的增长速率快。因此，$epfd$ 相对于 NGEO 高度的变化比较小，如图 3-29 所示。

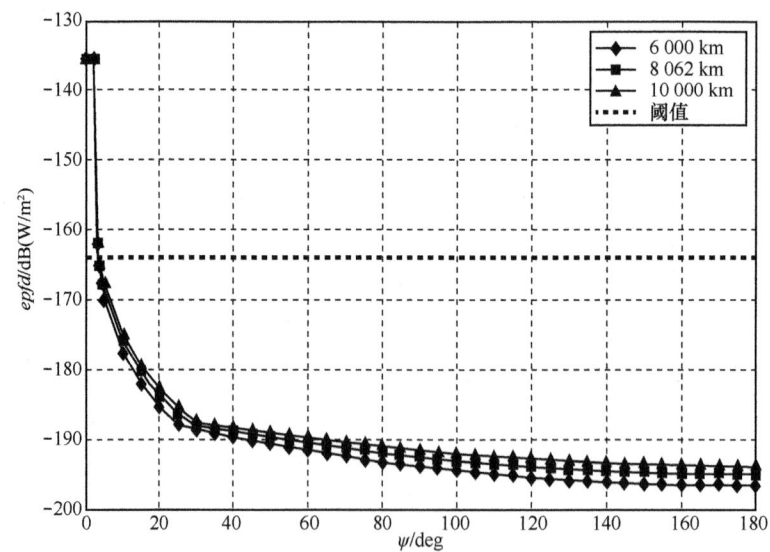

图 3-29 下行链路中 $epfd$ 和 ψ 的变化曲线

在上行链路中，NGEO 高度越高，NGEO 地球站的发射功率越大，NGEO 地球站到 GEO 卫星的距离 $d_{\text{nt}\to\text{sa}}$ 是常数，因此，所需最小隔离角随着 NGEO 卫星高度的增加逐步变大。从图 3-30 可以得知，为保证 GEO 卫星不受有害干扰，当 NGEO 卫星高度分别为 6 000 km、8 062 km 和 10 000 km 时，ψ 至少为 4°、6°和 8°，也就是说 ξ =4°、6°和 8°。

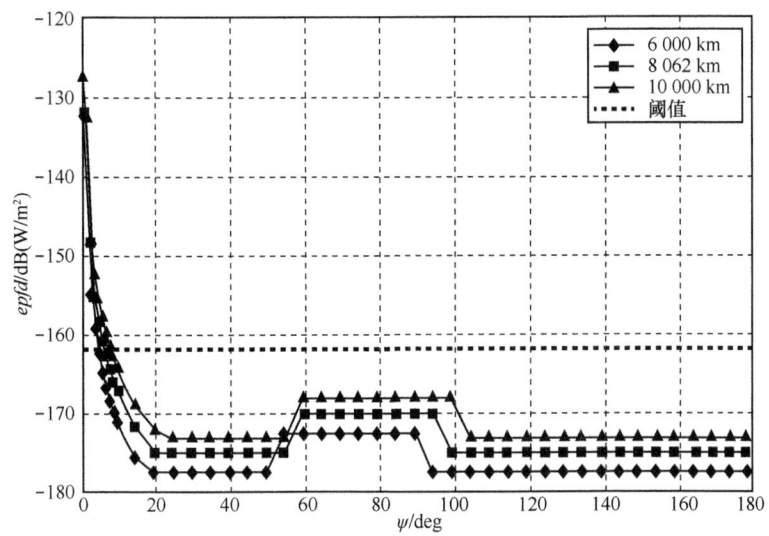

图 3-30　上行链路中 $epfd$ 和 ψ 的变化曲线

2. 保护区

在下行链路和上行链路中，GEO 系统保护半径 R_0 和干扰期望随 NGEO 卫星高度变化曲线分别如图 3-31 和图 3-32 所示。为了确保 NGEO 系统的通信能力，NGEO 卫星高度越高，所需要的发射功率越大。从图 3-31 可以看出，在下行链路中，NGEO 卫星的高度越高，意味着 GEO 地球站受到的干扰越大。这是因为随着 NGEO 卫星高度的增加，NGEO 卫星发射功率的增长速率大于 NGEO 卫星和 GEO 地球站距离的增长速率。

如图 3-32 所示，在上行链路中，NGEO 卫星的高度越高，GEO 卫星接收到 NGEO 地球站的干扰越大，因此，所需保护半径 R_0 越大。这是因为 NGEO 高度越高，NGEO 地球站的发射功率越大，但是 NGEO 地球站和 GEO 卫星的高度依旧不变。

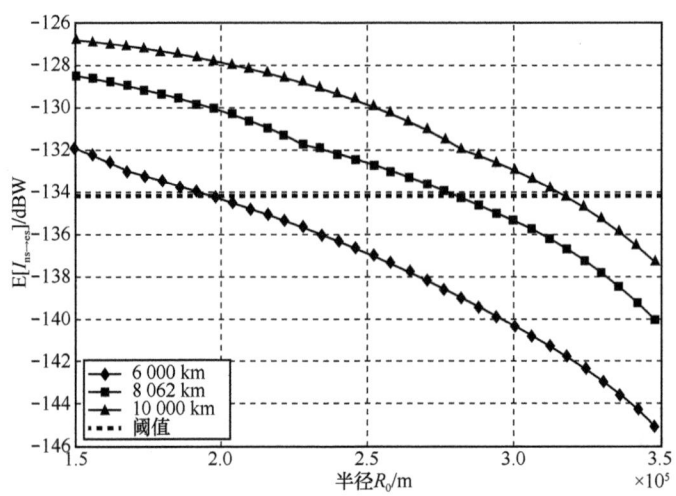

图 3-31 下行链路中,当 $\beta = 0.1$ 时,干扰期望 $E[I_{ns \to es}]$ 和保护半径 R_0 的变化曲线

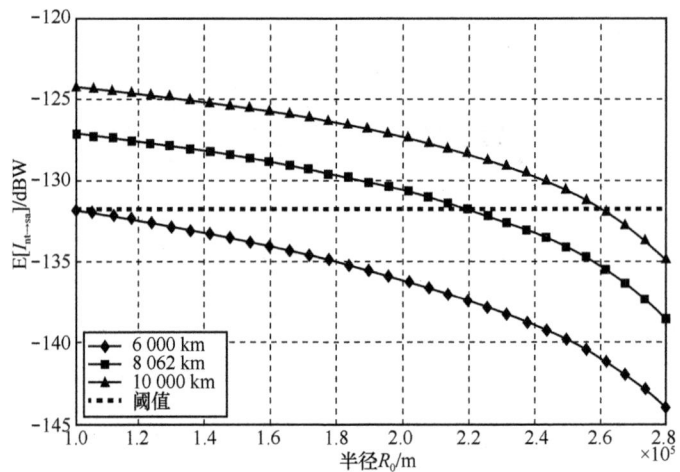

图 3-32 上行链路中,当 $\beta = 0.1$ 时,干扰期望 $E[I_{nt \to sa}]$ 和保护半径 R_0 的变化曲线

3.5 本章小结

本章首先分析了 NGEO 卫星通信系统对 GEO 卫星通信系统的干扰情况,研究了上下行干扰场景中 NGEO 卫星系统对 GEO 卫星系统的干扰,并提出了针对干扰

相轨迹分析方法，用于分析 NGEO 卫星系统卫星运行过程中卫星空间位置与干扰保护区的动态变化关系。随后，针对 GEO 卫星和 NGEO 卫星通信系统频谱共享场景和不同业务特征，分别设计了基于 GEO 卫星和 NGEO 卫星之间的地心角 ψ 的角度分离方法，以及基于干扰期望和中断概率的保护半径方法。采用上述方案，FSS/MSS 链路中的 GEO 卫星系统和 NGEO 卫星系统可实现频谱共享。

参考文献

[1] ITU. Radio Regulations[M].2012.
[2] KOBAYASHI H, SHINONAGA H, ARAKI N, et al. Study on interference between non-GEO MSS gateway station and GEO FSS earth station under reverse band operation[J]. International journal of satellite communications networking, 1995, 28(1): 29-57.
[3] FORTES J M P. An analytical method for assessing interference in interference environments involving NGEO satellite networks[J]. Int. j. sat. commun.,1999, 17(6): 399-419.
[4] PARK C S, KANG C G, CHOI Y S. Interference analysis of geostationary satellite networks in the presence of moving non-geostationary satellites[J]. International conference on information technology convergence & services, 2010: 1-5.
[5] ICOLARI V, GUIDOTTI A, TARCHI D. An interference estimation techniques for satellite cognitive radio systems[C]//Communications (ICC), IEEE International Conference on.,2015: 892-897.
[6] HOYHTYA M. Frequency sharing between FSS and BSS satellites in the 17.4~18.4 GHz band[J]. Advances in wireless and optical communications (RTUWO), 2015: 176-179.
[7] SHARMA S K, CHATZINOTAS S, OTTERSTEN B. In-line interference mitigation techniques for spectral coexistence of GEO and NGEO satellite[J]. International journal of satellite communications and networking, 2016, 34 (1): 11-39.
[8] ITU-R S.1431. Method to enhance sharing between non-GEO FSS systems (except MSS feeder links) in the frequency bands between 10~30 GHz[S]. 2000.
[9] ITU-R S.1325. Simulation methodologies for determining statistics of short-term interference between co-frequency, codirectional non-geostationary-satellite orbit fixed-satellite service systems in circular orbits and other non-geostationary fixed-satellite service systems in circular orbits or geostationary-satellite orbit fixed-satellite service networks[S]. 2003.
[10] ITU-R S.1503. Functional description to be used in developing software tools for determining conformity of non-geostationary-satellite orbit fixed-satellite system networks with limits contained in Article 22 of the Radio Regulation[S]. 2013.
[11] ITU-R S.1428. Reference FSS earth station radiation patterns for use in interference

assessment involving non-GEO satellite frequency bands between 10.7 GHz and 30 GHz[S]. 2000.

[12] ITU-R S.1528. Satellite antenna radiation patterns for non-geostationary orbit satellite antennas operating in the fixed satellite service below 30 GHz[S]. 2001.

[13] ITU-R S.672-4. Satellite antenna radiation pattern for use as a design objective in the fixed-satellite service employing geostationary satellites[S]. 2010.

[14] AKYILDIZ I, LEE W, VURAN M, et al. Next generation/dynamic spectrum access/cognitive radio wireless networks: a survey[J]. Computer networks, 2006, 50: 2127-2159.

[15] VU M, DEVROYE M, SHARIF M. Scaling laws of cognitive networks[J]. International conference on cognitive radio oriented wireless networks and communications, 2007: 2-8.

[16] VU M, DEVROYE M, TAROKH V. The primary exclusive region in cognitive networks[C]// IEEE CCNC, 2008: 1014-1019.

[17] VU M, DEVROYE M, TAROKH V. On the primary exclusive region of cognitive networks[J]. IEEE trans. wireless commun., 2009, 8(7): 3380-3385.

[18] ITU-R P.526-8. Series of ITU recommendations propagation by diffraction[S]. 2013.

[19] 3GPP TR 36.814 v9.0.0. 3rd generation partnership project; technical specification group radio access network; evolved universal terrestrial radio access (E-UTRA); further advancements for E-UTRA physical layer aspects[S]. 2010.

第 4 章
NGEO 卫星通信系统间的频谱共享与分析方法

相比于 GEO 卫星通信系统，NGEO 卫星通信系统具有时空动态变化的特性，从而导致了干扰时变性，增加了 NGEO 卫星通信系统间的干扰分析问题的复杂度和困难。本章将针对 NGEO 卫星通信系统间的干扰分析及频谱共享问题展开讨论。

4.1 引言

NGEO 卫星通信系统因其轨道位置低、通信距离短、通信时延短等优势,近些年迅速发展起来,数量显著增加,NGEO 卫星通信系统间的频谱共享的场景越来越多,NGEO 卫星通信系统之间干扰分析的需求也日益强烈。NGEO 卫星的运动特性,导致卫星之间以及卫星与地球站之间的空间几何关系具有时变性,分析两个 NGEO 卫星通信系统之间的干扰,需要考虑卫星和地球站以及通信链路的相对空间位置变化,增加了干扰计算的复杂度,频谱的共享和分析更加复杂。同时,NGEO 卫星通信系统通常是通过卫星星座的形式提供全球或区域的通信服务,与单颗卫星构成的通信系统相比,卫星星座之间的干扰特性更加复杂,因此对 NGEO 星座之间频谱共享的分析具有重要的应用意义。

本章基于 2.2.1 节卫星系统间的干扰数学模型展开讨论。首先针对两个 NGEO 卫星通信系统之间的频谱共享和干扰分析模型,选取干扰噪声比 I/N[1]作为干扰评价指标,以典型的 NGEO 卫星通信系统 OneWeb 系统[2]和 O3b 系统[3-4]为例,利用软件建模仿真的方法分析了频谱共享使用时,NGEO 卫星通信系统对 NGEO 卫星通信系统的干扰情形。由于上行干扰场景和下行场景的分析过程类似,本章仅针对 NGEO 通信系统对 NGEO 通信系统的上行干扰场景进行分析。最后,根据所建立的分析方法模型,提出了针对 NGEO 星座对 NGEO 星座干扰的链路夹角概率分布的干扰分

析方法，分析了 OneWeb 系统对 O3b 系统的干扰情况，给出了在全球范围内，链路夹角、干扰状态和可用星数的概率分布仿真结果。

4.2　OneWeb 卫星通信系统对 O3b 卫星通信系统的干扰仿真建模分析

O3b 卫星星座是由 O3b Networks 公司建设的中轨卫星星座，目前已经在轨并提供服务，使用频段集中在 Ka 和 Ku 频段。其中，上行频段包括 27.6 GHz～28.14 GHz 和 28.6 GHz～29.1 GHz；下行频段包括 17.8 GHz～18.6 GHz 和 18.8 GHz～19.3 GHz。OneWeb 公司正在建设的 OneWeb 低轨卫星星座由分布在 18 个轨道面的 720 颗低轨道卫星构成，卫星的轨道高度大约为 950 km，首批在轨验证卫星于 2018 年发射。在频率选用方面，也使用了 Ka 和 Ku 频段。查询 ITU 发布的卫星网络资料数据库，其中 O3b 卫星网络资料的 ID 为 108520116，OneWeb 卫星网络资料的 ID 为 113520120。比较两卫星通信系统所申报的网络资料，所使用的频段在上下行均具有重叠频段，因此上下行工作场景都存在相互干扰的可能性[5]。

针对上行干扰场景，分析一颗 OneWeb 卫星系统对于一颗 O3b 卫星系统的上行干扰：其中，O3b 卫星轨道是轨道高度 8 062 km、倾角为 0°的圆轨道，OneWeb 卫星轨道是轨道高度 950 km、倾角为 88.5°的圆轨道。考虑极端干扰的情况，假设两个卫星系统地球站位置重合[6]，位于 139.7°E 0°N 赤道位置。在 Visualyse 软件中分别建立 O3b 卫星系统模型和 OneWeb 卫星系统模型，卫星通信系统模型包括站点对象、天线对象、链路对象等[7]。建立卫星系统模型后，考虑上行干扰场景，建立 OneWeb 地球站至 O3b 卫星的上行干扰链路模型。

根据 O3b 卫星通信系统所申报网络资料中 R1R 上行波束参数信息，卫星系统通信参数见表 4-1 所列。

表 4-1　O3b 卫星系统通信参数

参数	数值
地球站发射天线峰值增益	67.2 dBi
地球站发射天线半功率波束角	0.08°
卫星接收天线峰值增益	37.6 dBi

(续表)

参数	数值
卫星接收天线半功率波束角	2.1°
地球站发射功率	10.6 dBW
卫星系统通信带宽	115 MHz
卫星系统通信频率	27.5625 GHz
卫星接收机系统噪声温度	600 K

根据 OneWeb 卫星通信系统所申报网络资料中 GRA 上行波束参数信息，卫星通信系统参数见表 4-2 所列。

表 4-2　OneWeb 卫星通信系统参数

参数	数值
地球站发射天线峰值增益	65 dBi
地球站发射天线半功率波束角	0.1°
卫星接收天线峰值增益	31.2 dBi
卫星接收天线半功率波束角	4.2°
地球站发射功率	21.7 dBW
卫星系统通信带宽	100 MHz
卫星系统通信频率	27.55 GHz
卫星接收机系统噪声温度	600 K

根据相关的参数，在 Visualyse 软件中建立 OneWeb 卫星通信系统对 O3b 卫星通信系统上行干扰场景的系统模型，如图 4-1 所示，仿真总时间为 3 天，仿真时间步长为 10 s。

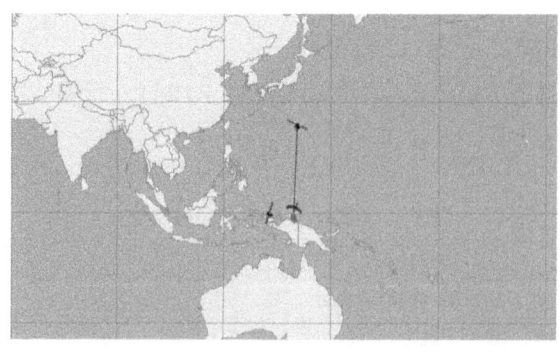

图 4-1　OneWeb 卫星通信系统对 O3b 卫星通信系统干扰场景

根据 4.1 节中确定的干扰仿真系统参数，针对 OneWeb 卫星通信系统对 O3b 卫星通信系统的上行干扰场景完成软件建模仿真。首先仿真研究 OneWeb 卫星通信系统对 O3b 卫星通信系统的干扰产生条件。对于两卫星通信系统地球站重合的情况，即位于 139.7°E 0°N 赤道位置时，仿真研究了在一定的仿真时间内，O3b 卫星通信系统受到干扰的量级和时间分布。

4.2.1 OneWeb 卫星通信系统对 O3b 卫星通信系统的干扰仿真分析结果

根据输入参数建立仿真系统模型后，得到了干扰仿真结果。由于 NGEO 系统卫星运动特性，卫星和地球站以及通信链路的相对空间位置关系是时变的，OneWeb 卫星系统对 O3b 卫星造成干扰的条件为：O3b 卫星和 OneWeb 卫星分别与各自的地球站同时建立起通信链路。O3b 卫星和 OneWeb 卫星与各自地球站建立链路的时间分布如图 4-2 所示。

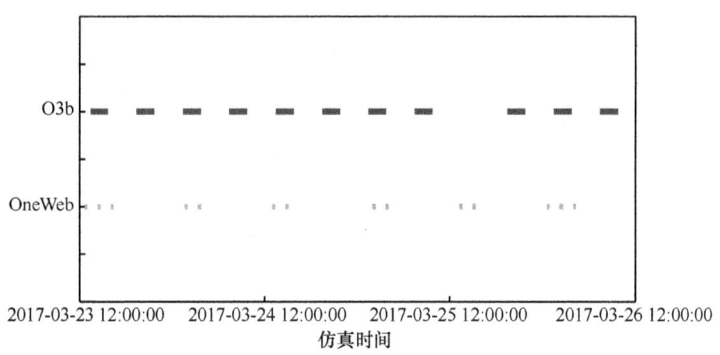

图 4-2 卫星通信系统链路建立时间分布

O3b 卫星为中轨卫星，运行周期较长，约为 288 min。由于 O3b 卫星运行轨道为倾角为 0°的圆轨道，始终处于赤道上空，每个运行周期内与地球站建立链路的时间长度相同，约为 127.5 min。OneWeb 卫星为低轨卫星，运行周期较短，约为 105 min。在 OneWeb 卫星运行过程中，卫星轨道位置相对地球站发生变化，因此并不是每一个运行周期都可以与其地球站建立通信链路。

在两个卫星通信系统中，卫星同时与各自地球站建立链路正常工作时，OneWeb 地球站向 OneWeb 卫星发射功率信号，O3b 卫星在接收其地球站发射的有用信号的同时，捕获到 OneWeb 地球站发射的干扰信号，此时，OneWeb 系统对 O3b 系统造成干扰。根据相对空间位置关系，干扰的具体情形可以分为共线干扰和非共线干扰。

4.2.2 干扰量级和时间分布

在 3 天仿真时间内，共出现了 8 次干扰情形，干扰 I/N 峰值的时间分布如图 4-3 所示。

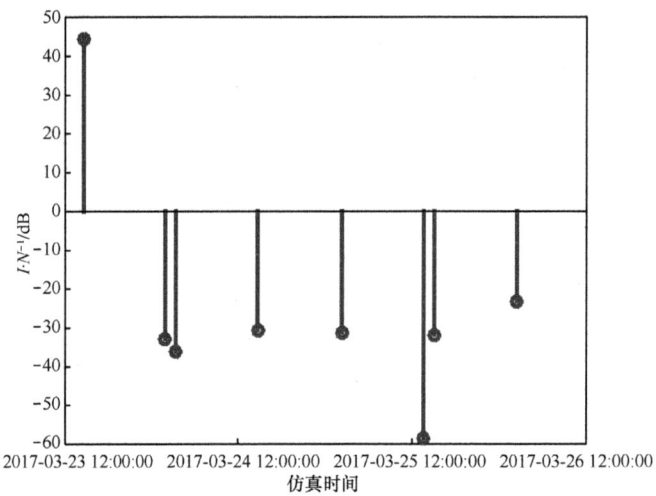

图 4-3 干扰量级和时间分布

平均每次干扰时间长度为 13.82 min，每次干扰产生的时间长度分布如图 4-4 所示。

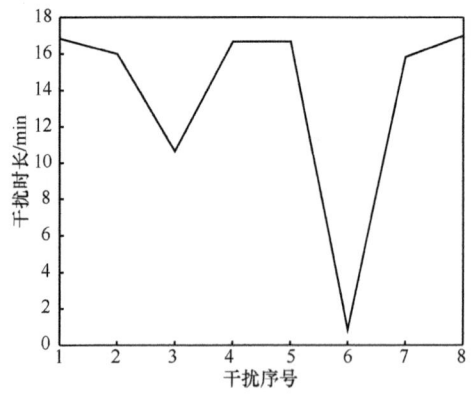

图 4-4 干扰时长分布

第4章 NGEO卫星通信系统间的频谱共享与分析方法

由于 NGEO 卫星的运动特性，每次干扰产生时对应的干扰链路的相对空间位置不同，因此每次干扰出现的总时长和 I/N 峰值也不相同。由于 OneWeb 卫星不是周期回归轨道，同 O3b 卫星通信系统对 SINOSAT-5 卫星通信系统的干扰场景相比，并没有固定的干扰周期，干扰也没有周期性的重复规律。

（1）共线干扰

O3b 卫星和 OneWeb 卫星在运行过程中，如果在某一时刻，两条链路重合，则发生共线干扰情况。调整 O3b 卫星的起始轨道位置，使卫星运行过程中，O3b 卫星和 OneWeb 卫星同时经过位于赤道的地球站上空，此时两个卫星通信系统的通信链路重合，发生共线干扰情况，如图 4-5 所示。

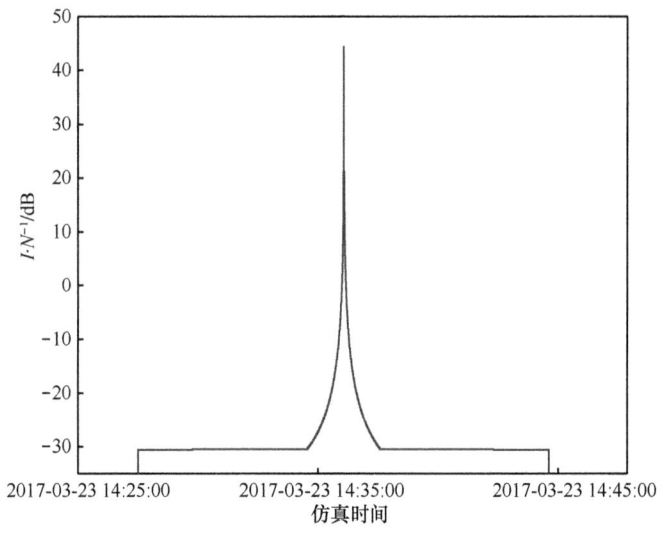

图 4-5　共线干扰

对于共线干扰情形，当两卫星链路重合时，即为共线干扰出现的时刻，O3b 卫星接收到的最大 I/N=45 dB。共线干扰情形会对被干扰卫星系统造成严重影响。

（2）非共线干扰

O3b 卫星和 OneWeb 卫星在运行过程中，卫星和地球站以及通信链路的相对空间位置在实时变化，在绝大多数情况下，两卫星通信系统的链路不会出现重合情况，此时对应的干扰为非共线干扰情形，图 4-6 为两卫星通信系统运行过程中出现的一次非共线干扰。

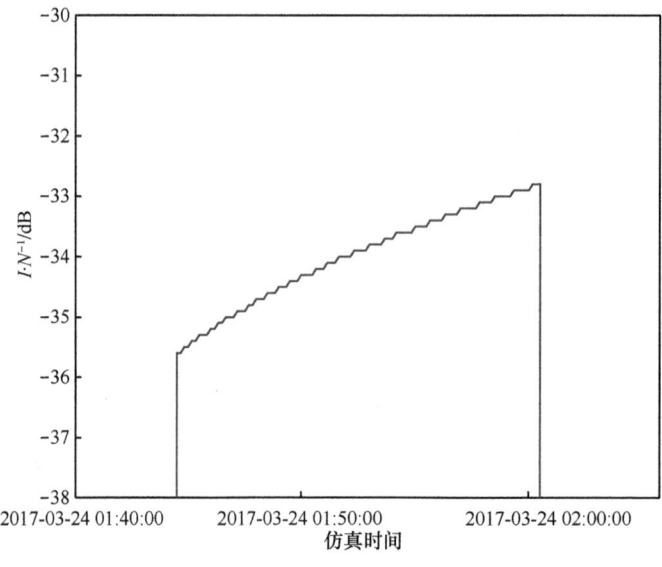

图 4-6 非共线干扰

对于非共线干扰情形，由于 NGEO 卫星的运动特性，每次干扰出现情形也不相同。具体地，O3b 卫星和 OneWeb 卫星的空间位置不同，对应的链路夹角和链路距离也不同，干扰总时长和大小也不相同。如图 4-6 所示的非共线干扰情形，O3b 卫星接收到 I/N 峰值为 -32.8 dB，干扰总时长为 16 min。

4.3 链路夹角概率分析方法

在软件建模仿真分析方法的基础上，本节提出链路夹角概率分析方法，分析 NGEO 通信星座频谱共享使用，NGEO 卫星系统和卫星星座受到有害干扰的全球概率分布情况，获得地球站位置变化对干扰信号的影响规律。

4.3.1 链路夹角限值阈值计算方法

考虑两卫星通信系统地球站重合的极端情况，被干扰的卫星通信系统受到的干扰最严重，以此场景评估干扰并设计规避措施，可以实现对被干扰卫星系统的充分保护[8]。干扰场景如图 4-7 所示，卫星在运行的过程中，链路夹角随着卫星所在的空间位置变化，链路夹角的具体计算过程如下。

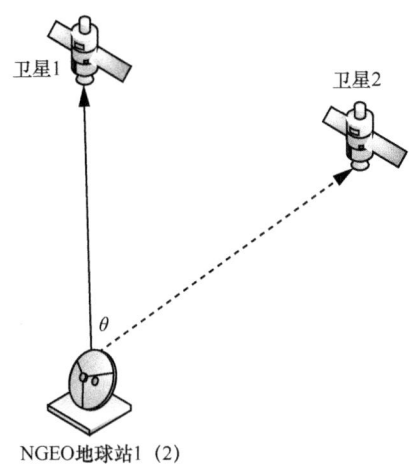

图 4-7 卫星链路夹角示意

对于图 4-7 中的干扰场景，卫星 1 为卫星星座 1 中的一颗卫星，其位置坐标矢量为 $\boldsymbol{R}_1(t)=(x_{11}(t),y_{11}(t),z_{11}(t))$，卫星 2 为卫星星座 2 中的一颗卫星，位置坐标矢量为 $\boldsymbol{R}_2(t)=(x_{12}(t),y_{12}(t),z_{12}(t))$，地球站 1 与地球站 2 位置重合，位置坐标矢量为 $\boldsymbol{E}(t)=(x_2(t),y_2(t),z_2(t))$；地球站 1 与卫星 1 的通信构成卫星通信系统 1，地球站 2 与卫星 2 的通信构成卫星通信系统 2，分析卫星通信系统 2 对卫星通信系统 1 的上行干扰情况。在某一确定时刻，两卫星系统链路夹角为

$$\cos\theta=\frac{\langle(\boldsymbol{R}_1(t)-\boldsymbol{E}(t)),(\boldsymbol{R}_2(t)-\boldsymbol{E}(t))\rangle}{|\boldsymbol{R}_1(t)-\boldsymbol{E}(t)||\boldsymbol{R}_2(t)-\boldsymbol{E}(t)|} \tag{4-1}$$

在两卫星通信系统地球站重合的假设条件下，其他系统参数不变，两卫星系统越接近共线的情形，卫星 1 接收到的干扰信号越强烈[9]，根据上行干扰场景中干扰信号功率的计算公式，干扰信号 I 随着链路夹角和干扰链路距离这两个自变量变化。在上行干扰场景中，卫星 1 的接收波束主轴始终对准地球站 2（与地球站 1 重合），而地球站 2 的发射波束主轴始终对准卫星 2，即 $\theta_1=\theta$，$\theta_2=0$。随着卫星在其轨道上的运动，卫星 1 收到的干扰信号能量在地球站 2 的发射端，其发射增益是不断变化的，而在卫星的接收端，则始终是沿着最大接收增益方向进入卫星 1 的通信系统。设对卫星 1 的干扰保护标准阈值为 I_{th}，若卫星 1 接收到的干扰信号超过保护标准阈值，即卫星 1 受到有害干扰。

$$I > I_{\text{th}} \tag{4-2}$$

此时，代入 2.2.1 节卫星系统间干扰数学模型式（2-3），有

$$\frac{I}{N} = \frac{\hat{P}_{\text{TX2}} G_{\text{TX2}}(\theta_{\text{th}}) G_{\text{RX1}}(0)}{K T_1 W_1} \left(\frac{\lambda_1}{4\pi d_1} \right)^2 \tag{4-3}$$

求解式（4-3），得到链路夹角限值阈值 θ_{th}，对应卫星 1 的干扰保护区域为

$$\theta \leqslant \theta_{\text{th}} \tag{4-4}$$

当链路夹角小于限值阈值，即链路夹角在干扰保护区域内时，卫星 1 受到有害干扰。

4.3.2 有害干扰概率计算

假设总的场景仿真时间为 T，根据式（4-1）计算链路夹角，统计仿真时间内链路夹角在每一时刻的角度值，可得到链路夹角的概率密度分布函数为 $f(\theta)$，则对于固定位置地球站，卫星 1 受到有害干扰的概率为

$$P(\theta \leqslant \theta_{\text{th}}) \approx \int_0^{\theta_{\text{th}}} f(\theta) \mathrm{d}\theta \tag{4-5}$$

当 $T \to \infty$ 时，式（4-5）中等号成立。

在全球范围地球站位置分别计算卫星 1 接收到干扰信号超过保护标准阈值的概率，可以得到全球范围内地球站位置，以及卫星 1 受到有害干扰的概率分布结果[10]。

在以上基础上，考虑 2 个卫星星座 S_1 和 S_2 之间的同频干扰。设 $S_1 = \{S_1^1, S_1^2, \cdots, S_1^K\}$ 由 K 颗卫星组成，$S_2 = \{S_2^1, S_2^2, \cdots, S_2^J\}$ 由 J 颗卫星组成。S_1 为被干扰的卫星星座，S_2 为产生干扰的星座。在某一指定的地球站位置，对星座 S_1 中的每一颗卫星 S_1^i（$i \leqslant K$），计算产生干扰的星座 S_2 中所有卫星 S_2^j（$j = 1, 2, \cdots, J$）在每一时刻与其 S_1^i 链路之间的夹角 θ^{ij}。如果 S_2 中存在任一颗卫星 S_2^j 使得链路夹角在干扰保护区域范围内，即 $\theta^{ij} \leqslant \theta_{\text{th}}$，则称卫星 S_1^i 受到了有害干扰。在该指定的地球站位置，星座 S_2 中对卫星 S_1^i 产生有害干扰的概率定义为

$$P_{2 \to 1i} = 1 - \prod_{j=1}^{J} (1 - P(\theta^{ij} \leqslant \theta_{\text{th}})) \approx \\ 1 - \prod_{j=1}^{J} \left(1 - \int_0^{\theta_{\text{th}}} f(\theta^{ij}) \mathrm{d}\theta \right) \tag{4-6}$$

第 4 章　NGEO 卫星通信系统间的频谱共享与分析方法

星座 S_2 对星座 S_1 产生有害干扰的概率定义为

$$P_{2\to 1} = 1 - \prod_{i=1}^{K}(1 - P_{2\to 1i}) \qquad (4\text{-}7)$$

$P_{2\to 1}$ 的数值越大，卫星 S_1^i 受到的干扰越严重。

在全球不同地球站位置分别计算 $P_{2\to 1}$，可得到全球范围内星座 S_1 受到来自星座 S_2 的有害干扰的概率分布。

4.3.3　NGEO 星座间干扰的仿真结果

在软件建模仿真的基础上，利用链路夹角概率分析的方法，分析 OneWeb 卫星系统对 O3b 卫星系统的上行干扰，具体完成干扰链路夹角的计算，得到链路夹角的概率分布，并给出全球范围内的地球站位置、O3b 星座受到有害干扰的概率分布，以及可用性仿真结果。

1. 干扰链路夹角计算

O3b 卫星接收干扰信号 I/N 根据式（2-3）计算，其中，地球站的参考天线方向图根据 ITU-R S.1428-1 建议书，干扰链路距离 d_1 取卫星运行过程中最小的距离，也即为 O3b 卫星的轨道高度[11]。带入相关系数，O3b 卫星接收到的干扰信号 I/N 随链路夹角变化曲线如图 4-8 所示。

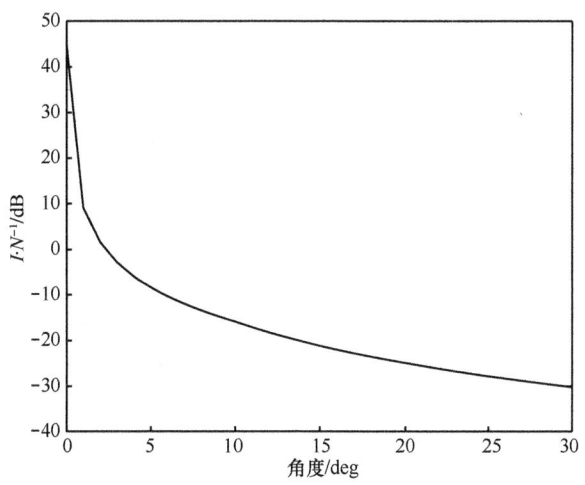

图 4-8　I/N 随链路夹角变化

参考 GEO 卫星频率协调时 $I/N = -12.2$ dB 的干扰保护标准，由图 4-8 可知，当两条通信链路夹角对应的角度为 7.127°时，O3b 卫星接收到的干扰信号达到该保护标准。当链路夹角在 0°～7.127°范围内时，被干扰卫星系统接收到的干扰信号超过相应的保护标准。

2. 链路夹角概率分布

对于固定地球站位置，即两卫星系统的地球站位置重合，位于 139 °E 0 °N 的赤道位置。仿真总时长为 90 天，统计卫星链路夹角在每一时刻的角度值，链路夹角的概率分布如图 4-9 所示。

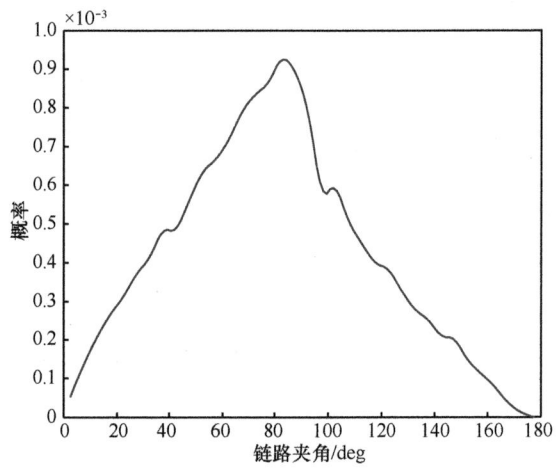

图 4-9　卫星系统链路夹角概率分布

两卫星通信系统链路之间的夹角分布在 0°～180°范围内，大致服从正态分布，链路夹角接近于 0°和接近 180°的概率较小。根据式（4-6），两卫星通信系统链路夹角进入限值阈值范围内，即小于 7.127°的概率，即为 O3b 卫星接收干扰信号超过保护标准阈值的概率，概率值为 $P \approx 0.0001$。

3. 全球范围卫星链路夹角概率分布

在全球不同位置的地球站，两卫星通信系统链路夹角小于 7.127°，被干扰卫星通信系统接收到干扰信号超过相应保护标准的概率分布如图 4-10 所示。

由图 4-10 可见，地球站位于不同的地理位置时，两卫星通信系统链路夹角小于限值阈值的概率不同。总体而言，当地球站位于低纬度和高纬度地区时，被干扰卫星通信系统接收到干扰信号超过相应保护标准的概率相对较低。因此，在卫星系统建设

第 4 章　NGEO 卫星通信系统间的频谱共享与分析方法

和地球站位置选择时,应当考虑地球站位置因素对于被干扰卫星系统的干扰影响[12]。

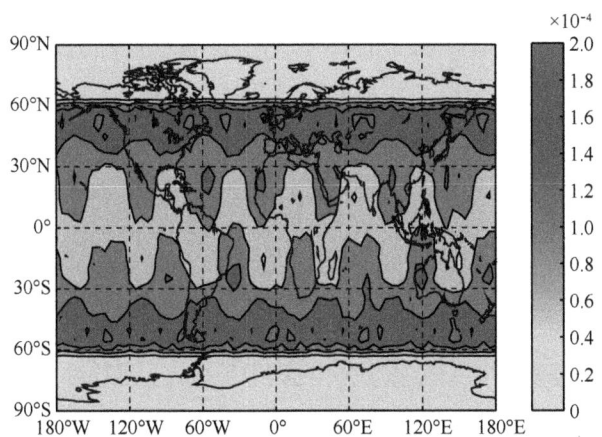

图 4-10　一颗 O3b 卫星受到来自一颗 OneWeb 卫星的有害干扰概率分布

4. OneWeb 星座和 O3b 星座之间链路夹角概率分布

本部分考虑 OneWeb 星座对 O3b 星座的干扰。OneWeb 星座和 O3b 星座的卫星个数分别为 720 颗和 24 颗。对于全球地球站位置,根据上述的链路夹角计算方法,计算 O3b 星座中任一颗卫星与 OneWeb 星座中任一颗卫星链路之间的夹角,得到链路夹角小于阈值,即 O3b 卫星受到干扰超过保护标准的全球概率分布如图 4-11 所示。

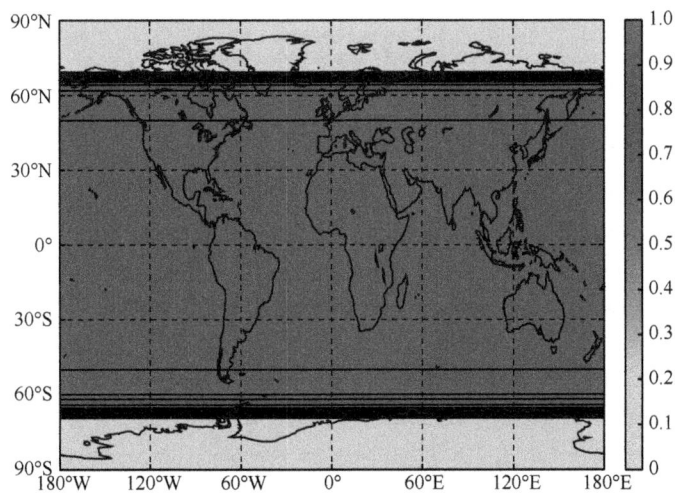

图 4-11　O3b 星座受到来自 OneWeb 星座的有害干扰概率分布

由图 4-11 可见，在高纬度地区，两卫星星座中卫星链路夹角小于 7.127°的概率较低，随着纬度降低概率值增大，在中低纬度的概率最高。在南北纬 69.3°~90°内，两星座中卫星链路夹角小于 7.127°的概率为 0，原因是纬度过高，O3b 卫星对地球站不可见，无法建立通信链路。当地球站位于南北纬 0°~50°地区时，两星座中卫星链路夹角小于 7.127°的概率为 1，即地球站在此范围内对于任一颗 O3b 卫星，一定存在一颗 OneWeb 卫星使两条卫星链路夹角小于 7.127°，此时 O3b 卫星受到有害干扰。

由于 OneWeb 星座是数百颗的超大规模星座，如按照地面最低可视仰角 10°计算，其对地覆盖重数很高，对于某一给定位置的地球站，可见 OneWeb 卫星通常有数十颗。OneWeb 地球站可以通过选择不同的卫星接入，避开对 O3b 星座产生干扰。

4.4 本章小结

本章研究了 NGEO 通信系统对 NGEO 通信系统的干扰情况，具体以 OneWeb 通信系统对 O3b 通信系统的干扰为例，研究了 NGEO 系统之间同频干扰问题。提出 NGEO 星座之间同频干扰的链路夹角概率分析方法，分析全球范围内地球站的位置变化对被干扰卫星星座的影响。

参考文献

[1] ITU-R. Analytical method for estimating interference between non-geostationary mobile-satellite feeder links and geostationary fixed-satellite networks operating co-frequency and codirectionally[S]. ITU-R S.1324, Geneva: ITU, 1997.

[2] ITU. Coordination of the L5 satellite network in IFIC2809 [EB]. 2017.

[3] ITU-R. Coordination of the O3B-A satellite network in IFIC2644 [EB]. 2017.

[4] ITU-R. Coordination of the O3B-B satellite network in IFIC2693 [EB]. 2017.

[5] JIANG C, BEAULIEU N, ZHANG L, et al. Cognitive radio networks with asynchronous spectrum sensing and access[J]. IEEE network, 2015, 29(3): 88-95.

[6] JIANG C, CHEN Y, LIU K J R, et al. Network economics in cognitive networks[J]. IEEE communications magazine, 2015, 53(5): 75-81.

[7] JIANG C, CHEN Y, LIU K J R, et al. Optimal pricing strategy for operators in cognitive femtocell

networks[J]. IEEE transactions on wireless communications, 2014, 13(9): 5288-5301.

[8] JIANG C, ZHANG H, REN Y, et al. Energy-efficient non-cooperative cognitive radio networks: micro, MESO and macro views[J]. IEEE communications magazine, 2014, 52(7): 14-20.

[9] JIANG C, CHEN Y, LIU K J R. Multi-channel sensing and access game: Bayesian social learning with negative network externality[J]. IEEE transactions on wireless communications, 2014, 13(4): 2176-2188.

[10] JIANG C, CHEN Y, YANG Y, et al. Dynamic Chinese restaurant game: theory and application to cognitive radio networks[J]. IEEE transactions on wireless communications, 2014, 13(4): 1960-1973.

[11] JIANG C, CHEN Y, GAO Y, et al. Joint spectrum sensing and access evolutionary game in cognitive radio networks[J]. IEEE transactions on wireless communications, 2013, 12(5): 2470-2483.

[12] JIANG C, CHEN Y, LIU K J R, et al. Renewal-theoretical dynamic spectrum access in cognitive radio network with unknown primary behavior[J]. IEEE journal on selected areas in communications, 2013, 31(3): 406-416.

第 5 章

NGEO 卫星通信系统和 GEO 卫星通信系统中的频谱感知技术

针对卫星通信系统中存在的卫星多发射功率和多类 NGEO 干扰的问题，本章通过将接收到的信号功率特征进行多重假设检验建模，结合 NGEO 卫星的空间位置变化关系，设计在不同区域的频谱感知策略。

| 5.1 引言 |

针对 NGEO 卫星通信系统和 GEO 卫星通信系统频谱共享方法，现有文献的研究主要集中在干扰分析[1-4]、基于角度隔离的频谱共享方法[5]以及功率自适应技术[6]，对于频谱感知算法的研究很少。本章重点研究 NGEO 和 GEO 系统频谱共享场景下的频谱感知算法，主用户是 GEO 系统，次用户为 NGEO 系统。

随着空间中 NGEO 卫星星座的不断增加，当某个 NGEO 系统感知 GEO 信号时，有可能会受到其他 NGEO 系统的干扰。因此，感知用户不仅要从噪声中识别出 GEO 信号，还要有效地区分其他 NGEO 信号和 GEO 信号。为了方便表述，本章把参与频谱感知的 NGEO 系统称作感知 NGEO 系统，其他 NGEO 系统称作干扰 NGEO 系统。

目前，大多数的频谱感知算法都是基于主用户的发射功率恒定，只判断主用户是处于空闲状态还是工作状态，这是个二元假设检验问题。而在卫星通信场景中，随着卫星系统间的干扰越来越严重，功率自适应技术作为一种有效的频谱共享方法，在许多文献中得到了广泛的应用[6-9]。通过功率控制技术，根据不同的信道状态、相邻卫星角度间隔、地球站分布情况、用户服务质量要求等，对发射功率进行调整。当卫星系统使用多个发射功率等级时，如果 NGEO 系统能够在感知 GEO 系统频谱占用状态的同时，识别出所使用的发射功率，NGEO 系统就可以根据 GEO 系统的

第 5 章　NGEO 卫星通信系统和 GEO 卫星通信系统中的频谱感知技术

功率调整自身的发射功率，当 GEO 系统存在时采用 underlay 频谱接入模式，这样可以获得更高的系统吞吐量。

考虑到上述问题，本章研究的是卫星系统存在多个发射功率时的频谱感知算法，NGEO 和 GEO 系统均具备多个发射功率等级，场景中除了存在主用户 GEO 系统、感知 NGEO 系统，还存在干扰 NGEO 系统。本章的研究目标是判断 GEO 系统的工作状态，并且识别出所使用的发射功率。本章分别在上行链路和下行链路场景中，通过将接收到的信号功率特征进行多重假设检验建模，结合 NGEO 卫星的空间位置变化关系，设计针对不同区域的频谱感知策略，具体采用贝叶斯公式和最大后验概率求解，由于 GEO 系统具有多个发射功率等级，直接计算较为复杂，本章利用混合高斯模型将其简化，最终推导出各阈值的解析表达式。

5.2　频谱感知场景和系统模型

本章在 GEO 系统会被 NGEO 系统干扰的区域内采用频谱感知技术。为了最大限度地保护 GEO 系统，在感知时间内，感知 NGEO 系统不发送信号。

5.2.1　下行链路场景

如图 5-1 所示，GEO 卫星发送信号给 GEO 地球站，感知 NGEO 地球站检测 GEO 信号，同时感知 NGEO 地球站有可能接收到来自干扰 NGEO 卫星的信号。为了便于更准确地检测到 GEO 系统的信号，在检测过程中，感知 NGEO 地球站的天线指向 GEO 卫星。在图 5-1 中，θ_1 是 GEO 卫星在感知 NGEO 地球站方向的离轴角，θ_2 是感知 NGEO 地球站在干扰 NGEO 卫星方向的离轴角，θ_3 是干扰 NGEO 卫星在感知 NGEO 地球站方向的离轴角，β 为 GEO 卫星和干扰 NGEO 卫星之间的地心角。显然，β 表示干扰 NGEO 卫星的位置变化。

GEO 卫星可以不传送信号，也可以从一个预先设定的发射功率集合 $\{P_{gs1}, P_{gs2}, \cdots, P_{gsN}\}$ 中选择发射功率为 P_{gsi} 的信号，其中 $i = \{1, 2, \cdots, N\}$。不失一般性，假设 $0 < P_{gsi} < P_{gs(i+1)}$。在卫星通信系统中，有理由认为卫星的发射功率在感知时间内以及随后的传输周期内保持不变。因此，下行链路，感知 NGEO 地球站接收到的

GEO 卫星信号的表达式为

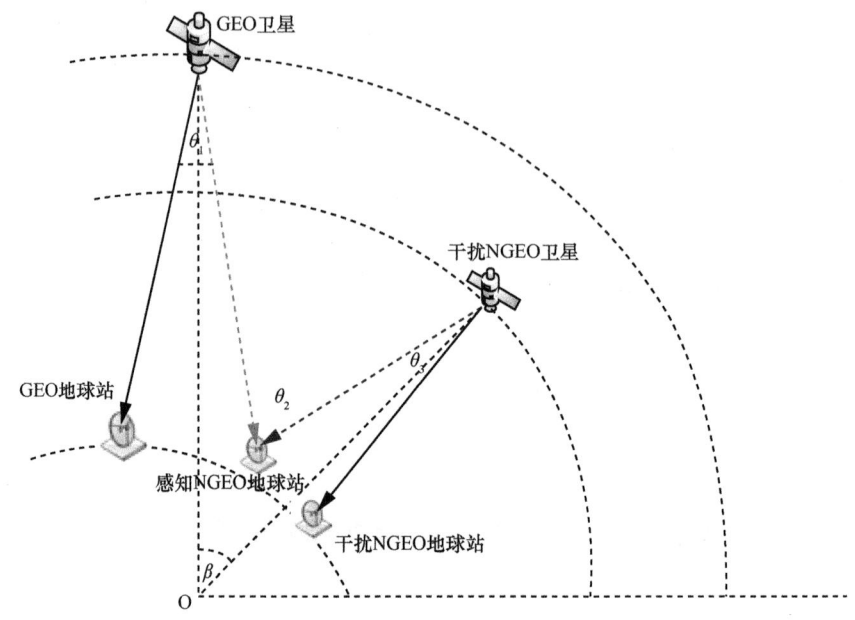

图 5-1　下行链路中频谱感知场景

$$x_{gsk} = \begin{cases} n_k, & \mathcal{H}_0^g \\ \sqrt{P_{gsi}}\sqrt{h_{gs}}e^{j\phi}s_{gsk} + n_k, & \mathcal{H}_i^g,\ i=1,2,\cdots,N \end{cases} \quad (5\text{-}1)$$

其中，

$$h_{gs} = G_{ner,max} G_{gst}(\theta_1)\left(\frac{c}{4\pi f d_{gs\to ne}}\right)^2 \quad (5\text{-}2)$$

$G_{ner,max}$ 是感知 NGEO 地球站接收天线的最大增益，$G_{gst}(\theta_1)$ 是 GEO 卫星发射天线在 θ_1 方向的增益，c 为光速，f 表示中心频率，$d_{gs\to ne}$ 表示 GEO 卫星和感知 NGEO 地球站的距离。此外，$\mathcal{H}_0^g$ 代表 GEO 系统不存在的假设；$\mathcal{H}_i^g$ 代表 GEO 系统存在并且发射功率为 P_{gsi} 的假设；s_{gsk} 表示 GEO 卫星发送的第 k 个符号，服从均值为 0、方差为 1 的循环对称复高斯（CSCG）分布；ϕ 是信道相位；n_k 是均值为 0、方差为 σ_n^2 的加性高斯白噪声（AWGN）。因此，x_{gsk} 同样服从 CSCG 分布，可以表示为

$$x_{\text{gs}k} \sim \mathcal{CN}(0, h_{\text{gs}}P_{\text{gs}i} + \sigma_n^2) \tag{5-3}$$

从式（5-3）不难看出，$x_{\text{gs}k}$ 的方差即为感知系统接收到的 GEO 卫星功率。由于 GEO 卫星以及 NGEO 地球站的位置是固定的，θ_1 和 $d_{\text{gs}\to\text{ne}}$ 均为常数。因此，当 GEO 卫星发射功率不变时，感知 NGEO 地球站接收到的 GEO 信号功率是恒定的。

另外，当干扰 NGEO 卫星移动到一定的区域内时，感知 NGEO 地球站可能会接收到干扰信号。同样，干扰 NGEO 卫星可能不发送信号，也可能从一个预先设定的发射功率集合 $\{P_{\text{ns}1}, P_{\text{ns}2}, \cdots, P_{\text{ns}M}\}$ 中选择发射功率为 $P_{\text{ns}j}$ 的信号，其中 $j=\{1,2,\cdots,M\}$，同样，假设 $0 < P_{\text{ns}j} < P_{\text{ns}(j+1)}$。因此，感知 NGEO 地球站接收到的干扰 NGEO 卫星信号可以表示为

$$x_{\text{ns}k} = \begin{cases} n_k, & \mathcal{H}_0^n \\ \sqrt{P_{\text{ns}j}}\sqrt{h_{\text{ns}}}e^{j\phi}s_{\text{ns}k} + n_k, & \mathcal{H}_j^n, j=1,2,\cdots,M \end{cases} \tag{5-4}$$

其中，

$$h_{\text{ns}} = G_{\text{nst}}(\theta_3)G_{\text{ner}}(\theta_2)\left(\frac{c}{4\pi f d_{\text{ns}\to\text{ne}}}\right)^2 \tag{5-5}$$

$G_{\text{nst}}(\theta_3)$ 是干扰 NGEO 卫星发射天线在 θ_3 方向上的增益，$G_{\text{ner}}(\theta_2)$ 是感知 NGEO 地球站接收天线在 θ_2 方向上的增益，$d_{\text{ns}\to\text{ne}}$ 表示干扰 NGEO 卫星和感知 NGEO 地球站之间的距离。根据式（5-5），不难推导出 θ_2、θ_3 和 $d_{\text{ns}\to\text{ne}}$ 用 β、h_{ngeo} 和 d_{gn} 表示的形式，其中，h_{ngeo} 表示干扰 NGEO 卫星的高度，d_{gn} 表示 GEO 卫星和干扰 NGEO 地球站之间的距离。h_{ngeo} 和 d_{gn} 可预先得知，因此，h_{ns} 可表示为 β 的函数，即

$$h_{\text{ns}} = G_{\text{nst}}(\beta)G_{\text{ner}}(\beta)\left(\frac{c}{4\pi f d_{\text{ns}\to\text{ne}}(\beta)}\right)^2 \tag{5-6}$$

此外，$\mathcal{H}_0^n$ 表示干扰 NGEO 系统不存在的假设；$\mathcal{H}_j^n$ 表示干扰 NGEO 系统存在并且发射功率等级为 $P_{\text{ns}j}$ 的假设；$s_{\text{ns}k}$ 是干扰卫星发射的第 k 个符号，服从均值为 0、方差为 1 的 CSCG 分布。因此，$x_{\text{ns}k}$ 服从 CSCG 分布，可以表示为

$$x_{\text{ns}k} \sim \mathcal{CN}(0, h_{\text{ns}}P_{\text{ns}j} + \sigma_n^2) \tag{5-7}$$

观察式（5-7）可知，$x_{\text{ns}k}$ 的方差也就是感知 NGEO 系统接收到的干扰 NGEO

卫星信号功率。接收到的干扰 NGEO 卫星信号功率是 β 的函数，即随着干扰 NGEO 卫星移动而变化。

5.2.2 上行链路场景

如图 5-2 所示，在上行链路中，GEO 地球站发送信号给 GEO 卫星，感知 NGEO 卫星检测 GEO 地球站信号，同时感知 NGEO 卫星有可能接收到来自干扰 NGEO 地球站的信号。同样，在检测过程中，感知 NGEO 卫星的天线指向 GEO 地球站。在图 5-2 中，θ_4 是 GEO 地球站在感知 NGEO 卫星方向的离轴角，θ_5 是感知 NGEO 卫星在干扰 NGEO 地球站方向的离轴角，θ_6 是干扰 NGEO 地球站在感知 NGEO 卫星方向的离轴角，β 仍然表示 GEO 卫星和干扰 NGEO 卫星之间的地心角，γ 表示 GEO 卫星和感知 NGEO 卫星间的地心角。显然，γ 随着感知 NGEO 卫星移动而变化。

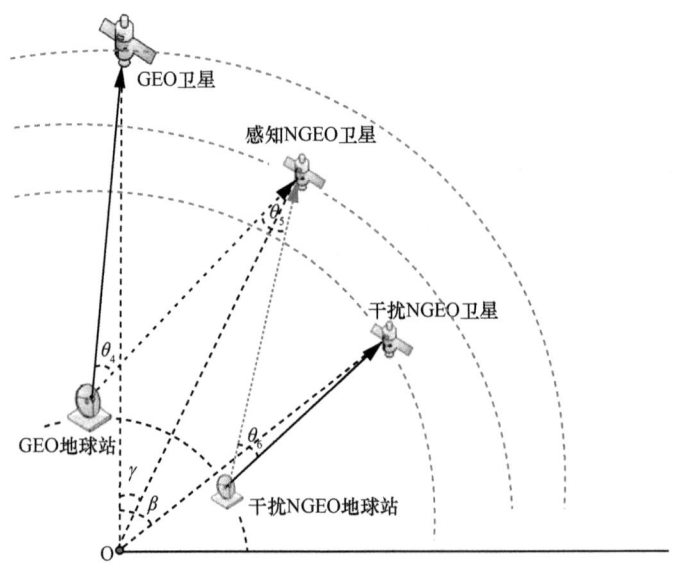

图 5-2 上行链路中频谱感知场景

同样，GEO 地球站可能不发送信号，也可能从一个预定的发射功率集合 $\{P_{ge1}, P_{ge2}, \cdots, P_{geN}\}$ 中选择发射功率为 P_{gei} 的信号，其中 $i = \{1, 2, \cdots, N\}$。不失一般性，假设 $0 < P_{gei} < P_{ge(i+1)}$。在上行链路中，感知 NGEO 卫星接收到的 GEO 地球站信号

第 5 章 NGEO 卫星通信系统和 GEO 卫星通信系统中的频谱感知技术

的表达式为

$$x_{gek} = \begin{cases} n_k, & \mathcal{H}_0^g \\ \sqrt{P_{gei}}\sqrt{h_{ge}}e^{j\phi}s_{gek} + n_k, & \mathcal{H}_i^g, i=1,2,\cdots,N \end{cases} \quad (5\text{-}8)$$

其中，

$$h_{ge} = G_{get}(\theta_4)G_{nsr,max}\left(\frac{c}{4\pi f d_{ge\to ns}}\right)^2 \quad (5\text{-}9)$$

$G_{get}(\theta_4)$ 是 GEO 地球站发射天线在 θ_4 方向的增益，$G_{nsr,max}$ 是感知 NGEO 卫星接收天线的最大增益，$d_{ge\to ns}$ 是 GEO 地球站和感知 NGEO 卫星之间的距离。与下行链路一致，$\mathcal{H}_0^g$ 代表 GEO 信号不存在的假设；$\mathcal{H}_i^g$ 代表 GEO 系统存在并且发射功率为 P_{gei} 的假设；s_{gek} 表示 GEO 地球站发送的第 k 个符号，服从均值为 0、方差为 1 的 CSCG 分布；n_k 是均值为 0、方差为 σ_n^2 的 AWGN。同样通过干扰建模可以推导出，θ_4 和 $d_{ge\to ns}$ 是 γ、h_{ngeo}^s 和 d_{gn} 的函数，其中，h_{ngeo}^s 表示感知 NGEO 卫星的高度，d_{gn} 表示 GEO 卫星和干扰 NGEO 地球站之间的距离。在 d_{gn} 和 h_{ngeo}^s 已知的前提下，h_{ge} 可以表示为 γ 的函数，即

$$h_{ge} = G_{get}(\gamma)G_{nsr,max}\left(\frac{c}{4\pi f d_{ge\to ns}(\gamma)}\right)^2 \quad (5\text{-}10)$$

因此，x_{gek} 同样服从 CSCG 分布，即

$$x_{gek} \sim \mathcal{CN}(0, h_{ge}P_{gei} + \sigma_n^2) \quad (5\text{-}11)$$

从式（5-11）可以看出，x_{gek} 的方差为感知系统接收到的 GEO 地球站的功率，是 γ 的函数，也就是说，接收到的 GEO 地球站的信号功率随感知 NGEO 卫星移动而变化。

另外，在检测过程中，感知 NGEO 卫星可能会接收到干扰 NGEO 地球站的信号。干扰地球站可能不发送地信号，也可能从一个预先设定的发射功率集合 $\{P_{ne1}, P_{ne2}, \cdots, P_{neM}\}$ 中选择发射功率为 P_{nej} 的信号，其中，$j=1,2,\cdots,M$。仍然假设 $0 < P_{nej} < P_{ne(j+1)}$。感知 NGEO 卫星接收到干扰 NGEO 地球站的信号可表示为

$$x_{nek} = \begin{cases} n_k, & \mathcal{H}_0^n \\ \sqrt{P_{nej}}\sqrt{h_{nes}}e^{j\phi}s_{nek} + n_k, & \mathcal{H}_j^n, j=1,2,\cdots,M \end{cases} \quad (5\text{-}12)$$

其中，

$$h_{ne} = G_{net}(\theta_6) G_{nsr}(\theta_5) \left(\frac{c}{4\pi f d_{ne \to ns}} \right)^2 \quad (5\text{-}13)$$

$G_{net}(\theta_6)$ 是干扰 NGEO 地球站发射天线在 θ_6 方向上的增益，$G_{nsr}(\theta_5)$ 是感知 NGEO 卫星接收天线在 θ_5 方向上的增益，并且，$d_{ne \to ns}$ 是干扰 NGEO 地球站和感知 NGEO 卫星之间的距离。h_{ngeo}^s、h_{ngeo} 和 d_{gn} 可以事先知道或者通过计算获得，最终通过几何关系可以推导出 θ_5 和 $d_{ne \to ns}$ 是 γ 的函数，θ_6 是 β 和 γ 的函数。因此，h_{ne} 可以表示为 β 和 γ 的函数，即

$$h_{ne} = G_{net}(\beta, \gamma) G_{nsr}(\gamma) \left(\frac{c}{4\pi f d_{ne \to ns}(\gamma)} \right)^2 \quad (5\text{-}14)$$

其中，$\mathcal{H}_0^n$ 表示干扰 NGEO 系统不存在的假设；$\mathcal{H}_j^n$ 表示干扰 NGEO 系统存在并且使用的发射功率为 P_{nej} 的假设；s_{gek} 表示 GEO 地球站发送的第 k 个符号，服从均值为 0、方差为 1 的 CSCG 分布；n_k 是均值为 0、方差为 σ_n^2 的 AWGN。因此，x_{nek} 同样服从 CSCG 分布，并且可以表示为

$$x_{nek} \sim \mathcal{CN}(0, h_{ne} P_{nej} + \sigma_n^2) \quad (5\text{-}15)$$

x_{nek} 的方差随着角度 β 和 γ 变化。换句话说，接收到的干扰 NGEO 地球站的信号功率与感知 NGEO 卫星以及干扰 NGEO 卫星的位置相关。

与地面频谱感知不同，NGEO 卫星随时间移动，因此，感知系统接收到的信号功率与 NGEO 卫星的位置有关。下行链路和上行链路场景不同，因此涉及的频谱感知策略不同，但采用相同的频谱感知算法。具体的频谱感知算法在下行链路场景中详细介绍，上行链路场景中着重介绍不同于下行链路的频谱感知策略。本章的频谱感知方法基于以下假设。

① 由于发射功率集合是预先设定的，可以通过 ITU 数据库或者历史信息获得，因此可以假设感知 NGEO 系统预先知道 GEO 系统和干扰 NGEO 系统的发射功率集合。

② $Pr(\mathcal{H}_i^g)$ 表示 GEO 系统的频谱状态为 $\mathcal{H}_i^g$ 的先验概率，其中，$i = 0,1,2,\cdots,N$；$Pr(\mathcal{H}_j^n)$ 表示干扰 NGEO 系统频谱状态为 $\mathcal{H}_j^n$ 的先验概率，其中，$j = 0,1,2,\cdots,M$。假设这些先验信息对于感知 NGEO 系统而言是已知的，可以从 GEO 系统和干扰 NGEO 系统的历史发送信息的统计变量中估计出来。

第 5 章　NGEO 卫星通信系统和 GEO 卫星通信系统中的频谱感知技术

③ GEO 和 NGEO 系统地球站以及卫星的天线类型服从 ITU-R 建议书[10-13]。NGEO 卫星的位置可以通过电子篱笆系统获得[14-15]，因此可以获取角度 β 和 γ 的实时值。在这种假设下，h_{ns}、h_{ge} 和 h_{ne} 可以通过上述表达式获得。

5.3　频谱感知策略

5.3.1　下行链路场景

在下行链路中，感知 NGEO 系统的地球站为检测端，接收到的信号有 4 种可能。
- GEO 信号；
- 干扰 NGEO 信号；
- GEO 和干扰 NGEO 信号同时存在；
- 只存在噪声。

图 5-3 表示感知 NGEO 地球站接收到的信号功率随 β 变化曲线，感知 NGEO 系统接收到的 GEO 信号功率是恒定的，接收到的干扰 NGEO 信号功率随 β 变化，与式（5-3）和式（5-7）描述的一致。从图 5-3 可以观察到，同时接收到的 GEO 信号功率和干扰 NGEO 信号功率之和，除了在某些区域呈现凸状，在其他区域都是恒定的。这是由于在其他区域，接收到的干扰 NGEO 信号功率与接收到的 GEO 信号功率相比微乎其微，从而淹没在 GEO 信号功率中。本章把凸起部分所对应的 β 角的范围称为峰值区域，只有当干扰 NGEO 卫星移动到峰值区域内时，接收到的 GEO 信号功率和 NGEO 信号功率之和与 GEO 信号功率相比才会有明显变化；当干扰 NGEO 卫星位于峰值区域以外时，两信号的功率之和等同于 GEO 信号功率。因此，在下行链路中，根据干扰 NGEO 卫星的移动位置，即 β 的值，分为两种情况讨论：β 不在峰值区域；β 在峰值区域。

1. β 不在峰值区域

如图 5-3 所示，当 β 不在峰值区域时，与接收到的 GEO 信号功率相比，接收到的干扰 NGEO 信号功率可忽略不计。那么，从功率的角度看，同时接收到的 GEO 信号和 NGEO 信号可看作只有 GEO 信号存在。因此，β 不在峰值区域时，可能接收到的信号类型分为 3 种：GEO 信号；干扰 NGEO 信号；只存在噪声。

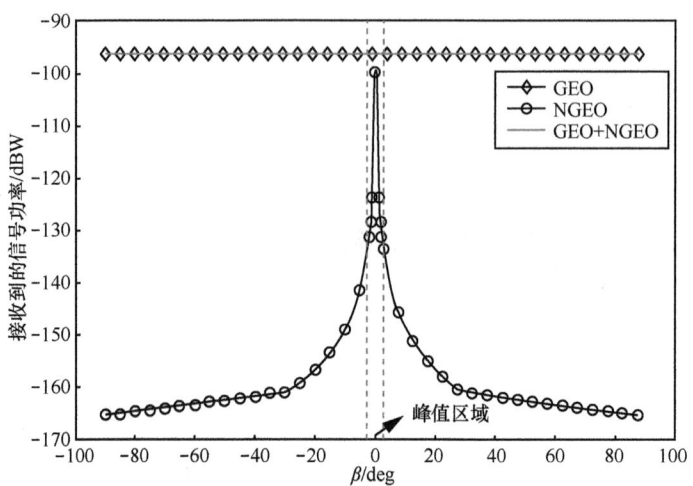

图 5-3　下行链路中感知 NGEO 地球站接收到的信号功率随 β 变化曲线

那么，相应的感知策略描述如下。

① 从接收到的信号中判断 GEO 信号是否存在。

② 如果 GEO 信号存在，进一步识别出具体的发射功率，这样，感知 NGEO 系统可以根据 GEO 信号功率相应调整传输策略。具体来说，感知 NGEO 系统可以选择采用低于 GEO 系统能量等级一定的功率发送信号，在保证 GEO 系统不受干扰的前提下，尽可能地获取更高的系统吞吐量。

③ 如果 GEO 信号不存在，此时无须具体识别是否含有干扰 NGEO 信号，统一看作噪声，只要噪声功率不影响感知 NGEO 系统的中断概率，就可以使用该频段。

接下来，具体阐述下行链路频谱感知算法，按照感知策略分为两步：第一步是从接收到的信号中判断是否含有 GEO 信号，第二步是识别 GEO 信号所使用的发射功率。

（1）判断 GEO 系统的频谱占用状态：存在或者不存在

假设感知 NGEO 系统在检测时间内，接收到 L 个采样信号：$\bm{x}=[x_1, x_2, \cdots, x_L]$。定义 $\mathcal{H}_{\text{geo}} = \bigcup_{i=1}^{N} \mathcal{H}_i^g$ 表示 GEO 信号存在的假设，$\mathcal{H}_{\text{ngeo} \bigcup \text{noise}} = \bigcup_{j=0}^{M} \mathcal{H}_j^n$ 表示 GEO 信号不存在的假设，即干扰 NGEO 信号存在或者只有噪声存在，其中，$\mathcal{H}_0^n$ 表示只有噪声存在。这是假设检验问题，采用后验概率比较两种假设，并利用贝叶斯公式展开，可得

第 5 章　NGEO 卫星通信系统和 GEO 卫星通信系统中的频谱感知技术

$$v(\boldsymbol{x}) = \frac{Pr(\mathcal{H}_{\text{geo}} \mid \boldsymbol{x})}{Pr(\mathcal{H}_{\text{ngeo} \cup \text{noise}} \mid \boldsymbol{x})} = \frac{\sum_{i=1}^{N} Pr(\mathcal{H}_i^g \mid \boldsymbol{x})}{\sum_{j=0}^{M} Pr(\mathcal{H}_j^n \mid \boldsymbol{x})} = \frac{\sum_{i=1}^{N} p(\boldsymbol{x} \mid \mathcal{H}_i^g) Pr(\mathcal{H}_i^g)}{\sum_{j=0}^{M} p(\boldsymbol{x} \mid \mathcal{H}_j^n) Pr(\mathcal{H}_j^n) Pr(\mathcal{H}_0^g)} \quad (5\text{-}16)$$

式（5-16）直接求解相当复杂，分子分母同时构造高斯混合模型[16-17]。为方便表述，令 $Z = \sum_{i=1}^{N} Pr(\mathcal{H}_i^g)$，$T = \sum_{j=0}^{M} Pr(\mathcal{H}_j^n) Pr(\mathcal{H}_0^g)$，这样，式（5-16）可以转换为

$$v(\boldsymbol{x}) = \frac{Z \left(\sum_{i=1}^{N} \frac{Pr(\mathcal{H}_i^g)}{Z} p(\boldsymbol{x} \mid \mathcal{H}_i^g) \right)}{T \left(\sum_{j=0}^{M} \frac{Pr(\mathcal{H}_j^n) Pr(\mathcal{H}_0^g)}{T} p(\boldsymbol{x} \mid \mathcal{H}_j^n) \right)} \quad (5\text{-}17)$$

令

$$f(\boldsymbol{x}) = \sum_{i=1}^{N} \frac{Pr(\mathcal{H}_i^g)}{Z} p(\boldsymbol{x} \mid \mathcal{H}_i^g) \quad (5\text{-}18)$$

$$g(\boldsymbol{x}) = \sum_{j=0}^{M} \frac{Pr(\mathcal{H}_j^n) Pr(\mathcal{H}_0^g)}{T} p(\boldsymbol{x} \mid \mathcal{H}_j^n) \quad (5\text{-}19)$$

可以看出，$f(\boldsymbol{x})$ 和 $g(\boldsymbol{x})$ 均为 GMM。因此，可推导出 $f(\boldsymbol{x})$ 的均值 $\mathrm{E}[f(\boldsymbol{x})]$ 和方差 $\mathrm{D}[f(\boldsymbol{x})]$ 的表达式为

$$\mathrm{E}[f(\boldsymbol{x})] = 0 \quad (5\text{-}20)$$

$$\mathrm{D}[f(\boldsymbol{x})] = \sum_{i=1}^{N} \frac{Pr(\mathcal{H}_i^g)}{Z} \left(P_{\text{gs}i} h_{\text{gs}} + \sigma_n^2 \right) \quad (5\text{-}21)$$

同样，$g(\boldsymbol{x})$ 的均值 $\mathrm{E}[g(\boldsymbol{x})]$ 和方差 $\mathrm{D}[g(\boldsymbol{x})]$ 的表达式为

$$\mathrm{E}[g(\boldsymbol{x})] = 0 \quad (5\text{-}22)$$

$$\mathrm{D}[g(\boldsymbol{x})] = \sum_{j=0}^{M} \frac{Pr(\mathcal{H}_j^n) Pr(\mathcal{H}_0^g)}{T} \left(P_{\text{ns}j} h_{\text{ns}} + \sigma_n^2 \right) \quad (5\text{-}23)$$

那么，$f(\boldsymbol{x})$ 和 $g(\boldsymbol{x})$ 的分布可以表示为

$$g(\boldsymbol{x}) \sim \mathcal{CN} \left(0, \sum_{i=1}^{N} \frac{Pr(\mathcal{H}_i^g)}{Z} \left(P_{\text{gs}i} h_{\text{gs}} + \sigma_n^2 \right) \right) \quad (5\text{-}24)$$

$$f(\boldsymbol{x}) \sim \mathcal{CN}\left(0, \sum_{j=0}^{M} \frac{Pr(\mathcal{H}_j^n)Pr(\mathcal{H}_0^g)}{T}\left(P_{\text{ns}j}h_{\text{ns}}+\sigma_n^2\right)\right) \quad (5\text{-}25)$$

将式（5-24）和式（5-25）代入式（5-17），化简可得

$$v(\boldsymbol{x}) = \frac{ZB^L}{TA^L}\mathrm{e}^{\frac{(A-B)\sum_{k=1}^{L}|x_k|^2}{AB}} \quad (5\text{-}26)$$

其中，$A = \sum_{i=1}^{N}\frac{Pr(\mathcal{H}_i^g)}{Z}\left(P_{\text{gs}i}h_{\text{gs}}+\sigma_n^2\right)$，$B = \sum_{j=0}^{M}\frac{Pr(\mathcal{H}_j^n)Pr(\mathcal{H}_0^g)}{T}\left(P_{\text{ns}j}h_{\text{ns}}+\sigma_n^2\right)$。可以看出，$A$ 和 B 分别是 $f(\boldsymbol{x})$ 和 $g(\boldsymbol{x})$ 的方差 $\mathrm{D}[f(\boldsymbol{x})]$ 和 $\mathrm{D}[g(\boldsymbol{x})]$。

令 $y = \sum_{k=1}^{L}|x_k|^2$，即为接收到的信号能量，我们用 $v(y)$ 替代 $v(\boldsymbol{x})$，可得

$$v(y) = \frac{Pr(\mathcal{H}_{\text{geo}}|\boldsymbol{x})}{Pr(\mathcal{H}_{\text{ngeo}\cup\text{noise}}|\boldsymbol{x})} = \frac{ZB^L}{TA^L}\mathrm{e}^{\frac{(A-B)y}{AB}} \quad (5\text{-}27)$$

显然，判决准则与值 A、B、T 和 Z 有关，下面具体分情况讨论。

① 当 $A \geqslant B$ 时。

- 如果 $ZB^L \geqslant TA^L$，由于 $y > 0$，那么总存在 $v(y) \geqslant 1$。此时，GEO 信号存在。
- 如果 $ZB^L < TA^L$，本章采用最大后验概率（MAP）准则求解检测门限，也就是令 $v(y) = 1$。由式（5-27）可以看出，当 $A \geqslant B$ 时，$v(y)$ 是 y 的严格增函数。注意到，当 $ZB^L < TA^L$ 时，$v(0) < 1$，那么，有且只有一个 $y(y>0)$ 满足 $v(y) = 1$。通过推导，检测门限值 En_{th} 可以表示为

$$En_{\text{th}} = \frac{AB}{A-B}\ln\left[\frac{T}{Z}\left(\frac{A}{B}\right)^L\right] \quad (5\text{-}28)$$

判决准则为

$$y = \begin{cases} \geqslant En_{\text{th}}, & \mathcal{H}_{\text{geo}}\,(\text{GEO 信号存在}) \\ \leqslant En_{\text{th}}, & \mathcal{H}_{\text{ngeo}\cup\text{noise}}\,(\text{GEO 信号不存在}) \end{cases} \quad (5\text{-}29)$$

② 当 $A < B$ 时。

- 如果 $ZB^L < TA^L$，显然，无论 $y(y>0)$ 取何值，$v(y) < 1$。此时，GEO 信号不存在。

- 如果 $ZB^L \geqslant TA^L$，同样采用 MAP 准则求解检测门限 En_{th}，其表达式同式（5-28）。当 $A < B$ 时，$\nu(y)$ 是 y 的减函数，并且，当 $ZB^L > TA^L$ 时，$\nu(0) > 1$，那么，有且仅有一个 $y(y > 0)$ 满足 $\nu(y) = 1$。

因此，判决准则为

$$y = \begin{cases} > En_{th}, & \mathcal{H}_{ngeo} \bigcup noise \text{（GEO 信号不存在）} \\ \leqslant En_{th}, & \mathcal{H}_{geo} \text{（GEO 信号存在）} \end{cases} \quad (5\text{-}30)$$

综上，在下行链路中，判断 GEO 信号是否存在的判决准则总结为

$$\begin{cases} A \geqslant B : \begin{cases} ZB^L \geqslant TA^L, & \mathcal{H}_{geo} \\ ZB^L < TA^L : \begin{cases} y \geqslant En_{th}, & \mathcal{H}_{geo} \\ y < En_{th}, & \mathcal{H}_{ngeo} \bigcup noise \end{cases} \end{cases} \\ A < B : \begin{cases} ZB^L < TA^L, & \mathcal{H}_{ngeo} \bigcup noise \\ ZB^L \geqslant TA^L : \begin{cases} y > En_{th}, & \mathcal{H}_{ngeo} \bigcup noise \\ y \leqslant En_{th}, & \mathcal{H}_{geo} \end{cases} \end{cases} \end{cases} \quad (5\text{-}31)$$

（2）如果 GEO 信号存在，那么进一步识别具体发射功率

这是多种假设检测（Multiple Hypotheses Testing）问题[18]，比较每组假设 $\left(\mathcal{H}_p^g, \mathcal{H}_q^g\right)$，$\forall p, q \in [1, N]$，即

$$Pr\left(\mathcal{H}_p^g \mid \boldsymbol{x}, \widehat{\mathcal{H}}_{geo}\right) > Pr\left(\mathcal{H}_q^g \mid \boldsymbol{x}, \widehat{\mathcal{H}}_{geo}\right) \quad (5\text{-}32)$$

其中，$\widehat{\mathcal{H}}_{geo}$ 表示已经检测出 GEO 信号存在的前提。文献[19]已经证明式（5-32）等价于

$$p\left(\boldsymbol{x} \mid \mathcal{H}_p^g\right) Pr\left(\mathcal{H}_p^g\right) > p\left(\boldsymbol{x} \mid \mathcal{H}_q^g\right) Pr\left(\mathcal{H}_q^g\right) \quad (5\text{-}33)$$

也就是找出最大的 $p\left(\boldsymbol{x} \mid \mathcal{H}_p^g\right) Pr\left(\mathcal{H}_p^g\right)$ 所对应的 p 值，即

$$\hat{p} = \arg\max_{p \in \{1,2,\cdots,N\}} p\left(\boldsymbol{x} \mid \mathcal{H}_p^g\right) Pr\left(\mathcal{H}_p^g\right) \quad (5\text{-}34)$$

GEO 信号的分布如式（5-3）所示，定义 $\varepsilon(\boldsymbol{x})$ 为

$$\varepsilon(\boldsymbol{x}) = \frac{p\left(\boldsymbol{x} \mid \mathcal{H}_p^g\right) Pr\left(\mathcal{H}_p^g\right)}{p\left(\boldsymbol{x} \mid \mathcal{H}_q^g\right) Pr\left(\mathcal{H}_q^g\right)} = \frac{Pr(\mathcal{H}_p^g)\left(P_{gsp}h_{gs} + \sigma_n^2\right)^L}{Pr(\mathcal{H}_q^g)\left(P_{gsq}h_{gs} + \sigma_n^2\right)^L} \exp\left(\frac{(P_{gsp} - P_{gsq})h_{gs}\sum_{k=1}^{L}|x_k|^2}{\left(P_{gsp}h_{gs} + \sigma_n^2\right)\left(P_{gsq}h_{gs} + \sigma_n^2\right)}\right) \quad (5\text{-}35)$$

显然，$\varepsilon(x)$ 是由接收到的信号能量 $y = \sum_{k=1}^{L}|x_k|^2$ 决定。为了方便表述，将 $\varepsilon(x)$ 替换为 $\varepsilon(y)$。如果 $P_{gsp} > P_{gsq}$，那么，$\varepsilon(y)$ 是 y 的增函数，反之亦然。令 $\varepsilon(y) = 1$，得到检测门限 $\vartheta(p,q)$ 为

$$\vartheta(p,q) = \frac{\left(P_{gsp}h_{gs} + \sigma_n^2\right)\left(P_{gsq}h_{gs} + \sigma_n^2\right)}{h_{gs}\left(P_{gsp} - P_{gsq}\right) \cdot \ln\left(\frac{Pr(\mathcal{H}_p^g)\left(P_{gsp}h_{gs} + \sigma_n^2\right)^L}{Pr(\mathcal{H}_q^g)\left(P_{gsq}h_{gs} + \sigma_n^2\right)^L}\right)} \quad (5\text{-}36)$$

值得注意的是，识别 GEO 信号具体发射功率的前提是 GEO 信号存在。那么，y 的值必然满足式（5-31），结合式（5-31）和式（5-36），通过推导可得到，假设 $\mathcal{H}_p^g$ 成立的判决区域 $\mathcal{R}(\mathcal{H}_p)$ 的具体解析式为

如果 $A \geqslant B$，则

$$\mathcal{R}(\mathcal{H}_p) = \begin{cases} y \in \left(En_{th}, \min_{1<q\leqslant N}\vartheta(1,q)\right), & p = 1 \\ y \in \left(\max\left\{En_{th}, \max_{1\leqslant q<p}\vartheta(p,q)\right\}, \min_{p<q\leqslant N}\vartheta(p,q)\right), & 1 < p < N \quad (5\text{-}37) \\ y \in \left(\max\left\{En_{th}, \max_{1\leqslant q<N}\vartheta(p,q)\right\}, +\infty\right), & p = N \end{cases}$$

如果 $A < B$，则

$$\mathcal{R}(\mathcal{H}_p) = \begin{cases} y \in \left(0, \min\left\{\min_{1<q\leqslant N}\vartheta(1,q), En_{th}\right\}\right), & p = 1 \\ y \in \left(\max_{1\leqslant q<p}\vartheta(p,q), \min\left\{\min_{1<q\leqslant N}\vartheta(p,q), En_{th}\right\}\right), & 1 < p < N \quad (5\text{-}38) \\ y \in \left(\max_{1\leqslant q<N}\vartheta(p,q), En_{th}\right), & p = N \end{cases}$$

2. β 在峰值区域

由前面的分析可知，β 在峰值区域时，接收到的信号有 4 种可能。

- GEO 信号；
- 干扰 NGEO 信号；
- GEO 和干扰 NGEO 信号同时存在；

第 5 章　NGEO 卫星通信系统和 GEO 卫星通信系统中的频谱感知技术

- 只存在噪声。

将上面的 4 种可能性分为两类：GEO 信号存在，或者 GEO 信号不存在。GEO 信号存在有两种可能：只有 GEO 信号存在，或者 GEO 信号和干扰 NGEO 信号同时存在。同样，GEO 信号不存在也有两种可能性：干扰 NGEO 信号存在，或者只有噪声存在。

GEO 信号存在的分布可统一表示为

$$x_{gnk} \sim \mathcal{CN}(0, h_{gs}P_{gsi} + h_{ns}P_{nsj} + \sigma_n^2) \tag{5-39}$$

其中，$i = 1, 2, \cdots, N$ 以及 $j = 0, 1, \cdots, M$。

同样，GEO 信号不存在的分布可表示为

$$x_{nsk} \sim \mathcal{CN}(0, h_{ns}P_{nsj} + \sigma_n^2), \forall j \in 0, 1, \cdots, M \tag{5-40}$$

定义 $\mathcal{H}_t^{gn}, \forall t = 1, 2, \cdots, (M+1)N$，表示 GEO 信号存在的假设，$Pr(\mathcal{H}_t^{gn})$ 表示 GEO 信号存在的先验概率。那么，$Pr(\mathcal{H}_t^{gn}) = Pr(\mathcal{H}_i^g)Pr(\mathcal{H}_j^n)$，其中，$i = 1, 2, \cdots, N$，$j = 0, 1, \cdots, M$。由于 $Pr(\mathcal{H}_i^n)$ 和 $Pr(\mathcal{H}_j^n)$ 预先已知，可计算得到 $Pr(\mathcal{H}_t^{gn})$。

在峰值区域，本章的频谱感知策略归纳如下。

① 判断 GEO 信号的频谱占用状态，存在或者不存在。

② 如果 GEO 信号存在，由于干扰 NGEO 信号和 GEO 信号都具备多个发射功率，那么 NGEO 信号的存在可能会导致对 GEO 信号功率判断不准确，出于对 GEO 系统的最大保护，这里不再进一步识别 GEO 信号的发射功率。只要 GEO 信号存在，无论发射功率大小，感知 NGEO 系统都不得接入该频段。

③ 如果 GEO 系统不存在，则根据噪声和干扰 NGEO 信号功率的大小判断能否使用该频段。

下面具体介绍检测算法。

定义 $\mathcal{H}_{geo \bigcup gn} = \bigcup_{t=1}^{N(M+1)} \mathcal{H}_t^{gn}$ 代表 GEO 信号存在的状态，$\mathcal{H}_{ngeo \bigcup noise} = \bigcup_{j=0}^{M} \mathcal{H}_j^n$ 表示 GEO 信号不存在的状态。$x = [x_1, x_2, \cdots, x_L]$ 表示在检测时间内，感知 NGEO 系统接收到的信号。检测方法与 β 不在峰值区域时的类似，具体推导过程不再赘述，下面简要列举重要步骤。

利用后验概率比较两种假设，即

$$\delta(\pmb{x}) = \frac{Pr(\mathcal{H}_{\text{geo}}\bigcup \text{gn}|\pmb{x})}{Pr(\mathcal{H}_{\text{ngeo}}\bigcup \text{noise}|\pmb{x})} = \frac{\sum_{t=1}^{N(M+1)} Pr(\mathcal{H}_t^{gn}|\pmb{x})}{\sum_{j=0}^{M} Pr(\mathcal{H}_j^{n}|\pmb{x})} = \frac{\sum_{t=1}^{N(M+1)} p(\pmb{x}|\mathcal{H}_t^{gn}) Pr(\mathcal{H}_t^{gn})}{\sum_{j=o}^{M} p(\pmb{x}|\mathcal{H}_j^{n}) Pr(\mathcal{H}_j^{n}) Pr(\mathcal{H}_0^{g})} \quad (5\text{-}41)$$

分子分母构造高斯混合模型，然后求其分布函数。通过推导，式（5-41）可简化为

$$\delta(\pmb{x}) = \frac{RB^L}{TC^L} e^{\frac{(C-B)\sum_{k=1}^{L}|x_k|^2}{BC}} \quad (5\text{-}42)$$

其中，

$$\begin{cases} B = \sum_{j=0}^{M} \frac{Pr(\mathcal{H}_j^{n})Pr(\mathcal{H}_0^{g})}{T}\left(P_{\text{ns}j}h_{\text{ns}} + \sigma_n^2\right) \\ C = \sum_{i=1}^{N}\sum_{j=0}^{M} \frac{Pr(\mathcal{H}_i^{g})}{R}\left(P_{\text{gs}i}h_{\text{gs}} + P_{\text{ns}j}h_{\text{ns}} + \sigma_n^2\right) \\ R = \sum_{t=1}^{N(M+1)} Pr(\mathcal{H}_t^{gn}) \\ T = \sum_{j=0}^{M} Pr(\mathcal{H}_j^{n})Pr(\mathcal{H}_0^{g}) \end{cases} \quad (5\text{-}43)$$

最终，判断 GEO 系统工作状态的判决准则可归纳为

$$\begin{cases} C \geqslant B: \begin{cases} RB^L \geqslant TA^L, & \mathcal{H}_{\text{geo}}\bigcup \text{gn} \\ RB^L < TC^L: \begin{cases} y \geqslant En_{\text{th}}, & \mathcal{H}_{\text{geo}}\bigcup \text{gn} \\ y < En_{\text{th}}, & \mathcal{H}_{\text{ngeo}}\bigcup \text{noise} \end{cases} \end{cases} \\ C < B: \begin{cases} RB^L < TC^L, \mathcal{H}_{\text{ngeo}}\bigcup \text{noise} \\ ZB^L \geqslant TA^L: \begin{cases} y > En_{\text{th}}, & \mathcal{H}_{\text{ngeo}}\bigcup \text{noise} \\ y \leqslant En_{\text{th}}, & \mathcal{H}_{\text{geo}}\bigcup \text{gn} \end{cases} \end{cases} \end{cases} \quad (5\text{-}44)$$

5.3.2 上行链路场景

上行链路中，检测终端为感知 NGEO 卫星，随时间移动。由前面的分析可知，接收到的 GEO 卫星信号是角度 γ 的函数，接收到的 NGEO 卫星信号是角度 β 和 γ 的函数，如图 5-4 所示。为方便描述，根据角度 β 和 γ 的变化，定义以下概念。

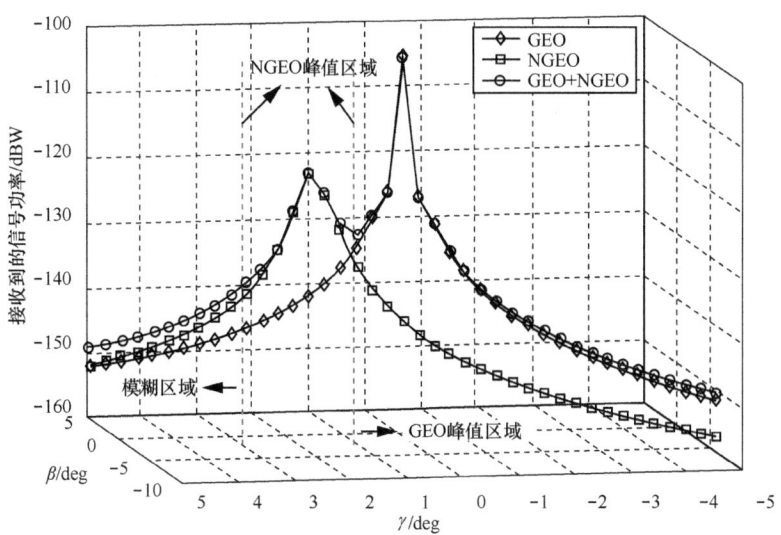

图 5-4　上行链路中，感知 NGEO 卫星接收到的信号功率随 β 和 γ 变化曲线

- 峰值区域，是指在该区域内，接收到的干扰 NGEO 信号功率远小于接收到的 GEO 信号功率。
- NGEO 峰值区域，是指在该区域内，接收到的 GEO 信号功率远小于接收到的干扰 NGEO 信号功率。
- 模糊区域，是指在该区域内，接收到的干扰 NGEO 信号功率与接收到的 GEO 信号功率接近。

以上区域的划分受 GEO 信号和干扰 NGEO 信号功率影响，由于假设感知 NGEO 系统已知 GEO 信号和干扰 NGEO 信号功率集合，这些区域所对应的 β 和 γ 的范围可以预先计算出来。当然，不同的 GEO 信号功率和 NGEO 信号功率相组合得出的 GEO 峰值区域和 NGEO 峰值的区域范围可能不同，求其交集，其余部分划分到模糊区域内。

上行链路中，频谱感知策略总结如下。

① 判断是否存在信号，也就是区分信号和噪声。将接收到的所有信号功率 P_{all} 与噪声功率 N 比较，如果 $\dfrac{P_{\text{all}}}{N} \geqslant C_{\text{th}}$，则信号存在；反之，不存在。其中，$C_{\text{th}}$ 为门限值。如果信号不存在，那么感知 NGEO 系统可以使用该频段。

② 如果有信号存在，则需要进一步判断是否为 GEO 信号。根据角度 β 和 γ 的值，分为 3 种情况讨论。模糊区域，很难区分 GEO 信号和 NGEO 信号，因此只要

存在信号，感知 NGEO 系统就不能使用该频段；GEO 峰值区域和 NGEO 峰值区域，判断是 GEO 信号还是干扰 NGEO 信号，$\mathcal{H}_{geo} = \bigcup_{i=1}^{N} \mathcal{H}_i^g$ 表示 GEO 信号存在，$\mathcal{H}_{ngeo} = \bigcup_{j=1}^{M} \mathcal{H}_j^n$ 表示 NGEO 信号存在。同样，采用后验概率和 MAP 准则，具体的推导过程参见式（5-16）～式（5-31）。

③ 如果 GEO 信号存在，进一步识别所使用的发射功率，其算法步骤参见式（5-32）～式（5-38）。

5.4 算法性能仿真分析

结合本场景，算法感知 GEO 信号状态有无的检测概率 P_d 和虚警概率 P_f 的表达式为

$$P_d = Pr(\mathcal{H}_{geo} | \mathcal{H}_{geo}) = \frac{1}{Pr(\mathcal{H}_{geo})} \sum_{i=1}^{N} \sum_{j=1}^{N} Pr(\mathcal{H}_j^g | \mathcal{H}_i^g) Pr(\mathcal{H}_i^g) \quad (5-45)$$

$$P_f = Pr(\mathcal{H}_{geo|\mathcal{H}_{ngeo}} \cup noise) = \frac{1}{Pr(\mathcal{H}_{ngeo} \cup noise)} \sum_{j=0}^{M} \sum_{i=1}^{N} Pr(\mathcal{H}_i^g | \mathcal{H}_j^n) Pr(\mathcal{H}_j^n) \quad (5-46)$$

此外，本章引入识别概率 P_{rec} 和错误概率 P_{err} 来描述算法识别 GEO 系统发射功率的性能，具体表达式分别为

$$P_{rec} = \frac{1}{Pr(\mathcal{H}_{geo})} \sum_{i=1}^{N} Pr(\mathcal{H}_i^g | \mathcal{H}_i^g) Pr(\mathcal{H}_i^g) \quad (5-47)$$

$$P_{err} = \frac{1}{Pr(\mathcal{H}_{geo})} \sum_{j=1}^{N} \sum_{i \neq j}^{N} Pr(\mathcal{H}_i^g | \mathcal{H}_j^g) Pr(\mathcal{H}_j^g) \quad (5-48)$$

在仿真中，感知 NGEO 卫星和干扰 NGEO 卫星系统分别参照 O3b 和 OneWeb 卫星系统，具体参数见表 5-1。

表 5-1 卫星通信系统参数

参数	数值
下行链路频率	18.48 GHz
上行链路频率	28.28 GHz

（续表）

参数		数值
GEO 系统参数	卫星高度	35 786 km
	卫星发射天线增益	52 dBi
	地球站发射天线增益	55.4 dBi
	地球站天线半径	2.4 m
	地球站噪声温度	200 K
感知 NGEO 卫星系统参数	卫星高度	8 062 km
	卫星接收天线增益	30.65 dBi
	地球站接收天线增益	50 dBi
干扰 NGEO 卫星系统参数	卫星高度	1 200 km
	卫星接收天线增益	35 dBi
	地球站接收天线增益	37.2 dBi

5.4.1 下行链路场景

假设 GEO 卫星具备 3 个可以使用的非零功率为 $P_{gs1}=6$ dBW、$P_{gs2}=12$ dBW 和 $P_{gs3}=20$ dBW，相对应的先验概率分别为 $Pr(\mathcal{H}_1^g)=0.3$、$Pr(\mathcal{H}_2^g)=0.2$、$Pr(\mathcal{H}_3^g)=0.1$ 和 $Pr(\mathcal{H}_0^g)=0.4$，其中 $Pr(\mathcal{H}_0^g)$ 表示 GEO 卫星不工作的概率。另一方面，假设干扰 NGEO 卫星有 4 个可以使用的功率，分别为 $P_{ns1}=5$ dBW、$P_{ns2}=8$ dBW、$P_{ns3}=12$ dBW 和 $P_{ns4}=15$ dBW，其先验概率分别为 $Pr(\mathcal{H}_1^n)=0.3$、$Pr(\mathcal{H}_2^n)=0.2$、$Pr(\mathcal{H}_3^n)=0.1$、$Pr(\mathcal{H}_4^n)=0.1$ 和 $Pr(\mathcal{H}_0^n)=0.3$，其中，$Pr(\mathcal{H}_0^n)=0.3$ 表示 NGEO 系统不工作的概率。根据 GEO 和干扰 NGEO 系统参数，计算出峰值区域为 $[-0.5°, 0.5°]$。

在仿真中，非峰值区域即 $\beta \notin [-0.5°, 0.5°]$，选取 $\beta=3°$。如图 5-5 和图 5-6 所示，在不同信号长度下，判断 GEO 系统频谱占用状态的检测概率和虚警概率随 SNR 变化曲线。可以看出，信号长度越长，算法的检测性能越好，所需 SNR 越低，这是由于观测时间越长，所获取的检测信号信息量越大。本章的方法在 SNR = −10 dB，信号长度达到 9 000 时，检测概率高于 90%，虚警概率低于 0.5%。图 5-7 和图 5-8 是按照式（5-47）和式（5-48）定义的识别概率和错误概率随 SNR 变化曲线，与图 5-5 和图 5-6 相比，识别 GEO 信号发射功率的性能稍有下降。由前面分析可知，识别 GEO 信号发射功率是在 GEO 信号存在的基础上进行的，因此识别难度更大。

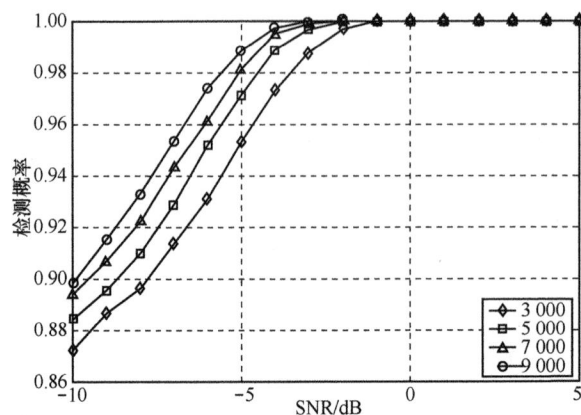

图 5-5 在非峰值区域内，不同信号长度下，识别概率随 SNR 变化曲线

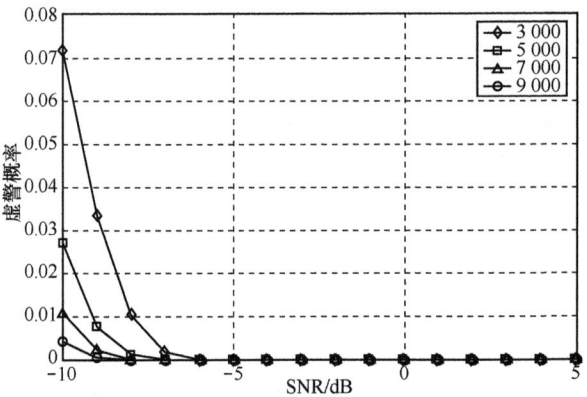

图 5-6 在非峰值区域内，不同信号长度下，虚警概率随 SNR 变化曲线

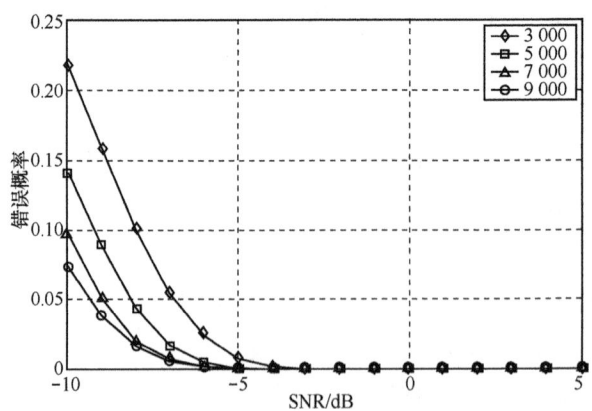

图 5-7 在非峰值区域内，不同信号长度下，识别概率随 SNR 变化曲线

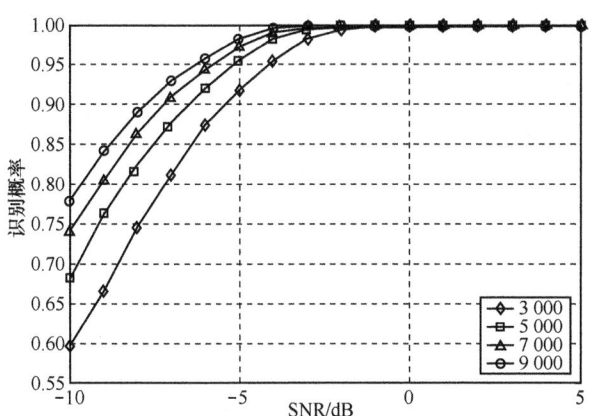

图 5-8 在非峰值区域内，不同信号长度下，错误概率随 SNR 变化曲线

从上述仿真可以看出，对于下行链路场景，本章所提出的频谱感知算法能够有效检测 GEO 信号频谱占用情况，并且可以进一步识别 GEO 具体发射功率。

5.4.2 上行链路场景

假设 GEO 地球站有 3 个可用发射功率等级：$P_{gs1}=6\text{ dBW}$，$P_{gs2}=12\text{ dBW}$ 和 $P_{gs3}=17\text{ dBW}$。相对应的先验概率分别为 $Pr(\mathcal{H}_1^g)=0.2$，$Pr(\mathcal{H}_2^g)=0.4$，$Pr(\mathcal{H}_3^g)=0.1$ 和 $Pr(\mathcal{H}_0^g)=0.3$，其中，$Pr(\mathcal{H}_0^g)=0.3$ 表示 GEO 地球站不工作的概率。此外，假设干扰 NGEO 地球站的非零发射功率有 $P_{ns1}=5\text{ dBW}$，$P_{ns2}=10\text{ dBW}$ 和 $P_{ns3}=15\text{ dBW}$，其对应的先验概率为 $Pr(\mathcal{H}_1^n)=0.2$，$Pr(\mathcal{H}_2^n)=0.3$，$Pr(\mathcal{H}_3^n)=0.2$ 和 $Pr(\mathcal{H}_0^n)=0.3$，其中，$Pr(\mathcal{H}_0^n)=0.3$ 表示 NGEO 地球站不发射信号的概率。在本场景下，可计算出 GEO 卫星被感知 NGEO 地球站干扰的区域为 $\gamma\in[-2°,2°]$，因此频谱感知技术应用在这个区域。GEO 峰值区域所对应的 γ 和 β 值为 $\gamma\in[-2°,0.625°]$ 和 $\beta\in[-2°,-0.275°]$，NGEO 峰值区域所对应的 γ 和 β 值为 $\gamma\in[1.25°,1.75°]$ 以及 $\beta\in[0.25°,1°]$，其余为模糊区域。

首先分析频谱感知算法在 GEO 峰值区域的性能。不同信号长度下，感知 GEO 频谱占用状态的检测概率和虚警概率随信噪比变化曲线分别如图 5-9 和图 5-10 所示。从图中可以看出，当信号长度达到 7 000 时，检测性能较好，SNR=−10 dB 时检测概率超过 90%，虚警概率接近 0.5%。

图 5-11 和图 5-12 描述了，在 NGEO 峰值区域，区别 GEO 信号功率的识别概

率和错误概率曲线,信号长度为 7 000,识别概率超过 90%时所需 SNR 为−9 dB 时;错误概率低于 1%所需 SNR 为−6 dB。

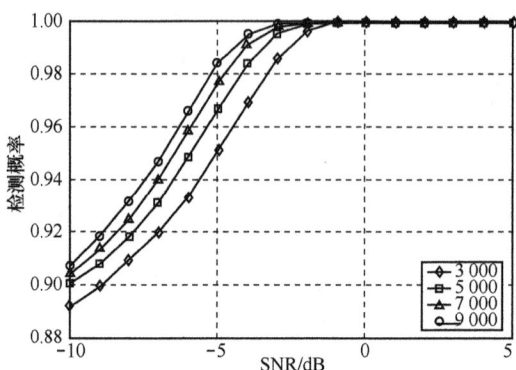

图 5-9 在 GEO 区域内,不同信号长度下,检测概率随 SNR 变化曲线

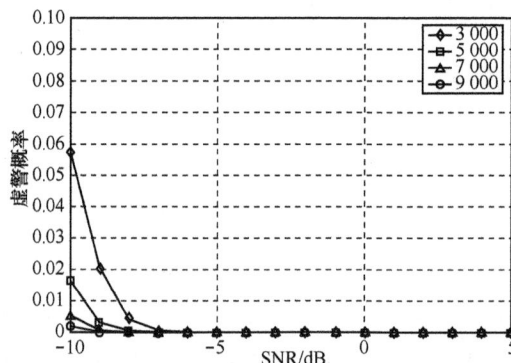

图 5-10 在 GEO 区域内,不同信号长度下,虚警概率随 SNR 变化曲线

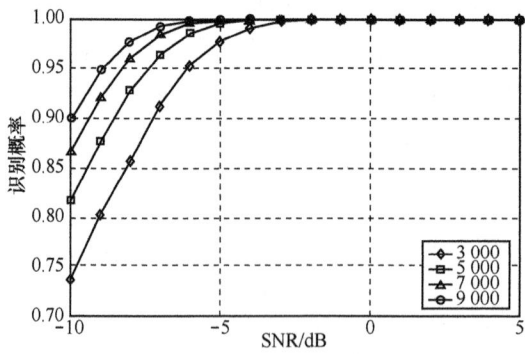

图 5-11 在 NGEO 区域内,不同信号长度下,识别概率随 SNR 变化曲线

第 5 章　NGEO 卫星通信系统和 GEO 卫星通信系统中的频谱感知技术

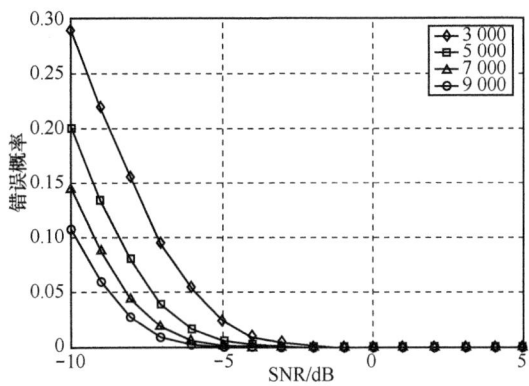

图 5-12　在 NGEO 区域内，不同信号长度下，错误概率随 SNR 变化曲线

5.5　本章小结

本章研究 NGEO 和 GEO 系统频谱共享场景下的频谱感知技术。结合卫星系统的实际情况，考虑的场景：一是卫星系统采用多个发射功率，也就是发射功率不恒定，在一个离散的功率集合中变化；二是在认知网络中，除了存在主用户 GEO 系统和感知 NGEO 系统，还存在干扰 NGEO 系统。因此，本章提出的频谱算法需要从噪声和干扰 NGEO 信号中判断 GEO 信号是否存在，如果存在，则需要进一步识别出 GEO 系统所使用的发射功率，这样，当 GEO 用户不存在时，NGEO 系统采用 overlay 的频谱接入模式与 GEO 系统时域共享；当 GEO 系统工作时，NGEO 系统根据 GEO 信号功率大小调整自身功率，可以采用 underlay 频谱接入模式，在不影响 GEO 系统通信的同时获取更高的系统吞吐量。

本章首先分析了下行链路和上行链路频谱感知场景，发现由于 NGEO 卫星的移动性，感知 NGEO 系统接收到的 GEO 信号和干扰 NGEO 信号在功率特征上存在差异性。引入感知 NGEO 卫星和 GEO 卫星间的地心角 γ 以及干扰 NGEO 卫星和 GEO 卫星间的地心角 β 来描述 NGEO 卫星的位置变化。然后，根据角度 γ 和 β 的变化，设计针对不同区域的频谱感知策略，以保护 GEO 系统通信质量为前提，尽可能地提高频谱利用率。判断 GEO 信号的频谱状态"on"或"off"以及识别 GEO 系统所使用的发射功率是假设检验问题，本章首先采用后验概率和贝叶斯公式求解，通过构造高斯混合模型将过程简化，采用最大后验准则将其转换为能量检测，推导出所有的检测门限以及判决区域的解析表达式。最后，仿真表明本章算法在用户为多发射功率场景下有较好的检测性能。

本章研究了单用户频谱感知算法，为进一步提高检测概率，多星协作频谱感知技术可作为后续研究的方向。可采用多个 NGEO 用户共同检测 GEO 信号，并进行信息交互。

5.6 本部分小结

频谱资源是国际共享的不可再生资源。随着空间系统的快速发展，通信系统间共享频谱的使用方式将越来越多，随之而来的是各种形式的潜在干扰问题。本部分主要就空间信息网络的频谱共享问题展开研究；在空间信息网络频谱干扰模型的基础上，研究了不同通信系统间同频干扰的情况，包括 GEO 与地面移动通信系统、NGEO 通信系统间以及 GEO 与 NGEO 通信系统存在的干扰问题，提出相应的干扰分析方法和解决方案，实现频谱共享；此外，将频谱感知技术应用到卫星场景中，研究空间信息网络频谱利用率提高的方法。

第 2 章首先详细介绍了 ITU 关于空间网络的频谱划分、频谱共享以及频率协调的相关规则。在 ITU 的相应规则框架下，介绍了卫星通信系统间同频干扰的建模方法，包括通用数学模型以及干扰分析软件建模。此外，还介绍了一些通用的频谱干扰规避方法和策略。

第 3 章主要研究了 NGEO 与 GEO 通信系统的频谱共享问题。针对 NGEO 系统可能对 GEO 系统产生干扰的上下行场景，以 O3b 系统和 SINOSAT-5 系统为例，在 ITU 指定的分析环境下搭建相应的干扰仿真场景，分析了地球站位置变化对被干扰卫星通信系统的影响。针对单颗卫星构成的 NGEO 卫星通信系统对 GEO 卫星系统的干扰情况，提出了相轨迹的干扰分析方法，通过在相平面内绘制约束边界和相轨迹，从而快速地给出卫星通信系统参数对干扰影响的全局描述。此外，针对单个 NGEO 卫星对 GEO 卫星系统的干扰情况，还提出了一种基于 GEO 和 NGEO 卫星间地心角的角度分离法，通过计算出相应最小隔离角以划定相应的干扰保护区域；针对多个 NGEO 地球站对 GEO 系统的干扰，与第 3 章类似，根据干扰期望和 GEO 卫星中断概率的约束，推导出与 NGEO 系统相关的保护半径，设立保护区。采用以上两种方案，实现 GEO 和 NGEO 通信系统 FSS

第 5 章　NGEO 卫星通信系统和 GEO 卫星通信系统中的频谱感知技术

链路中的同频共存。

NGEO 卫星系统的时空动态变化特性导致的干扰时变性,增加了 NGEO 通信系统间干扰分析问题的复杂度和困难。针对 NGEO 通信系统间的同频干扰问题,提出了一种链路夹角概率分析法。第 4 章以 OneWeb 通信系统对 O3b 通信系统的干扰为例,通过对卫星星座建模,实时计算全球范围内两个 NGEO 星座中所有卫星和地球站之间链路的夹角,给出卫星链路夹角、干扰状态及可用性比例的概率分布结果,分析了全球范围内地球站的位置变化对被干扰卫星星座的影响。该方法对 NGEO 星座设计、地球站选址以及卫星星座干扰抑制和规避有着重要的应用意义。

第 5 章主要研究了 NGEO 和 GEO 卫星通信系统中的频谱感知方法。考虑的场景是 GEO 和 NGEO 卫星系统同时存在多个发射功率等级,并且,网络中除了存在主用户 GEO 系统、感知 NGEO 系统,还存在干扰 NGEO 系统。本章针对上述场景中的频谱感知算法进行了研究,提出一套完整的频谱感知策略:首先判断是否存在 GEO 信号,即从噪声和干扰 NGEO 信号中区分出 GEO 信号,如果 GEO 信号不存在,感知 NGEO 系统采用 overlay 的模式接入频谱,在时域上和 GEO 系统频谱共享;如果 GEO 信号存在,进一步识别出所使用的发射功率,那么感知 NGEO 用户可以采用 underlay 的接入模式,在保证 GEO 信号正常通信的前提下,提高 NGEO 系统的吞吐量。由于 NGEO 卫星的轨道特性,本章分别用空间角度 β 和 γ 来表述干扰 NGEO 卫星和感知 NGEO 卫星的位置变化,在下行链路和上行链路场景中,通过对接收到的 GEO 信号和干扰信号功率特性进行多重假设检验建模,根据空间角度分成不同区域进行讨论,采用贝叶斯公式和最大后验概率准则进行求解。由于 GEO 信号和干扰 NGEO 信号具有多个发射功率等级,直接计算较为复杂,构造混合高斯模型将其简化,最终推导出各阈值的解析表达式。

| 参考文献 |

[1] KOBAYASHI H, SHINONAGA H, ARAKI N. Study on interference between non-GSO MSS gateway station and GSO FSS earth station under reverse band operation [M]. 1995: 282-288.

[2] KIRTAY S. Broadband satellite system technologies for effective use of the 12-30 GHz radio spectrum[J]. Electronics & communication engineering journal, 2002, 14(2): 79-88.

[3] PARK C. Interference analysis of geostationary satellite networks in the presence of moving non-geostationary satellites [J]. ITCS 2010, 2010: 1-5.

[4] GHAZVINIAN A, STURZA M A. Co-directional Ka-band frequency sharing between non-GSO satellite networks and GSO satellite networks[EB]. 2017.

[5] ITU-R S.1431. Methods to enhance sharing between non-GSO FSS systems (except MSS feeder links) in the frequency bands between 10-30 GHz [S]. 2000.

[6] SHARMA S K, CHATZINOTAS S. In-line interference mitigation techniques for spectral coexistence of geo and NGEO satellites[J]. International journal of satellite communications networking, 2016, 34(1): 11-39.

[7] LAGUNAS E, SHARMA S, MALEKI S, et al. Power control for satellite uplink and terrestrial fixed-service coexistence in Ka-band[C]// in Vehicular Technology Conference (VTC Fall), 2015 IEEE 82nd, 2015: 1-5.

[8] STOJANOVIC M, CHAN V. Adaptive power and rate control for satellite communications in Ka band[C]// in Communications, 2002. ICC 2002. IEEE International Conference on, 2002,5: 2967-2972.

[9] TSAKMALIS A, CHATZINOTAS S, OTTERSTEN B. Automatic modulation classification for adaptive power control in cognitive satellite communications[C]// 2014 7th Advanced Satellite Multimedia Systems Conference and the 13th Signal Processing for Space Communications Workshop (ASMS/SPSC), 2014.

[10] ITU-R S.1428. Reference FSS earth station radiation patterns for use in interference assessment involving non-GSO satellite in frequency bands between 10.7 GHz and 30 GHz [S]. 2000.

[11] ITU-R S.672-4. Satellite antenna radiation pattern for use as a design objective in the fixed-satellite service employing geostationary satellites [S]. 2010.

[12] ITU-R S.1528. Satellite antenna radiation patterns for non-geostationary orbit satellite antennas operating in the fixed-satellite service below 30 GHz [S]. 2001.

[13] ITU-R S.465-6. Reference radiation pattern for earth station antennas in the fixed-satellite[S].

[14] JIAN H. Information processing technique for LEO space object surveillance based on radar system[D]. Changsha: National University of Defense Technology, 2013.

[15] YUAN Z T, HU Y D, YUW X. Direction data association in NAVSPASUR-type space surveillance radar[J]. Journal of astronautics, 2009, 30(5): 1972-1978.

[16] NASRABADI N M. Pattern recognition and machine learning[J]. Journal of electronic imaging,2007, 16(4): 049901.

[17] WU S, KUANG L, NI Z, et al. Low-complexity iterative detection for large-scale multiuser

MIMO-OFDM systems using approximate message passing[J]. IEEE journal of selected topics in signal processing, 2014, 8(5): 902-915.

[18] KAY S M. Fundamentals of statistical signal processing [M].Prentice Hall PTR, 1993.

[19] GAO F, LI J, JIANG T, et al. Sensing and recognition when primary user has multiple transmit power levels [J]. IEEE trans. signal processing, 2015, 63(10): 2704-2717.

第二部分
空间信息网络多用户信号协同处理

由于空间的开放性,空间信息网络面临的一个重要问题是网络中多星、多波束、多用户信号之间的干扰,信号干扰是制约空间网络系统容量的瓶颈,为抑制干扰提升容量,本书第二部分重点研究空间信息网络中多星多波束间的干扰机理及协同机制,提出星间与星地的协同干扰消除方法。

第 6 章
空间信息网络多波束干扰模型

> 随着空间信息网络中"多星共轨""多星多波束"场景的增多,卫星自身波束间的干扰以及来自其他共轨卫星波束的干扰不可避免。本章针对此问题,根据空间信息网络的特点提出了空间信息网络多波束模型,该模型考虑了地面波束成形和多波束协同处理等,以提升现有空间基础设施的系统能力。

6.1 研究意义

地球外太空的中低轨以及静止轨道上的卫星数目越来越多。随着在轨卫星数量的增多以及卫星测控技术水平的提高，我国双星共轨甚至多星共轨的情况也会逐渐增多，如"天链"卫星将采用该方式提高用户容量。另外，由于频率资源的稀缺，卫星系统越来越多地采用多波束天线覆盖整个服务区，增加点波束有效辐射功率，并实现频率资源的空间复用，增加系统容量。Ku/Ka 频段的 IPStar、ViaSat-1、Inmarsat-5，S/L 频段的 Inmarsat-4、Thuraya、ACeS 以及新一代的 SkyTerra-1 等均采用了多波束天线覆盖的方式。此外，卫星的星间测控天线也均采用了基于地面波束合成的多波束多址（SMA）天线：美国的 TDRS 卫星从一代星到三代星以及欧洲太空局（ESA）通过采用卫星多址天线的方法均逐渐具备多波束发送/接收能力。因此，为提高空间信息网络核心节点的用户支持能力，卫星波束数的增长已经成为必然趋势。

在这种"多星共轨""多星多波束"的场景下，卫星在其波束覆盖范围内不可避免地受到自己波束之间的干扰以及来自其共轨卫星的波束的干扰。传统上抑制这些干扰只能采用频率复用的方式规避干扰。随着卫星波束数量的增加，卫星点波束半功率角越来越小，因旁瓣引起的干扰越来越大，需要使用越来越大的频率复用因子隔离干扰，反而降低了频谱的利用效率；如果频率复用因子不增加，干扰将严重

第6章 空间信息网络多波束干扰模型

影响接收信号质量，损失卫星和用户的功率效率。尤其是在频率资源和功率资源异常紧张的 S 和 L 频段，这个矛盾愈加突出。因此，卫星间的多星干扰和多波束干扰已成为限制这些核心节点卫星传输性能的关键因素。

由于空间信息网络核心节点卫星都属于高容量卫星，其发射重量甚至超过 5 t 以上，发射的风险大大增加，因此，在这些卫星的发展趋势上，多采用将原属于有效载荷的波束成形系统转移到地面段完成，以降低有效载荷的风险，提高卫星的灵活性。系统中的卫星通过地面段中心站（信关站）的地面波束成形（Ground Based Beam Forming，GBBF）实现对地面区域的多波束覆盖，用户段的地面、空中和卫星终端用户都是通过静止轨道卫星接入地面段的中心站。这种处理方式提高了对中心站处理能力的要求，但又为先进信号处理技术的应用提供了可能。此类场景突出体现在如我国"天链"卫星系统和未来发展的卫星移动通信系统中。

卫星点波束可视为地面移动通信系统中的小区，在地面无线通信系统中，以用户协作和基站协作为主的协同传输技术成为解决小区间干扰问题的主要技术手段[1]。基站协作的基本思想是参与协作的所有基站的天线，形成一个虚拟的多入多出（Multiple-Input Multiple-Output，MIMO）天线阵列，将其他小区的信号视为有用信号而不是干扰。对于多波束卫星系统，卫星对用户可视为同一位置的多个基站，用户信号可以被同一卫星的多个波束同时接收，也可被同一轨位的共轨卫星同时接收，存在进行协同传输的可能[2]。但是，在多波束卫星系统中，该虚拟天线阵列的规模达到数十乃至上百个，且相关性很强；同时，静止轨道卫星并非真正"静止"，为延长卫星寿命，节约卫星燃料，通常卫星只做有限的位置保持，在其轨位上摆动，摆动幅度可达数十千米，用户和这个虚拟天线阵列间的传输时延和多普勒变化大且不固定。因此，多星多波束的协同较地面系统更加复杂[3]。

另外，相比地面系统，卫星通信系统面临着封闭系统内受限资源与开放空间环境下多重干扰的尖锐矛盾，用户规模大，卫星能源紧张，对带宽、功率、处理能力要求更加苛刻，使得矛盾难以调和。目前以时空频规划的方式避免干扰的传统技术措施已接近工程极限，未来亟须从根本上突破高效干扰处理理论和技术，综合解决空间信息网络中多星多波束系统传输面临的用户覆盖广、相互干扰重和功率资源少等问题。特别是，在我国静止轨道位置和频率极其匮乏的情况下，通过地面波束成形和多星多波束协同处理等"软"手段，提升现有空间基础设施的系统能力，通过波束间协同和星间协同达到"1+1>2"的目的，将对我国空间信息网络的建设和应用具有重要的现实意义。

6.2 模型特性分析

空间信息网络多星多波束干扰模型的典型场景为多颗共轨道静止轨道卫星，通过多星多波束实现区域覆盖，支持空间信息网络中的各类用户，包括中低轨道航天器、地面移动用户和海上用户，典型场景如图 6-1 所示。

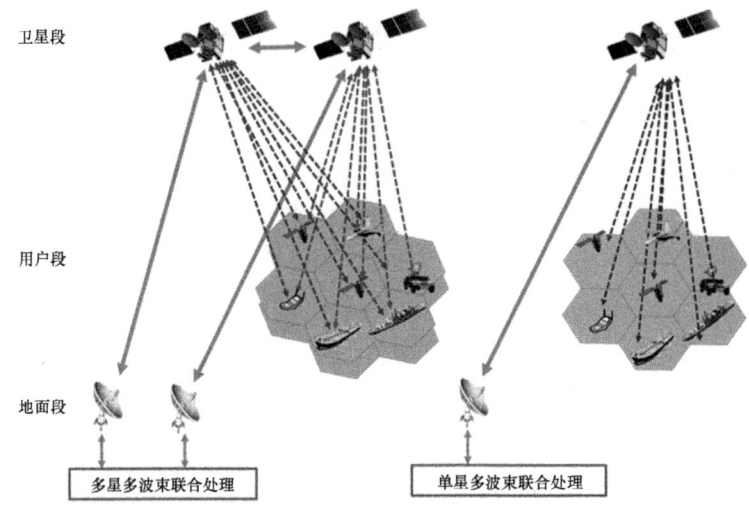

图 6-1 多星多波束干扰模型典型场景

对于这样的系统，其面临的挑战与地面蜂窝系统有很大差别，具体如下。

时空跨度广：由于卫星距离远，卫星链路在时空跨度上远超过地面网络。不论是静止轨道卫星的位置摆动还是中低轨卫星用户和空间高动态用户的位置高速变化，网络动态特征突出，都对协同传输的信道估计、同步精度和检测性能产生极大的影响。

波束数量多：美国 TDRS 卫星有 16 个为航天器服务的 SMA 天线波束，新一代的 SkyTerra-1 卫星有 500 个以上的点波束，同一颗卫星上集中了越来越多的波束数量，通过几十到几百个天线单元分组形成对不同区域的波束覆盖。波束数量的增加导致干扰的增加，成为制约系统容量的重要因素[4]。但是，在中心站处理如此巨大规模的波束干扰矩阵，其难度也是巨大的，需要寻求线性复杂度的先进算法，解决多波束处理复杂度的难题。

用户规模大：多星多波束系统通常要求同时为众多用户或者用户群提供通信或测控服务，在同一波束内需要支持的用户数可达几十甚至上百个，而多个波束同时服务的用户数规模更是随着覆盖地域扩展而增长；用户规模的不断增加对系统的多用户多址支持能力要求也越来越高，为了降低波束内及波束间同信道干扰选取合适的多用户多址复用方案，并研究与多用户多址复用方案相应的低复杂度高效的联合波束/用户间干扰抑制技术就成为必须突破的技术难题之一。

资源约束强：卫星是极其苛刻的功率受限系统。对于空间信息网络的核心节点卫星，除维护卫星平台正常工作外，卫星太阳帆板提供的每一瓦能量都应该利用到传送有效信息上，因此，降低协同传输带来的信道估计和同步等开销至关重要。

6.3 干扰分析

首先考虑单星多波束通信系统，将多波束干扰分成两种：全景多波束干扰和动态跟踪多波束干扰。下面逐一展开具体分类下的多波束干扰特征。

6.3.1 全景多波束干扰特征

全景多波束是指多波束天线对地形成静态服务的多个波束覆盖区域。此时多波束之间的干扰是由于卫星频率带宽的限制和管理要求，必须采用同频复用的方式，多个相邻波束间存在同频干扰[5]，如图 6-2 所示。

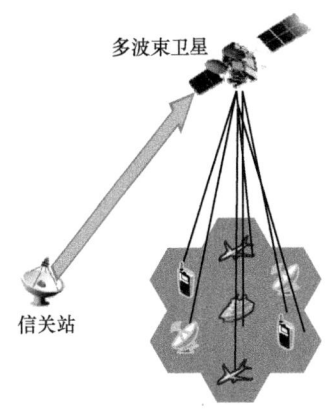

图 6-2　全景多波束干扰

在全景多波束条件下,如果波束间隔离度不足,在采用单一频率进行多址和复用时,各波束内的用户对其他波束的用户就会产生同频干扰。在极端的情况下,可视为所有波束下的用户在同一个波束下,仅依靠码分多址区分用户的情况。这种情况在用户数很多或者用户速率高导致扩频余量不足时,将使得系统内部干扰严重,制约系统的总容量(用户数×用户速率)。

6.3.2 动态多波束干扰特征

动态多波束是指,面向运动中的卫星或航天器等空间用户,当两个运动的波束采用相同频率,并在空间上距离接近甚至相互交叠时,动态波束间存在同频干扰,具体如图 6-3 所示。此时,动态波束重叠区域是动态变化的,当其交叠在一起时,交叠区域的用户又同时、同频进行传输,则会产生相应的波束间干扰。此种动态多波束干扰,可由动态波束的时间调度来部分减缓,但当在任意同频动态波束重叠区域考虑提高用户支持能力(即系统容量)时,则仍需要仔细处理相应的动态波束间干扰。

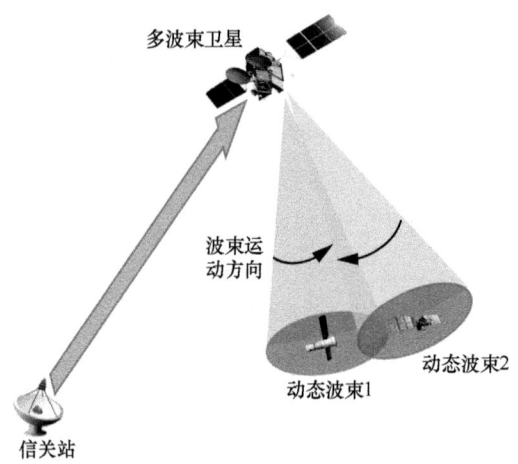

图 6-3 动态多波束干扰

6.3.3 混合多波束干扰特征

第三种多波束间干扰定义为混合波束干扰,即主要针对动态多波束和全景多波束共存的场景。此时，由于波束间相同频率的复用可以发生在全景波束间，也可发生在动态波束扫过同频使用的全景波束间，因此多个波束相互之间以及与距离接近甚至相互交叠的动态波束间会同时存在同频干扰[6]。

如图 6-4 所示，在此场景下，多波束间干扰产生的来源仍然是同频复用。因此，其理论分析和数学模型仍然可以借鉴作为基础的全景多波束干扰模型，在实际系统应用时，考虑动态波束调度的实际区域和时间周期。

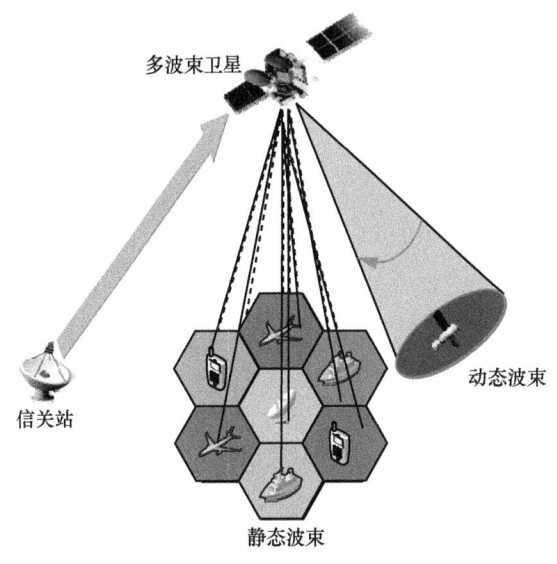

图 6-4　混合多波束干扰

6.4　信道建模

下面将详细讨论空间信息网络卫星信道的各种效应以建立模型，各类效应包括自由空间损耗、小尺度衰落以及波束辐射方向增益[7-11]。

6.4.1　自由空间损耗

由于地球曲率和卫星很大的覆盖面积，每个用户经历不同的自由空间损耗，第 n 个用户到多波束天线之间的 FSL 系数 l_n 可以写为

$$l_n \approx \left(\frac{\lambda}{4\pi}\right)^2 \frac{1}{d_0^2 + d_n^2} \tag{6-1}$$

其中，λ 为波长，d_n 代表第 n 个用户到星下波束中心的距离，$d_0 \approx 35\,786$ km。

6.4.2 小尺度衰落

此外，卫星信道建模还需要考虑信道的小尺度衰落。考虑卫星信道环境是莱斯衰落模型，存在一个固定的直射分量，接收信号是多径散射信号和直射分量的叠加，则小尺度衰落的冲激响应 h 可以表示为

$$h = \frac{1}{2}\left(\sqrt{\frac{K}{K+1}} + \sqrt{\frac{1}{K+1}}z\right) + \frac{1}{2}\mathrm{j}\left(\sqrt{\frac{K}{K+1}} + \sqrt{\frac{1}{K+1}}z\right) \tag{6-2}$$

其中，z 为零均值、方差为 1 的实高斯随机变量，即 $z \sim N(0,1)$。参数 K 表示镜像路径能量与散射路径能量之比，K 越大，镜像路径到达的信号能量越强，$K = \infty$ 表示只有镜像路径的无衰落信道，该情形常用于航天器和中继星之间的信道中；而 $K = 0$ 表示只有散射分量的瑞利衰落信道。

假设任意两用户间的距离足够远，因此可以认为其衰落系数相互独立。单个用户到所有点波束的路径相同，故用户到每个点波束的衰落系数也是相同的。设 $\tilde{h}_n$ 表示第 n 个用户的衰减系数，随机过程 $\tilde{h}_n$ 相互独立并且服从莱斯分布，即 $\mathrm{E}\{\tilde{h}_n\tilde{h}_{n'}^*\} = 0$。

6.4.3 波束辐射方向增益

设 $\boldsymbol{G} \in \mathcal{C}^{M \times N}$ 表示波束增益矩阵，反映了波束间干扰。$g_{mn} = [\boldsymbol{G}]_{m,n}$ 表示第 n 个波束中的用户到第 m 个波束之间的波束增益，它取决于第 m 个波束的方向辐射图及用户在第 n 个波束中的位置，通常近似为

$$g_{mn} = b_m\left[\frac{J_1(u_{mn})}{2u_{mn}} + 36\frac{J_3(u_{mn})}{u_{mn}^3}\right]^2 \tag{6-3}$$

其中，b_m 表示第 m 个波束中心的增益，$u_{mn} = 2.07123\sin(\theta_{mn})/\sin(\theta_{3\mathrm{dB}})$，$J_1$ 和 J_3 分别是第一类一阶贝塞尔函数和第一类三阶贝塞尔函数，为第 n 个波束中心和第 m 个用户位置的离轴角，$\theta_{3\mathrm{dB}}$ 对应半功率角。星载多波束天线辐射方向图如图 6-5 所

示。天线增益随着 θ_{mn} 增加迅速衰减,因此当 θ_{mn} 大于预定的阈值 θ_0 时,可以认为 $g_{mn}=0$,此时波束增益矩阵 $\boldsymbol{G}$ 可被 $\tilde{\boldsymbol{G}}$ 代替,即

$$\tilde{G}_{mn} = \begin{cases} g_{mn}, & \theta_{mn} \leqslant \theta_0 \\ 0, & \text{其他} \end{cases} \quad (6\text{-}4)$$

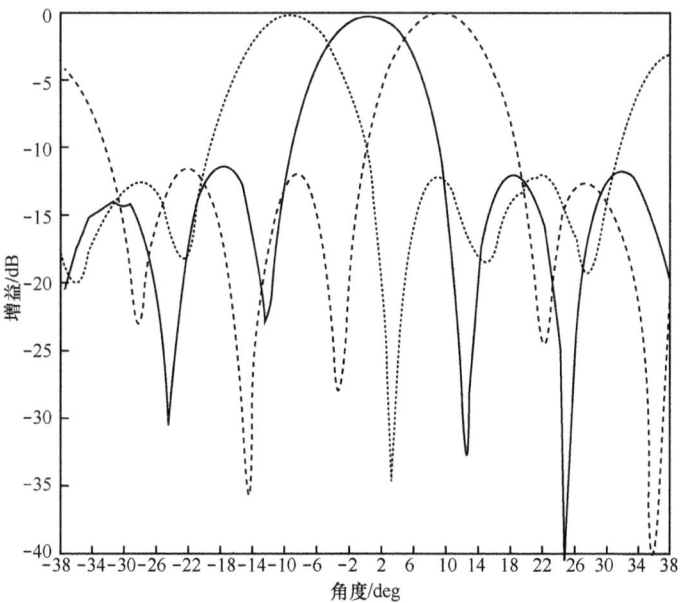

图 6-5 星载多波束天线辐射方向图

根据上述假设,将波束增益、莱斯衰落以及天线相关性纳入卫星上行信道模型,信道系数矩阵表示为

$$\boldsymbol{H} = \tilde{\boldsymbol{G}}^{\frac{1}{2}} \tilde{\boldsymbol{H}} \boldsymbol{L} = \begin{bmatrix} g_{11} & g_{12} & \cdots & g_{1N} \\ g_{21} & g_{22} & \cdots & g_{2N} \\ \vdots & \vdots & & \vdots \\ g_{M1} & g_{M2} & \cdots & g_{MN} \end{bmatrix}^{\frac{1}{2}} \begin{bmatrix} \tilde{h}_1 l_1 & & & \\ & \tilde{h}_2 l_2 & & \\ & & & \\ & & & \tilde{h}_N l_N \end{bmatrix} \quad (6\text{-}5)$$

其中,$\tilde{\boldsymbol{H}} = \text{diag}\left(\left[\tilde{h}_1, \tilde{h}_2, \cdots, \tilde{h}_N\right]\right)$ 和 $\boldsymbol{L} = \text{diag}\left(\left[l_1, l_2, \cdots, l_N\right]\right)$ 皆为对角矩阵。该式 (6-5) 给出了生成信道矩阵 $\boldsymbol{H}$ 的方法,本章中所涉及的干扰处理方法都按照式 (6-5) 产生随机信道矩阵 $\boldsymbol{H}$,并假设接收机已知信道系数。在实际系统中,需要通过插入已知发送符号学习信道矩阵 $\boldsymbol{H}$。需要注意的是,当波束增益矩阵 $\tilde{\boldsymbol{G}}$ 已知时,估计信

道矩阵 H 退化为估计对角矩阵 $\mathrm{diag}\left(\left[\tilde{h}_1 l_1, \tilde{h}_2 l_2, \cdots, \tilde{h}_N l_N\right]\right)$，从而可以显著降低导频开销。因此，接收信号的数学模型可表示为

$$y = Hx + n \tag{6-6}$$

其中，$y \in \mathcal{C}^{M\times 1}$ 表示 M 个用户在某时刻的接收信号，$H \in \mathcal{C}^{M\times N}$ 表示信道系数矩阵，$n \in \mathcal{C}^{M\times 1}$ 是一个复循环对称高斯噪声，均值为 0，方差矩阵为 $\sigma^2 I$，$x \in \mathcal{C}^{N\times 1}$ 表示 N 个用户在某时刻的发送符号序列。

在 CDMA 系统中，用户信号可进一步表示为[7]

$$y = \underbrace{G^{\frac{1}{2}}\tilde{H}S}_{H} x + n \tag{6-7}$$

其中，$S = [s_1 \cdots s_N] \in \mathfrak{R}^{K\times N}$ 为所有 N 个用户的扩频序列构成的扩频矩阵，扩频因子为，$\tilde{H} = \mathrm{diag}\left(\left[\tilde{h}_1, \tilde{h}_2, \cdots, \tilde{h}_N\right]\right)$ 为各用户历经的独立衰落系数，$G = \mathrm{diag}\left(\left[g_1, g_2, \cdots, g_N\right]\right)$ 为接收波束对各用户信号的功率增益。

综上所述，多星多波束条件下的解调问题就是要解决在接收 y 的观测量的情况下，求解发送符号 x 的问题。受到用户间干扰和波束间用户干扰的影响，H 矩阵并非对角阵，直接解调（采用匹配滤波的方法）直接将其他用户干扰作为噪声处理，并没有从用户已知的信息（如用户使用的码、波束增益）中获得帮助。

6.5 本章小结

本章从空间信息网络的概念入手，介绍了空间信息网络的功能、特点及发展现状，阐明了空间信息网络发展的必要性及重要性。之后提出了空间信息网络多波束模型，该模型考虑了地面波束成形和多波束协同处理等方面，以提升现有空间基础设施的系统能力，并通过模型特性分析和干扰分析对模型进行建模。

参考文献

[1] ZHANG Q, LIU E, LEUNG K K. Cooperative communication and networking[J]. Johns Hopkins APL technical digest, 2011, 30(2): 144-150.

[2] MENG Y, JIANG C, QUEK T, et al. Social learning based inference for crowd sensing in mobile social networks[J]. IEEE transactions on mobile computing, 2018, 17(8): 1966-1979.

[3] DU J, JIANG C, ZHANG H, et al. Secure satellite-terrestrial transmission over incumbent terrestrial networks via cooperative beamforming[J]. IEEE journal on selected areas in communications, 2018, 36(7): 1367-1382.

[4] ZHU X, JIANG C, YIN L, et al. Cooperative multigroup multicast transmission in integrated terrestrial-satellite networks[J]. IEEE journal on selected areas in communications, 2018, 36(5): 981-992.

[5] WANG J, JIANG C, HAN Z, et al. Taking drones to the next level cooperative distributed unmanned-aerial-vehicular networks for small and mini drones[J]. IEEE vehicular technology magazine, 2017, 12(3): 73-82.

[6] JIANG C, ZHANG H, REN Y, et al. Machine learning paradigms for next-generation wireless networks[J]. IEEE wireless communications, 2017, 24(2): 98-105.

[7] VITERBI A J. CDMA: principles of spread spectrum communication[M]. Reading, MA: Addison-Wesley, 1995.

[8] MOHER M L, LODGE J H. TCMP-a modulation and coding strategy for Rician fading channels [J]. IEEE journal on selected areas in communications, 1989, 7(9): 1347-1355.

[9] SEUNGHYUN M, LEE K B. Channel estimation based on pilot and data traffic channels for DS/CDMA systems[C]// Global Telecommunications Conference, GLOBECOM 1998. The Bridge to Global Integration. IEEE, 1998: 1384-1389.

[10] ANDOH H, SAWAHASHI M, ADACHI F. Channel estimation filter using time-multiplexed pilot channel for coherent RAKE combining in DS-CDMA mobile radio [J]. IEICE transactions on communications, 1998, E81-B(7): 1517-1526.

[11] TSE D, VISWANATH P. Fundamentals of wireless communication [M]. Cambridge: Cambridge University Press, 2005.

第 7 章
多波束多用户协同信号处理方法

第6章建立了空间信息网络多波束干扰模型,本章在此基础上对系统中存在的干扰进行分析,介绍反向波束内和波束间干扰处理技术,并在实际场景中进行性能分析[1-5]。

7.1 反向链路多用户及多波束干扰处理技术

7.1.1 CDMA 多用户干扰的影响分析

码分多址（Code Division Multiple Access，CDMA）为自干扰受限系统，用户越多带来的干扰越强烈。上星试验测试表明，在 12 MHz 的卫星带宽条件下直接解调，最多只能支持 20 个用户（100 kbit/s）。所谓直接解调即采用匹配滤波（Matched Filter）检测器而忽略其他用户带来的干扰。用户数量远小于扩频因子时，可以达到较好的性能。然而如图 7-1 所示，随着用户数量的增长，其性能急剧下降。考虑基于线性滤波的检测器如迫零（Zero Force，ZF）、最小均方误差（Minimum Mean Square Error，MMSE）应用于 CDMA 系统，其中，ZF 检测器具有放大噪声的缺点，而 MMSE 检测器虽然克服了 ZF 检测器的缺点，但是其性能仍然远低于最优检测。并且 ZF 和 MMSE 检测器也只在用户数量远小于扩频因子时才能取得较好的性能，无法保证系统的顽健性。

对通信系统而言，联合最大后验概率（Maximum a Posteriori Probability，MAP）接收机将所有系统中的未知量（如信息比特、编码符号、信道系数以及噪声功率等），视为随机变量并进行联合估计，可以获得全局最优的性能，但是计算复杂度非常高，难以在实际系统中实现[6]。常见的接收方案是将接收机划分成几个独立的模块，每个模块完成特定的功能，如检测、干扰消除、信道估计和译码等。接收机中的检测器负责从接收信号中恢复上行链路中的所有发送符号，当波束规模和用户数量较大时，设计低复杂度高性能的检测器是整个系统的关键[7]。

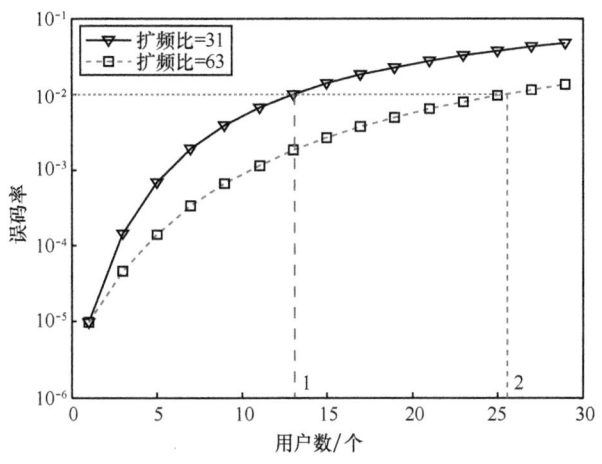

图 7-1　单用户检测性能

为降低复杂度传统接收机只能单独地优化各个模块，各个模块之间没有信息交换，忽略了系统中未知变量之间的约束关系，因此，其性能与全局最优的联合接收机相差其大。迭代接收技术在各接收模块间交换未知变量的概率信息，通过反复执行信道估计、检测与译码等功能逼近联合最优接收机的性能。Turbo 接收技术源自 Berrou 提出的 Turbo 码，其特点是：发送端使用交织器将两个卷积分量码并行级联，接收端使用软进软出（Soft-Input Soft-Output, SISO）译码器对每个分量码进行译码，并通过迭代的方式在两个分量码译码器之间传递编码比特的概率信息，获得了逼近香农限的性能。一方面，Turbo 码的成功推动了人们将迭代信息传递的方法推广到了迭代同步、迭代信道估计、迭代均衡以及迭代多用户检测等算法中。另一方面，Turbo 码以及随后重新被发现的低密度奇偶校验（Low Density Parity Check, LDPC）码引发了学者研究应用图模型设计编码和译码的理论与方法。2001 年，Kschischang 等提出了因子图（Factor Graph）理论与和积算法（Sum Product Algorithm, SPA）。因子图作为研究迭代接收技术的一个通用工具，可以将许多经典算法归纳为 SPA，例如 BCJR 译码算法、卡尔曼滤波算法、应用于隐马尔可夫模型（Hidden Markov

Model，HMM）的前向后向算法、贝叶斯网络（Bayesian Network）中的置信传播（Belief Propagation）算法等。本章根据置信传播算法提出一系列迭代检测算法，以消除多波束多用户系统中的干扰。

7.1.2 反向波束内 CDMA 多用户干扰处理

本节主要关注反向波束内 CDMA 多用户处理。仿真表明，波束隔离度在 10 dB 以上时，CDMA 多用户间的干扰是容量的主要影响因素。考虑具有 N 个用户的 LDPC 编码的直接序列扩频二进制相移键控（Binary Phase Shift Keying，BPSK）调制的 CDMA 系统。每个用户的发送信号经过随机二进制扩频序列或者 gold 序列进行扩频，扩频因子为 K。首先假设信号功率符合完美功率约束，接下来将仿真条件扩展到分布式功率控制约束。如图 7-2 所示，在时刻 k 的接收信号表示为

$$y[k] = H[k]x[k] + n[k] \quad (7\text{-}1)$$

其中，$H[k] \in C^{1 \times N}$ 表示信道系数矩阵，$n[k] \in C$ 是一个复循环对称高斯噪声，均值为 0，方差矩阵为 $\mathrm{E}\{n[k]n^{\mathrm{H}}[k]\} = \sigma^2$，$x[k] \in C^{N \times 1}$ 表示 N 个用户在时刻 k 的发送符号序列。

$$x[k] = \left[x_1[k], x_2[k], \cdots, x_N[k]\right]^{\mathrm{T}} \quad (7\text{-}2)$$

其中，$x_n[k], k = 1, 2, \cdots, KL$ 表示第 n 个用户的发送码片。例如，第 n 个用户的二进制信息比特 $b_n[t]$（$n = 1, 2, \cdots, N$，$t = 1, 2, \cdots, T$）经过 1/2 码率的 LDPC 编码，经过交织器的编码符号表示为 $c_n[l]$（$l = 1, 2, \cdots, L$，此处 $L = 2T$）。然后，第 n 个用户的编码后的符号进行 BPSK 映射，映射之后的符号表示为 $\tilde{x}_n[l]$，再经过扩频序列 $s_n[k]$ 进行扩频，得到发送码片序列 $x_n[k]$，$k = 1, 2, \cdots, KL$，经过信道进行传输，其中 K 为扩频因子。

卫星系统的上行链路信道通常为加性高斯白噪声（Additive White Gaussian Noise，AWGN）信道[8]。使用 $h_n[k]$ 表示第 n 个用户综合了不同传输功率和信道衰落影响的增益，因此 H 可以表示为

$$H[k] = [h_1[k], h_2[k], \cdots, h_N[k]] \quad (7\text{-}3)$$

对于同步 CDMA 系统，$x_n[k]$ 是各个用户在相同时刻的码片的混合。对于异步 CDMA 系统，上述模型仍然适用，但 $x_n[k]$ 是各个用户在不同时刻的码片的混合。

比如为了简化表示，不同用户在第 k 时刻的码片可以表示为

$$x[k] = [x_1[k-\tau_1], x_2[k-\tau_2], x_3[k-\tau_3], \cdots, x_N[k-\tau_N]]^T \qquad (7-4)$$

当 $k \leqslant \tau_n$，$x_n[k-\tau_n]$ 时，可以使用随机数或者 0 代替，也就是说，不同的用户具有不同的传播时延 τ_n。因此，对于每个用户总共需要考虑 $KL + \max \tau_n$ 个码片时间，在卫星通信系统中，最大传播时延可以达到几毫秒。比如，第 k 时刻的接收信号 $y[k]$ 可以表示为

$$y[k] = H[k]x[k] = \sum_{i=1}^{N} h_n[k] x_n[k-\tau_n] + n[k] \qquad (7-5)$$

如上所述，同步 CDMA 系统可以看作异步 CDMA 系统的一个特例，系统的接收机结构可以用图 7-2 来表示。

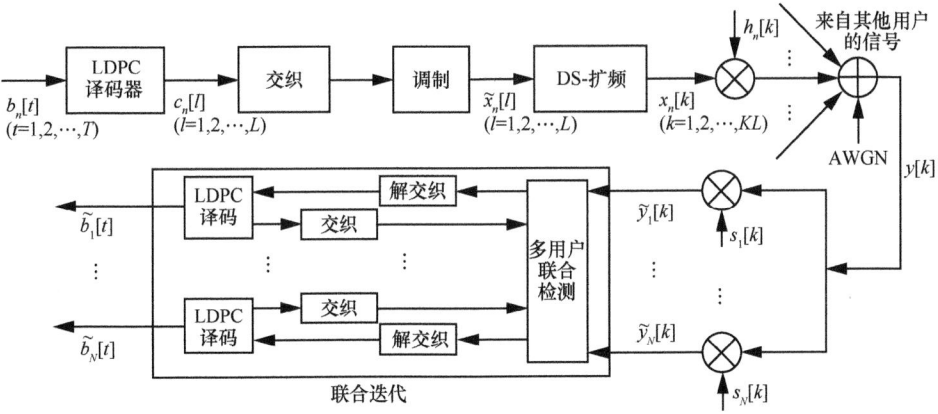

图 7-2 基于后向传导的 LDPC 译码器与多用户检测联合迭代算法

基于后向传导（Back Propagation）的 LDPC 译码器与多用户检测联合迭代算法（以下简称为联合迭代算法），主要实现框图如图 7-2 所示。该算法的主要思想是将基于后向传导的 LDPC 译码器中的迭代合并到外层基于后向传导的多用户检测器的迭代过程中，使得 LDPC 译码器在多用户检测的迭代过程中得到迭代，也就是将译码器的内部迭代统一到全局迭代中，通过一次全局迭代，使得基于后向传导的 LDPC 译码器和多用户检测器中的软信息得到一次更新。

1. 因子图表示

关于 N（假设 $N=2$）个用户信息比特的联合后验分布可表示为

$$p(\tilde{y}, b, c, \tilde{x}, x | \tilde{H}) = p(b) p(\tilde{y}, c, \tilde{x}, x | b, \tilde{H}) =$$
$$p(b) p(c|b) p(\tilde{x}|c) p(x|\tilde{x}) p(\tilde{y}|x, \tilde{H}) \propto$$
$$\prod_{1 \leqslant i \leqslant N} p(c_i|b_i) \prod_{1 \leqslant i \leqslant N} p(\tilde{x}_i|c_i) \prod_{1 \leqslant i \leqslant N} p(x_i|\tilde{x}_i) \prod_{1 \leqslant k \leqslant KL} p(\tilde{y}[k] | x[k], \tilde{H}) \quad (7-6)$$

其中，$\tilde{y}$ 为持续 K 个符号间隔的接收信号，b 为对应的信息比特，c 为对应的编码比特，x 为对应的传输符号。根据因式分解，可以得到如图 7-3 所示的因子图。

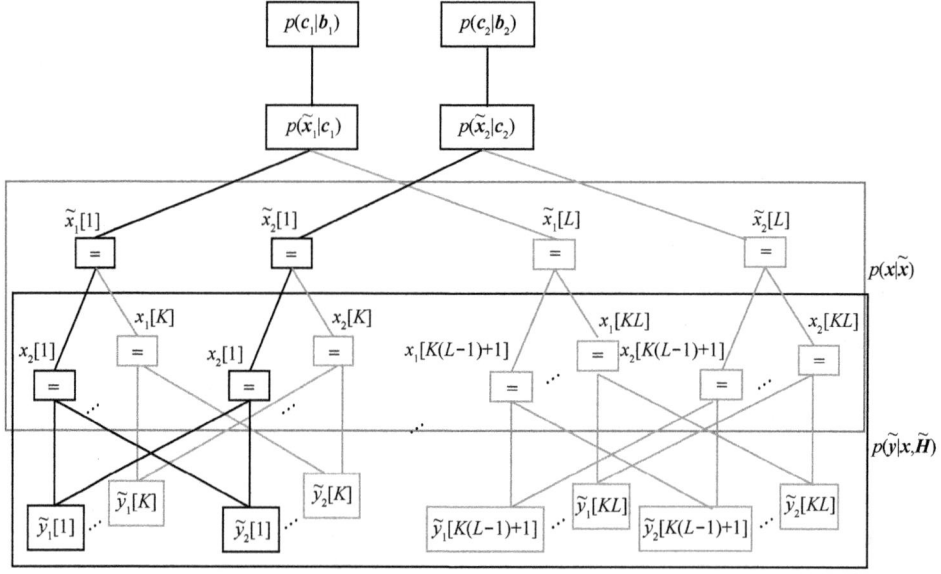

图 7-3 CDMA 系统的因子图表示

因子图中的 3 个节点分别如下。

① 顶部译码节点 $p(c_i|b_i)(1 \leqslant i \leqslant N)$ 代表每一用户传输的信息比特到编码比特之间的映射关系。

② 中间映射/反映射节点 $p(\tilde{x}_i|c_i)(1 \leqslant i \leqslant N)$ 代表每一用户传输的编码比特和编码符号之间的映射关系。我们将在这些节点上映射/反映射应用置信传播算法，将编码符号逆映射为编码比特或将编码比特映射为编码符号。

③ 倒数第二层节点 $p(\tilde{x}_i|x_i)(1 \leqslant i \leqslant N)$ 表示扩频前的符号与扩频后的符号之间的关系，与对应用户的扩频序列相乘后的每 K 个码片的概率信息相乘便完成最终的解扩操作。

④ 最后，底端的检测节点 $p(\tilde{y}|x, \tilde{H})$ 反映编码符号和接收信号之间的关系。

具体地,用"="标记的变量节点代表等式约束,用 $\tilde{y}_i[l]$ 标记的观察节点代表观察函数 $g_{j,k}(x[k])$,即信道转移概率。

$$g_{j,l}(x[l]) = p(y_j[l]|x[l]) \propto \exp\left\{-\frac{1}{\sigma^2}\left|y_j[l] - \sum_{i=1}^{N} h_{j,i}[l]x_i[l]\right|^2\right\} \quad (7\text{-}7)$$

检测节点并没有完全连接,又假设卫星信道不存在多径,$p(\tilde{y}|x,\tilde{H})$ 可分解为 $\prod_{1 \leq k \leq KL} p(\tilde{y}[k]|x[k],\tilde{H})$。

2. 基于置信传播的联合迭代算法

关于映射/反映射节点和译码节点的置信传播算法,许多文献详尽描述了计算方法,因此,本节关注的重点是计算 $p(\tilde{y}|x,\tilde{H})$。令 $\mu_{x_i[k] \to \tilde{y}_j[k]}(x_i[k])$ 表示从变量节点 $x_i[k]$ 传递到观察节点 $\tilde{y}_j[k]$ 的消息,$\mu_{\tilde{y}_j[k] \to x_i[k]}(x_i[k])$ 表示相反方向的消息,$\mu_{\text{dem} \to \tilde{x}_i[k]}(\tilde{x}_i[k])$ 表示映射/反映射节点发到变量节点 $\tilde{x}_i[k]$ 的消息,$\mathcal{N}(v)$ 为给定节点 v 的所有相邻节点集合。计算变量节点和观察节点的消息分别为

$$\mu^t_{x_i[k] \to \tilde{y}_j[k]}(x_i[k]) = \mu^t_{\tilde{x}_i[k] \to x_i[k]}(x_i[k]) \prod_{p \in \mathcal{N}(x_i[k]) \setminus j} \mu^{t-1}_{\tilde{y}_p[k] \to x_i[k]}(x_i[k]) \quad (7\text{-}8)$$

$$\mu^t_{\tilde{y}_j[k] \to x_i[k]}(x_i[k]) = \sum_{\sim\{x_i[k]\}} g_{j,l}(x[k]) \prod_{p \in \mathcal{N}(\tilde{y}_j[k]) \setminus i} \mu^{t-1}_{x_p[k] \to \tilde{y}_j[k]}(x_p[k]) \quad (7\text{-}9)$$

式(7-8)和式(7-9)中具有以用户数 N 为指数的加法操作,因此将置信传播算法直接应用于多波束卫星系统是不现实的。本节利用中心极限定理把复杂度降低到一个合适的时间尺度内。收到的信号可重新表示为

$$\tilde{y}_j[k] = \tilde{h}_{j,i}[k]x_i[k] + \xi_{j,i}[k] \quad (7\text{-}10)$$

其中,$\xi_{j,i}[k] = \sum_{k \neq i} \tilde{h}_{j,k}[k]x_k[k] + n_j[k]$ 表示施加于 $x_i[k]$ 的噪声和干扰。可以认为 $\xi_{j,i}[k]$ 满足高斯分布,其均值向量和协方差分别为

$$m_{\xi_{j,i}}[k] = \sum_{k \neq i} \tilde{h}_{j,k}[k]m_{x_k}[k] \quad (7\text{-}11)$$

$$v_{\xi_{j,i}}[k] = \sum_{k \neq i} \tilde{h}_{j,k}[k]v_{x_k}[k]\tilde{h}^*_{j,k}[k] + \sigma^2 \quad (7\text{-}12)$$

根据上述假设,观察节点 $\tilde{y}_j[k]$ 发送到变量节点 $x_i[k]$ 的消息可近似为

$$\mu_{\tilde{y}_j[k] \to x_i[k]}(x_i[k]) \propto \exp\left\{-\frac{1}{v_{\xi_{j,i}}[k]}\left|\tilde{y}_j[k]-\tilde{h}_{j,i}[k]x_i[k]-m_{\xi_{j,i}}[k]\right|^2\right\} \quad (7\text{-}13)$$

由于在底部节点操作之前，接收信号已经分别乘以各个用户的扩频序列，但是解扩操作并没有最终完成，因此在底部节点消息向上传入译码器之前，需要进行如下操作以完成解扩。

$$\mu_{x_i[k] \to \tilde{x}_i[l]}^t(x_i[k]) = \prod_j \mu_{\tilde{y}_j[k] \to x_i[k]}^t(x_i[k]) \propto$$
$$\prod_j \exp\left(-\frac{|\tilde{h}_{j,i}x_i[k]-\text{mean}_{\tilde{y}_j[k] \to x_i[k]}^t|^2}{\text{var}_{\tilde{y}_j[k] \to x_i[k]}^t}\right) \propto \quad (7\text{-}14)$$
$$\exp\left(-\frac{|x_i[k]-\xi_{x_i[k]}^t|^2}{\zeta_{x_i[k]}^t}\right)$$

其中，$\zeta_{x_i[k]}^t = \left(\sum_j \frac{|\tilde{h}_{j,i}|^2}{\text{var}_{\tilde{y}_j[k] \to x_i[k]}^t}\right)^{-1}$，$\xi_{x_i[k]}^t = \zeta_{x_i[k]}^t \sum_j \frac{\tilde{h}_{j,i}^* \text{mean}_{\tilde{y}_j[k] \to x_i[k]}^t}{\text{var}_{\tilde{y}_j[k] \to x_i[k]}^t}$。

进而可以得到

$$\mu_{\tilde{x}_i[l] \to \text{dec}}^t(\tilde{x}_i[l]) = \prod_{k=1+(l-1)K}^{K+(l-1)K} \mu_{x_i[k] \to \tilde{x}_i[l]}^t(x_i[k]) \propto$$
$$\prod_{k=1+(l-1)K}^{K+(l-1)K} \exp\left(-\frac{|x_i[k]-\xi_{x_i[k]}^t|^2}{\zeta_{x_i[k]}^t}\right) \quad (7\text{-}15)$$

至此，已经给出进入译码器节点的消息计算。使用上述归一化概率消息计算对数似然比（Log Likelihood Ratio，LLR），与 $\tilde{x}_i[l]$ 相对应的编码符号 $c_i[l]$ 的对数似然比为

$$\mathcal{L}(c_i[l]) = \log \frac{\sum_{\chi_i^1} \mu_{\tilde{x}_i[l] \to \text{dec}}^t(\tilde{x}_i[l])}{\sum_{\chi_i^0} \mu_{\tilde{x}_i[l] \to \text{dec}}^t(\tilde{x}_i[l])} \quad (7\text{-}16)$$

由于因子图中存在环形结构，置信传播算法可以采用不同的调度执行。本节采用用于标准 LDPC 译码的泛洪消息传递机制，易于并行实现。表 7-1 中给出了整个算法的描述。当采用 Turbo 编码和 LDPC 编码时，信道译码中的内部迭代可纳入上述全局迭代，即每全局迭代一次只进行一次内部迭代。

第7章 多波束多用户协同信号处理方法

表 7-1 基于置信传播的联合干扰消除与译码算法

初始化：$t \leftarrow 1$，$\mu_{x_i[k] \to \hat{y}_j[k]}^{t}\left(x_i[k]=1\right) \leftarrow 1/2$，$\mu_{x_i[k] \to \hat{y}_j[k]}^{t}\left(x_i[k]=-1\right) \leftarrow 1/2$，

$\text{mean}_{\hat{y}_j[k] \to x_i[k]}^{t} \leftarrow 0$，$\text{var}_{\hat{y}_j[k] \to x_i[k]}^{t} \leftarrow 1$，

for $\forall i, \forall j, \forall k$.

---

while *iter*<*MAXITER* $t=1 \to MaxIter$ **do**

 for $l=1 \to L$ **do**

  for $i=1 \to N$ **do**

   for $j=1 \to N$ **do**

    if $t>1$ **then**

$$\mu_{x_i[k] \to \hat{y}_j[k]}^{t}(x_i[k]) \leftarrow \mu_{\tilde{x}_i[l] \to x_i[k]}^{t}(x_i[k]) \prod_{p \in \mathcal{N}(x_i[k]) \setminus j} \mu_{\hat{y}_p[k] \to x_i[k]}^{t-1}(x_i[k])$$

    end if

    if $h_{j,i} \neq 0$ **then**

$$\mu_{\hat{y}_j[k] \to x_i[k]}^{t}\left(x_i[k]\right) \leftarrow \exp\left(-\frac{|\tilde{h}_{j,i} x_i[k] - \text{mean}_{\hat{y}_j[k] \to x_i[k]}^{t}|^2}{\text{var}_{\hat{y}_j[k] \to x_i[k]}^{t}}\right)$$

    end if

   end for

$$\mu_{x_i[k] \to \tilde{x}_i[l]}^{t}\left(x_i[k]\right) \leftarrow \exp\left(-\frac{|x_i[k] - \xi_{x_i[k]}^{t}|^2}{\xi_{x_i[k]}^{t}}\right)$$

   end for

  end for

  for $i=1 \to N$ **do**

   for $l=1 \to L$ **do**

$$\mu_{\tilde{x}_i[l] \to \text{dec}}^{t}\left(\tilde{x}_i[l]\right) \leftarrow \prod_{k=1+(l-1)K}^{K+(l-1)K} \exp\left(-\frac{|x_i[k] - \xi_{x_i[k]}^{t}|^2}{\zeta_{x_i[k]}^{t}}\right)$$

$$\mathcal{L}(c_i) \leftarrow \log \frac{\sum_{\chi_i^{1}} \mu_{\tilde{x}_i[l] \to \text{dec}}^{t}(\tilde{x}_i[l])}{\sum_{\chi_i^{0}} \mu_{\tilde{x}_i[l] \to \text{dec}}^{t}(\tilde{x}_i[l])}$$

   end for

  end for

 $t \leftarrow t+1$

end while

3. 复杂度

如图 7-4 所示，经典的迭代 MMSE 算法中，译码器的迭代与多用户检测的迭代是各自独立进行的，多用户检测每经历一次 MMSE 迭代，译码器需要独立完成 R 次迭代。与经典迭代 MMSE 算法不同，该算法的主要思想是基于置信传播的思想，将 LDPC 译码器的迭代结构融入 CDMA 多用户检测的迭代结构中，将译码器的输出软信息直接送入多用户检测中，使得 LDPC 译码器在基于置信传播的 CDMA 多用户检测算法的迭代过程中得到迭代，也就是每次全局迭代中完成一次译码器的迭代，全局迭代次数为 1 次。

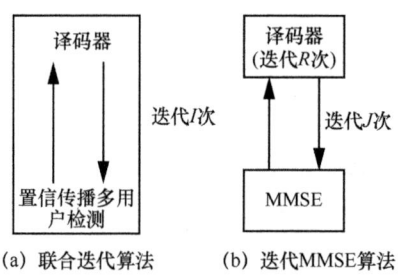

图 7-4 联合迭代算法与经典的迭代 MMSE 算法迭代过程比较

- LDPC 译码：本节所述的算法中，LDPC 译码的迭代过程是通过多用户检测的全局迭代来完成的，而在传统的迭代 MMSE 算法中，LDPC 译码的迭代过程是独立进行的。两种算法中的 LDPC 译码过程都需要计算每个比特的外信息以及对数似然比（LLR），因此两种算法中的 LDPC 译码过程中每次迭代每个用户的运算复杂度是一样的。

- 多用户检测：将本节所述算法与迭代 MMSE 算法的多用户检测部分进行比较。两种算法都需要在节点 $x_i[k]$ 计算均值和方差，不同的是在计算 $\xi'_{x_i[k]}$ 和 $\zeta'_{x_i[k]}$ 时，传统的 MMSE 方法只与外信息的均值和方差有关，而本节提出的算法不仅用到了外信息，也用到了来自观测节点的前一次迭代所得的消息。对于每个用户来说，运算复杂度与总的用户数量成正比。相比于每码片每次迭代复杂度为 $\mathcal{O}(N^3)$ 的迭代 MMSE 方法，本节提出的算法（见表 7-1）的计算复杂度有所降低。从迭代次数的角度，两种算法经过相同的总的迭代次数，所提算法的总体运算复杂度仍比传统的迭代 MMSE 方法要低。

4. 仿真结果

仿真使用的是 GEO 卫星系统中单波束内的异步 CDMA 模型,假设接收端具有完整的扩频序列的信息,并且具有理想信道估计,编码采用 1/2 码率、码长为 $N_b = 1\,024$ 的 LDPC 码,调制采用 BPSK,扩频比为 $N_s = 16$,用户数为 $N = 6$,忽略功率控制的影响。用户到达卫星的时延差按照[0,3] ms 内均匀分布生成。

为使联合迭代算法与迭代 MMSE 算法之间的比较具有公平性,我们使两者在总的迭代次数相当的条件下进行比较,迭代次数之间应该满足关系:$I = J \times R$。同时由于 LDPC 的迭代译码可以在迭代若干次之后收敛,因此,我们设定了如下 3 组仿真参数,见表 7-2。

表 7-2 仿真参数设置

编号	联合迭代算法	迭代 MMSE 算法	
	联合迭代次数 I	MMSE 迭代次数 J	LDPC 译码器迭代次数 R
Case 1	20 次	2 次	10 次
Case 2	50 次	2 次	25 次
Case 3	50 次	5 次	10 次

针对上述 3 种参数设定,仿真结果如图 7-5 所示,我们可以得出结论,在总的迭代次数相当的情况下,联合迭代算法迭代 20 次的性能要优于迭代 MMSE 算法($J=2$,$R=10$)的性能 2 dB,同时联合迭代算法的性能与单用户无干扰时的性能相差 0.5 dB 左右。此外,通过比较联合迭代算法迭代 10 次的性能与迭代 MMSE 算法($J=2$,$R=10$)的性能,可以得出结论,要保证获得相近的性能,联合迭代算法能够比迭代 MMSE 算法减少一半以上的迭代次数,在具体的工程实现中表现为处理时间的缩短。

为了更加全面地比较这两种算法,图 7-6 表示了 Case 2 与 Case 3 两种情况下的仿真曲线,通过比较两种情况下的迭代 MMSE 算法的性能,可以看出,随着 MMSE 多用户检测的迭代次数的增加,算法性能可以明显提升,但是与相同迭代次数下的联合迭代算法相比,依然相差不到 1 dB 左右,并且随着迭代次数的增加,联合迭代算法的性能更加接近单用户无干扰时的性能。

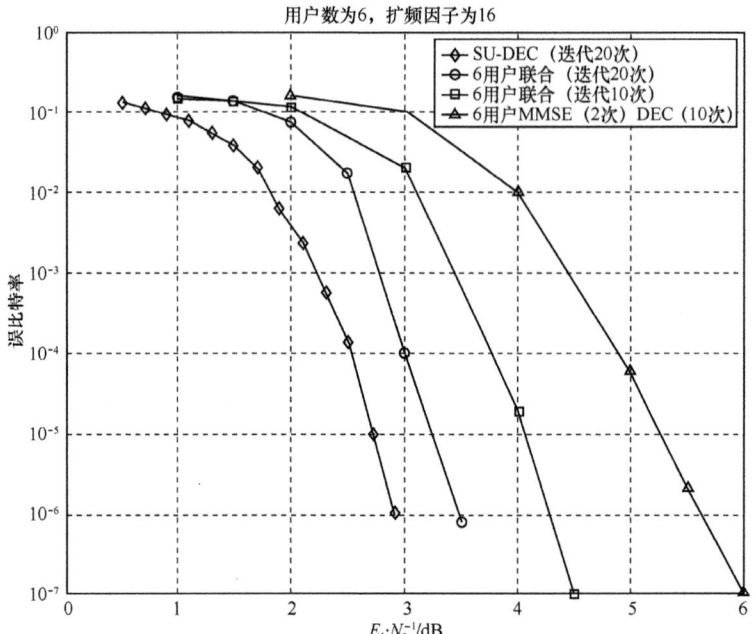

图 7-5　Case 1 情况下的仿真曲线

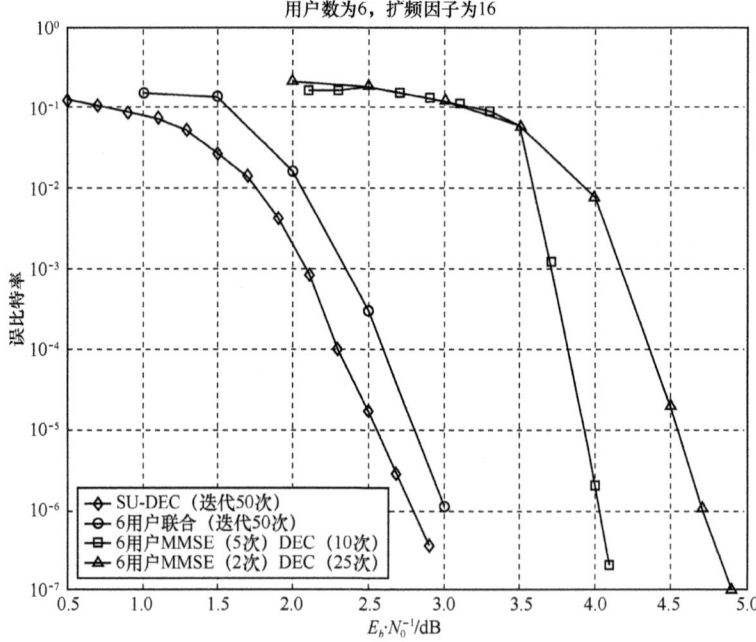

图 7-6　Case 2 与 Case 3 情况下的仿真曲线

总结:为了进一步提高 CDMA 系统的频谱利用效率,提出一种基于置信传播的多用户检测与 LDPC 译码联合迭代的方法,该算法可以有效降低异步 CDMA 系统中的多址干扰。仿真表明,随着迭代次数的增加,该算法的性能能够接近单用户无干扰时的性能。同时,将该算法与经典的迭代 MMSE 算法进行比较,在获得相近性能的前提下,联合迭代算法能够比迭代 MMSE 算法减少至少一半的迭代次数,有效缩短了在具体工程实现过程中的处理时间。

7.1.3 反向波束间干扰处理技术

单色频率复用能够显著提高多波束卫星移动通信系统的频谱效率和系统容量,然而,当系统拥有较多的点波束或者点波束之间的空间隔离度指标较低时,引发的波束间干扰将严重恶化系统性能[9]。为避免该性能约束,干扰消除技术可应用于上述系统。利用迭代结构以及软进软出模块(如 MMSE 滤波检测器、最大似然检测器等)能够显著提高系统容量。然而,这些算法存在复杂度高的缺点,例如基于 MMSE 滤波的迭代方法,其计算复杂度以干扰波束数量的三次方增长。近年来,置信传播算法广泛应用于不同领域,如 Turbo 码和 LDPC 码的译码、地面 CDMA 系统和 MIMO 系统中的符号检测。若直接将地面系统的置信传播算法应用于卫星多波束干扰消除,将导致计算复杂度非常高,不利于工程实现多波束卫星系统。

在本节中,针对多波束天线同频复用导致的波束间空间干扰问题,首先推导出联合处理多波束干扰与译码的因子图表示,将其近似为一个部分连通的图模型,然后通过高斯近似的方法推导出适用于该因子图的置信传播算法,从而实现联合优化的干扰消除与译码算法。该算法一方面通过联合处理提高了性能,另一方面通过高斯近似降低了复杂度,并且具有并行结构,便于工程实现。

本节考虑的卫星系统主要由多波束卫星和用户终端组成[10],具体地说,多波束天线由 M 个点波束组成,波束中每个用户使用特定资源(时隙或频带或码字)传输信息,因此,对同一时刻(频点或码字)而言,系统中最多存在 N 个活跃用户。假设发送信号同步理想,则在第 t 个符号间隔(频点或码字,以下均以符号间隔为例)接收到的信号可以表示为 $N \times 1$ 的向量。

$$y_t = Hx_t + n_t \qquad (7\text{-}17)$$

其中,$H \in \mathcal{C}^{M \times N}$ 为信道系数矩阵;$n_t \in \mathcal{C}^{M \times 1}$ 为零均值循环对称复高斯噪声,其协

方差矩阵为 $\mathrm{E}\{\boldsymbol{n}_t\boldsymbol{n}_t^{\mathrm{H}}\}=\sigma^2\boldsymbol{I}$，$\boldsymbol{x}_t=[x_{t1},x_{t2},\cdots,x_{tN}]^{\mathrm{T}}$ 为所有 N 个用户在第 t 个符号间隔的发送信号，x_{tn} 来自符号集 $S=\{\alpha_1,\alpha_2,\cdots,\alpha_{2Q}\}$。设 $\boldsymbol{G}\in\mathcal{C}^{M\times N}$ 表示波束增益矩阵，其反映了波束间干扰。$g_{mn}\in\mathcal{C}$ 表示第 n 个波束中的用户到第 m 个波束之间的波束增益，它取决于第 m 个波束的方向辐射图及用户在第 n 个波束中的位置，通常近似为

$$g_{mn}=b_{\max}\left(\frac{J_1(u_{mn})}{2u_{mn}}+36\frac{J_3(u_{mn})}{u_{mn}^3}\right)^2 \quad (7\text{-}18)$$

其中，$b_{\max}$ 表示波束中心的增益，$u_{mn}=2.07123\sin(\theta_{mn})/\sin(\theta_{3\mathrm{dB}})$，$J_1$ 和 J_3 分别是第一类一阶贝塞尔函数和第一类三阶贝塞尔函数，θ_{mn} 为第 n 个波束中心和第 m 个用户位置的离轴角，$\theta_{3\mathrm{dB}}$ 对应半功率角。随着 θ_{mn} 的增加，天线增益迅速衰减，因此当 θ_{mn} 大于预定的阈值 θ_0 时，可以认为 $G_{mn}=0$，此时波束增益矩阵 $\boldsymbol{G}$ 可被 $\tilde{\boldsymbol{G}}$ 代替。

$$\tilde{g}_{mn}=\begin{cases}g_{mn},&\theta_{mn}\leqslant\theta_0\\0,&\text{其他}\end{cases} \quad (7\text{-}19)$$

定义干扰第 m 个用户（或波束）的波束数量为 $M_j=M_j'-1$，其中 M_j' 为 $\tilde{G}_{mn}$ 中第 j 行的非零项数量。假设任意两用户间的距离足够远，因此可以认为其衰减系数相互独立。此外，单个用户到所有点波束的距离相同，故用户 n 到每个点波束的衰减系数也是相同的。设 $\tilde{h}_n$ 表示第 n 个用户的衰减系数，随机过程 $\tilde{h}_n$ 相互独立并且服从莱斯分布，即 $\mathrm{E}\{\tilde{h}_n\tilde{h}_n^*\}=0$。根据上述假设，将波束增益、莱斯衰落以及天线相关性纳入卫星上行信道模型，信道系数矩阵表示为

$$\boldsymbol{H}=\tilde{\boldsymbol{G}}^{\frac{1}{2}}\tilde{\boldsymbol{H}} \quad (7\text{-}20)$$

其中，$\tilde{\boldsymbol{H}}=\mathrm{diag}\left([\tilde{h}_1,\tilde{h}_2,\cdots,\tilde{h}_N]\right)$ 为对角矩阵。

1. 因子图表示

关于 N 个用户信息比特的联合后验分布可表示为

$$\begin{aligned}p(\boldsymbol{y},\boldsymbol{b},\boldsymbol{c},\boldsymbol{x}|\boldsymbol{H})&=p(\boldsymbol{b})p(\boldsymbol{y},\boldsymbol{c},\boldsymbol{x}|\boldsymbol{b},\boldsymbol{H})=\\&p(\boldsymbol{b})p(\boldsymbol{c}|\boldsymbol{b})p(\boldsymbol{x}|\boldsymbol{c},\boldsymbol{H})p(\boldsymbol{y}|\boldsymbol{x},\boldsymbol{H})\propto\\&\prod_{1\leqslant n\leqslant N}p(c_n|b_n)\prod_{1\leqslant n\leqslant N}p(x_n|c_n)\prod_{1\leqslant t\leqslant L}p(\boldsymbol{y}[t]|\boldsymbol{x}[t],\boldsymbol{H})\end{aligned} \quad (7\text{-}21)$$

其中，y 为持续 T 个符号间隔的接收信号，b 为对应的信息比特，c 为对应的编码比特，x 为对应的传输符号。根据因式分解，可以得到如图 7-7 所示的因子图。

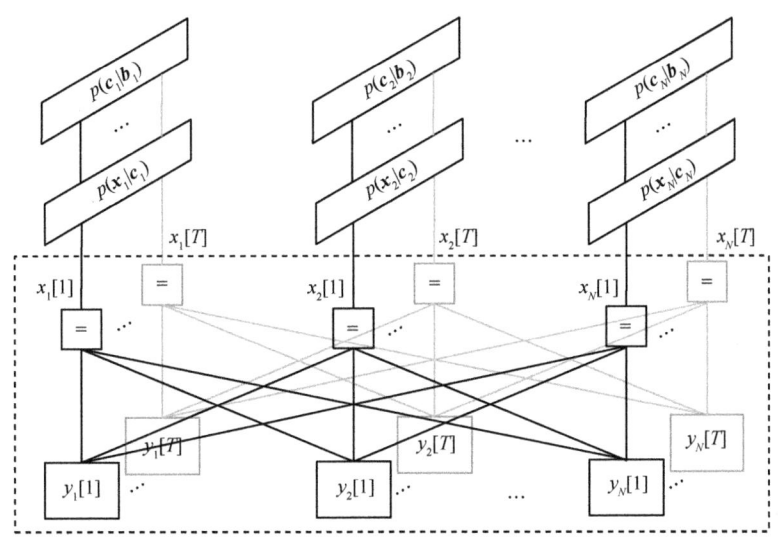

图 7-7 卫星系统的因子图

因子图中的 3 个节点分别如下。

① 顶部译码节点 $p(c_n|b_n)$（$1 \leq n \leq N$）代表每一用户传输的信息比特到编码比特之间的映射关系。

② 中间映射/反映射节点 $p(x_n|c_n)$（$1 \leq n \leq N$）代表每一用户传输的编码比特和编码符号之间的映射关系。我们将在这些节点上映射/反映射应用置信传播算法，将编码符号逆映射为编码比特或将编码比特映射为编码符号。

③ 最后，底端的检测节点 $p(y|x,H)$ 反映编码符号和接收信号之间的关系。具体地，用"="标记的变量节点代表等式约束，用 $y_m[t]$ 标记的观察节点代表观察函数 $g_{tm}(x_t)$，即信道转移概率。

$$g_{tm}(x_t) = p(y_{tm}|x_t) \propto \exp\left\{-\frac{1}{\sigma^2}\left|y_{tm} - \sum_{n=1}^{N} h_{mn} x_{tn}\right|^2\right\} \quad (7\text{-}22)$$

正如近似波束增益 $\tilde{G}$ 所示，检测节点并没有完全连接，又假设卫星信道不存在多径，$p(y|x,H)$ 可分解为 $\prod\limits_{1 \leq t \leq L} p(y[t]|x[t],H)$。

2. 基于期望传播的联合检测与译码算法

由于因子图为有环图，有必要给出消息传递的次序。在单次 Turbo 迭代中，因子图底部虚框中的环可能引入内部迭代。为了降低复杂度，本节选择的消息传递顺序为：一旦译码器更新了 LLR 并将其传递至映射节点，新一轮 Turbo 迭代就开始了，消息从图的顶部并向下传递立即返回，这样能够避免内部迭代。为了叙述方便，Turbo 迭代简称为迭代，第 i 次迭代中从变量节点 x_{tn} 传递至信道转移函数节点 f_{tm} 的消息记为 $\mu^{(i)}_{x_{tn} \to f_{tm}}(x_{tn})$，而在反方向传递的消息记为 $\mu^{(i)}_{f_{tm} \to x_{tn}}(x_{tn})$，按照标准和积算法可以得到如下消息更新规则。

$$\mu^{(i)}_{x_{tn} \to f_{tm}}(x_{tn}) = \mu^{(i)}_{\mathcal{M}_n \to x_{tn}}(x_{tn}) \prod_{m' \neq m} \mu^{(i-1)}_{f_{tm'} \to x_{tn}}(x_{tn}) \quad (7\text{-}23)$$

$$\mu^{(i)}_{f_{tm} \to x_{tn}}(x_{tn}) = \sum_{\mathbf{x} \setminus x_{tn}} f_{tm}(y_m | \mathbf{x}) \prod_{n' \neq n} \mu^{(i)}_{x_{tn'} \to f_{tm}}(x_{tn}) \quad (7\text{-}24)$$

其中，$\mu^{(i)}_{\mathcal{M}_n \to x_{tn}}(x_{tn}) = \prod_q \dfrac{\exp\{c_n^q L^{(i)}(c_n^q)\}}{1+\exp\{L^{(i)}(c_n^q)\}}$ 表示从映射节点 $\mathcal{M}_n$ 传递到变量节点 x_{tn} 的消息，而 $L^{(i)}(c_n^q)$ 表示译码器反馈的 LLR。

如式（7-23）和式（7-24）所示，由于符号 x_{tn} 取值于离散符号集 $\mathcal{A}$，直接通过随机向量 $\mathbf{x}$ 的联合概率分布计算其边缘概率分布 $\{\mu^{(i)}_{f_{tm} \to x_{tn}}(x_{tn})\}$ 具有指数复杂度。为此，我们将 $x_{tn'}, \forall n' \neq n$ 看作连续型复高斯随机变量，并将消息 $\mu^{(i)}_{x_{tn} \to f_{tm}}(x_{tn})$ 近似为复高斯概率密度函数（Probability Density Function，PDF）。

$\hat{\mu}^{(i)}_{x_{tn} \to f_{tm}}(x_{tn}) = \mathcal{N}_{\mathbb{C}}(x_{tn}; \hat{x}^{(i)}_{x_{tn} \to f_{tm}}, \hat{v}^{(i)}_{x_{tn} \to f_{tm}})$，其中参数 $\hat{x}^{(i)}_{x_{tn} \to f_{tm}}$ 和 $\hat{v}^{(i)}_{x_{tn} \to f_{tm}}$ 将在下面给出。在上述高斯近似条件下，消息 $\mu^{(i)}_{f_{tm} \to x_{tn}}(x_{tn})$ 可以通过积分解析地得到，即

$$\begin{aligned}\mu^{(i)}_{f_{tm} \to x_{tn}}(x_{tn}) &= \int_{\mathbf{x} \setminus x_{tn}} f_{tm}(y_m | \mathbf{x}) \prod_{n' \neq n} \mathcal{N}(x_{tn}; \hat{x}^{(i)}_{x_{tn'} \to f_{tm}}, \hat{v}^{(i)}_{x_{tn'} \to f_{tm}}) = \\ &\mathcal{N}(h_{mn} x_{tn}; z^{(i)}_{f_{tm} \to x_{tn}}, \tau^{(i)}_{f_{tm} \to x_{tn}})\end{aligned} \quad (7\text{-}25)$$

其中，$z^{(i)}_{f_{tm} \to x_{tn}} = y_m - \sum_{n' \neq n} h_{mn'} \hat{x}^{(i)}_{tn'^- \to f_{tm}}$，$\tau^{(i)}_{f_{tm} \to x_{tn}} = \sigma_w^2 + \sum_{n' \neq n} |h_{mn'}|^2 \hat{\tau}^{(i)}_{tn'^- \to f_{tm}}$。

利用 $\mu^{(i-1)}_{f_{tm} \to x_{tn}}(x_{tn}) = \mathcal{N}(h_{mn} x_{tn}; z^{(i)}_{f_{tm} \to x_{tn}}, \tau^{(i)}_{f_{tm} \to x_{tn}})$，可以得到归一化的消息 $\mu^{(i)}_{x_{tn} \to f_{tm}}(x_{tn})$。

$$\mu^{(i)}_{x_{tn} \to f_{tm}}(x_{tn}) = \dfrac{\mu^{(i)}_{\mathcal{M}_n \to x_{tn}}(x_{tn}) \mathcal{N}(x_{tn}; \zeta^{(i-1)}_{x_{tn} \to f_{tm}}, \gamma^{(i-1)}_{x_{tn} \to f_{tm}})}{\sum_{x_{tn} \in \mathcal{A}} \mu^{(i)}_{\mathcal{M}_n \to x_{tn}}(x_{tn}) \mathcal{N}(x_{tn}; \zeta^{(i-1)}_{x_{tn} \to f_{tm}}, \gamma^{(i-1)}_{x_{tn} \to f_{tm}})} \quad (7\text{-}26)$$

其中，参数 $\zeta_{x_{tn}\to f_{tm}}^{(i-1)}$ 和 $\gamma_{x_{tn}\to f_{tm}}^{(i-1)}$ 由下式给出。

$$\gamma_{x_{tn}\to f_{tm}}^{(i-1)} = \left(\sum_{m'\neq m}\frac{|h_{m'n}|^2}{\tau_{f_{tm_1^-}\to x_{tn}}^{(i-1)}}\right)^{-1} \tag{7-27}$$

$$\zeta_{x_{tn}\to f_{tm}}^{(i-1)} = \gamma_{x_{tn}\to f_{tm}}^{(i-1)}\sum_{m'\neq m}\frac{h_{m'n}^* z_{f_{tm_1^-}\to x_{tn}}^{(i-1)}}{\tau_{f_{tm_1^-}\to x_{tn}}^{(i-1)}} \tag{7-28}$$

为了实现上述消息计算，首先需要得到用来替代 $\mu_{x_{tn}\to f_{tm}}^{(i)}(x_{tn})$ 的高斯 PDF $\hat{\mu}_{x_{tn}\to f_{tm}}^{(i)}(x_{tn})$，一种常见的方法就是通过最小 KL 距离（Kullback-Leibler Divergence）$\mathrm{KL}\left[\mu_{x_{tn}\to f_{tm}}^{(i)}(x_{tn}) \| \hat{\mu}_{x_{tn}\to f_{tm}}^{(i)}(x_{tn})\right]$ 得到。

$$\hat{x}_{x_{tn}\to f_{tm}}^{(i)} = \sum_{\alpha_s\in\mathcal{A}}\alpha_s\mu_{x_{tn}\to f_{tm}}^{(i)}(x_{tn}=\alpha_s) \tag{7-29}$$

$$\hat{v}_{x_{tn}\to f_{tm}}^{(i)} = \sum_{\alpha_s\in\mathcal{A}}|\alpha_s|^2\mu_{x_{tn}\to f_{tm}}^{(i)}(x_{tn}=\alpha_s) - \left|\hat{x}_{x_{tn}\to f_{tm}}^{(i)}\right|^2 \tag{7-30}$$

然而直接通过最小 KL 距离计算近似消息 $\hat{\mu}_{x_{tn}\to f_{tm}}^{(i)}(x_{tn})$ 比较复杂，且需要更新的消息 $\hat{\mu}_{x_{tn}\to f_{tm}}^{(i)}(x_{tn})$ 数量达 MN。我们间接地计算近似高斯消息 $\hat{\mu}_{x_{tn}\to f_{tm}}^{(i)}(x_{tn})$。具体地，在变量节点 x_{tn} 定义符号 x_{tn} 的归一化置信度为

$$\beta_{x_n}^{(i)}(x_n) \propto \frac{\mu_{\mathcal{M}_n\to x_n}^{(i)}(x_n)\prod_m\mu_{f_m\to x_n}^{(i-1)}(x_n)}{\sum_{x_n\in\mathcal{A}}\mu_{\mathcal{M}_n\to x_n}^{(i)}(x_n)\prod_m\mu_{f_m\to x_n}^{(i-1)}(x_n)} = \\ \frac{\mu_{\mathcal{M}_n\to x_n}^{(i)}(x_n)\mathcal{N}(x_n;\zeta_{x_n}^{(i-1)},\gamma_{x_n}^{(i-1)})}{\sum_{x_n\in\mathcal{A}}\mu_{\mathcal{M}_n\to x_n}^{(i)}(x_n)\mathcal{N}(x_n;\zeta_{x_n}^{(i-1)},\gamma_{x_n}^{(i-1)})} \tag{7-31}$$

我们将归一化符号置信度 $\beta_{x_n}^{(i)}(x_{tn})$ 而不是消息 $\mu_{x_{tn}\to f_n}^{(i)}(x_{tn})$ 本身近似为高斯 PDF $\hat{\beta}_{x_{tn}}^{(i)}(x_{tn})$，可通过最小 KL 距离求得，也即 $\hat{x}_{x_{tn}}^{(i)} = \mathbb{E}_{\beta_{x_{tn}}^{(i)}(x_{tn})}[x_{tn}]$，$\hat{v}_{x_i}^{(i)} = \mathbb{E}_{\beta_{x_{tn}}^{i}(x_{tn})}\left[|x_{tn}|^2\right] - \left|\hat{x}_{x_{tn}}^{(i)}\right|^2$。

然后通过近似符号置信度 $\hat{\beta}_{x_{tn}}^{(i)}(x_{tn})$ 间接地计算出近似消息 $\hat{\mu}_{x_{tn}\to f_{tm}}^{(i)}(x_{tn})$ 为

$$\hat{\mu}_{x_{tn}\to f_{tm}}^{(i)}(x_{tn}) \stackrel{(a)}{\propto} \frac{\beta_{x_{tn}}^{(i)}(x_{tn})}{\mu_{f_{tm}\to x_{tn}}^{(i-1)}(x_{tn})} \approx \frac{\hat{\beta}_{x_{tn}}^{(i)}(x_{tn})}{\mu_{f_{tm}\to x_{tn}}^{(i-1)}(x_{tn})} \tag{7-32}$$

其中，(a) 由因子图可得，即 $\beta_{x_{tn}}^{(i)}(x_{tn}) \propto \mu_{x_{tn} \to f_{tm}}^{(i)}(x_{tn}) \mu_{f_{tm} \to x_{tn}}^{(i-1)}(x_{tn})$。注意到近似的归一化置信度 $\hat{\beta}_{x_{tn}}^{(i)}(x_{tn}) = \mathcal{N}(x_{tn}; \hat{x}_{x_{tn}}^{(i)}, \hat{v}_{x_{tn}}^{(i)})$ 和消息 $\mu_{f_{tm} \to x_{tn}}^{(i-1)}(x_{tn}) = \mathcal{N}(h_{mn} x_{tn}; z_{f_{tm} \to x_{tn}}^{(i-1)}, v_{f_{tm} \to x_{tn}}^{(i-1)})$ 均为高斯 PDF，因而 $\hat{\mu}_{x_{tn} \to f_{tm}}^{(i)}(x_{tn})$ 也是高斯 PDF。

$$\hat{\mu}_{x_{tn} \to f_{tm}}^{(i)}(x_{tn}) \approx \frac{\hat{\beta}_{x_{tn}}^{(i)}(x_{tn})}{\mu_{f_{tm} \to x_{tn}}^{(i-1)}(x_{tn})} = \mathcal{N}(x_{tn}; \hat{x}_{x_{tn} \to f_{tm}}^{(i)}, \hat{v}_{x_{tn} \to f_{tm}}^{(i)}) \quad (7\text{-}33)$$

其中，参数 $\hat{v}_{x_{tn} \to f_{tm}}^{(i)}$ 和 $\hat{x}_{x_{tn} \to f_{tm}}^{(i)}$ 可由高斯 PDF 的标准参数形式得到。

$$\hat{v}_{x_{tn} \to f_{tm}}^{(i)} = \left(\frac{1}{\hat{v}_{x_{tn}}^{(i)}} - \frac{|h_{mn}|^2}{\tau_{f_{tm} \to x_{tn}}^{(i-1)}} \right)^{-1} \quad (7\text{-}34)$$

$$\hat{x}_{x_{tn} \to f_{tm}}^{(i)} = \hat{v}_{x_{tn} \to f_{tm}}^{(i)} \left(\frac{\hat{x}_{x_{tn}}^{(i)}}{\hat{v}_{x_{tn}}^{(i)}} - \frac{h_{mn}^* z_{f_{tm} \to x_{tn}}^{(i-1)}}{\tau_{f_{tm} \to x_{tn}}^{(i-1)}} \right) \quad (7\text{-}35)$$

计算 $\hat{x}_{x_{tn}}^{(i)} = \mathbb{E}_{\beta_{x_{tn}}^{(i)}(x_{tn})}[x_{tn}]$ 和 $\hat{v}_{x_{tn}}^{(i)} = \mathbb{E}_{\beta_{x_{tn}}^{(i)}(x_{tn})}\left[|x_{tn}|^2\right] - \left|\hat{x}_{x_{tn}}^{(i)}\right|^2$ 的代价依然比较高。注意到，根据因子图的语义，可以认为归一化置信度 $\beta_{x_{tn}}^{(i)}(x_{tn})$ 就是 x_{tn} 的后验概率，因而可以使用 $\tilde{p}^{(i)}(x_{tn}) = \prod_q \tilde{p}^{(i)}(c_n^q)$ 代替 $\beta_{x_{tn}}^{(i)}(x_{tn})$，其中，$\tilde{p}^{(i)}(c_n^q)$ 是译码器反馈的编码比特 c_n^q 的后验概率，从而参数 $\hat{x}_{x_{tn}}^{(i)}$ 和 $\hat{v}_{x_{tn}}^{(i)}$ 可按下式计算。

$$\hat{x}_{x_{tn}}^{(i)} = \sum_{\alpha_s \in \mathcal{A}} \alpha_s \tilde{p}^{(i)}(x_{tn} = \alpha_s) \quad (7\text{-}36)$$

$$\hat{v}_{x_{tn}}^{(i)} = \sum_{\alpha_s \in \mathcal{A}} |\alpha_s|^2 \tilde{p}^{(i)}(x_{tn} = \alpha_s) - \left|\hat{x}_{x_{tn}}^{(i)}\right|^2 \quad (7\text{-}37)$$

从图 7-7 所示的因子图可以看出，从变量节点 x_{tn} 流向映射节点 $\mathcal{M}_n$ 的消息 $\mu_{x_{tn} \to \mathcal{M}_n}^{(i)}(x_{tn})$ 是所有流入变量节点 x_{tn} 的消息 $\{\mu_{f_{tm} \to x_{tn}}^{(i)}(x_{tn}), \forall m\}$ 的乘积，即

$$\mu_{x_{tn} \to \mathcal{M}_n}^{(i)}(x_{tn}) = \prod_m \mu_{f_{tm} \to x_{tn}}^{(i)}(x_{tn}) \propto \mathcal{N}(x_{tn}; \zeta_{x_{tn}}^{(i)}, \gamma_{x_{tn}}^{(i)}) \quad (7\text{-}38)$$

其中，$\gamma_{x_{tn}}^{(i)} = \left(\sum_m \frac{|h_{mn}|^2}{\tau_{f_{tm} \to x_{tn}}^{(i)}} \right)^{-1}$，$\zeta_{x_{tn}}^{(i)} = \gamma_{x_{tn}}^{(i)} \sum_m \frac{h_{mn}^* z_{f_{tm} \to x_{tn}}^{(i)}}{\tau_{f_{tm} \to x_{tn}}^{(i)}}$。

不难看出，当 $m' \neq m$ 时，$\gamma_{x_{tn} \to f_{tm}}^{(i)}$ 与 $\gamma_{x_{tn} \to f_{tm'}}^{(i)}$ 之间只有一项不同而整体非常相似。

$\zeta^{(i)}_{x_{tn} \to f_{tm}}, m=1,2,\cdots,M$ 之间也非常相似，$z^{(i)}_{f_{tm} \to x_{tn}}, n=1,2,\cdots,N$ 亦如此。因此，我们可以通过一次加法或减法计算这些消息，具体如下。

$$\gamma^{(i)}_{x_{tn} \to f_{tm}} = \left(\frac{1}{\gamma^{(i)}_{x_{tn}}} - \frac{|h_{mn}|^2}{\tau^{(i)}_{f_{tm} \to x_{tn}}} \right)^{-1} \quad (7\text{-}39)$$

$$\zeta^{(i)}_{x_{tn} \to f_{tm}} = \gamma^{(i)}_{x_{tn} \to f_{tm}} \left(\xi^{(i)}_{x_{tn}} - \frac{h^*_{mn} z^{(i)}_{f_{tm} \to x_{tn}}}{\tau^{(i)}_{f_{tm} \to x_{tn}}} \right) \quad (7\text{-}40)$$

$$z^{(i)}_{f_{tm} \to x_{tn}} = z^{(i)}_{f_{tm}} + h_{mn} \hat{x}^{(i)}_{x_{tn} \to f_{tm}} \quad (7\text{-}41)$$

其中，$\xi^{(i)}_{x_{tn}} = \sum_m \frac{h^*_{mn} z^{(i)}_{f_{tm} \to x_{tn}}}{\tau^{(i)}_{f_{tm} \to x_{tn}}}$，$z^{(i)}_{f_{tm}} = y_m - \sum_n h_{mn} \hat{x}^{(i)}_{x_{tn} \to f_{tm}}$。

最后，由消息 $\mu^{(i)}_{x_{tn} \to \mathcal{M}_n}(x_{tn})$ 产生符号 x_{tn} 对应的编码比特 LLR。

$$L^{(i)}_e(c^q_n) = \ln \frac{\sum_{\mathcal{A}^1_q} \mathcal{N}\left(x_i; \zeta^{(i)}_{x_{tn}}, \gamma^{(i)}_{x_{tn}}\right) \prod_{q' \neq q} p^{(i)}(c^{q'}_n)}{\sum_{\mathcal{A}^0_q} \mathcal{N}\left(x_i; \zeta^{(i)}_{x_{tn}}, \gamma^{(i)}_{x_{tn}}\right) \prod_{q' \neq q} p^{(i)}(c^{q'}_n)}, \forall q = 1,2\cdots,Q \quad (7\text{-}42)$$

译码器以 $L^{(i)}_e(c^q_n)$ 作为输入并输出外信息 $L^{(i+1)}(c^q_n)$，直到所有 Turbo 迭代结束后才产生信息比特的判决。

算法总结了基于期望传播原理的近似消息传递算法，我们称之为 AMP-EP 算法，见表 7-3。

表 7-3 基于置信传播的联合干扰消除与译码算法

AMP-EP 算法的第 $i \geq 1$ 次 Turbo 迭代
初始化：$\left\{ z^{(0)}_{f_{tm} \to x_{tn}} = 0, v^{(0)}_{f_{tm} \to x_{tn}} = \infty, p^{(1)}(c^q_n) = \frac{1}{2}, \tilde{p}^{(1)}(c^q_n) = \frac{1}{2} \right\}$

//多用户检测器
for $t = 1 \to T$
  for $n = 1 \to N$
    $\tilde{p}^{(i)}(x_{tn}) = \prod_q \tilde{p}^{(i)}(c^q_n)$
    $\hat{x}^{(i)}_{x_{tn}} = \mathbb{E}_{\tilde{p}^{(i)}(x_{tn})}[x_{tn}]; \ v^{(i)}_{x_{tn}} = \mathbb{E}_{\tilde{p}^{(i)}(x_{tn})}\left[|x_{tn}|^2\right] - \left|\hat{x}^{(i)}_{x_{tn}}\right|^2$
    $\forall m: v^{(i)}_{x_{tn} \to f_{tm}} = \left(\frac{1}{v^{(i)}_{x_{tn}}} - \frac{|h_{mn}|^2}{\tau^{(i-1)}_{f_{tm} \to x_{tn}}}\right)^{-1}; \ \hat{x}^{(i)}_{x_{tn} \to f_{tm}} = v^{(i)}_{x_{tn} \to f_{tm}} \left(\frac{\hat{x}^{(i)}_{x_{tn}}}{v^{(i)}_{x_{tn}}} - \frac{h^*_{mn} z^{(i-1)}_{f_{tm} \to x_{tn}}}{\tau^{(i-1)}_{f_{tm} \to x_{tn}}}\right)$

（续表）

end for **for** $m = 1 \to M$ $\tau_{f_{tm}}^{(i)} = \sigma_{\varpi}^2 + \sum_{n'} |h_{mn'}|^2 \hat{v}_{x_{tn'} \to f_{tm}}^{(i)}$ $z_{f_{tm}}^{(i)} = y_m - \sum_{n'} h_{mn'} \hat{x}_{x_{tn'} \to f_{tm}}^{(i)}$ $\forall n : \tau_{f_{tm} \to x_{tn}}^{(i)} = \tau_{f_{tm}}^{(i)} - |h_{mn}|^2 v_{x_{tn} \to f_{tm}}^{(i)} ; z_{f_{tm} \to x_{tn}}^{(i)} = z_{f_{tm}}^{(i)} + h_{mn} \hat{x}_{x_{tn} \to f_{tm}}^{(i)}$ end for **for** $n = 1 \to N$ //反映射 $\gamma_{x_{tn}}^{(i)} = \left(\sum_m \frac{|h_{mn}|^2}{\tau_{f_{tm} \to x_{tn}}^{(i)}} \right)^{-1} ;$ $\zeta_{x_{tn}}^{(i)} = \gamma_{x_{tn}}^{(i)} \sum_m \frac{h_{mn}^* z_{f_{tm} \to x_{tn}}^{(i)}}{\tau_{f_{tm} \to x_{tn}}^{(i)}}$ $\tilde{p}_e^{(i)}(x_{tn}) = \mu_{\mathcal{M}_m \to x_{tn}}^{(i)}(x_{tn}) \mathcal{N}(x_{tn}; \zeta_{x_{tn}}^{(i)}, \gamma_{x_{tn}}^{(i)})$ $\forall q : L_e^{(i)}(c_n^q) = \ln \frac{\sum_{A_q^1} \tilde{p}_e^{(i)}(x_{tn})}{\sum_{A_q^0} \tilde{p}_e^{(i)}(x_{tn})} - L^{(i)}(c_n^q)$ end for end for
反交织
译码 **for** $n = 1 \to N$ 译码产生 $\{L^{(i+1)}(c_{tn}^q), \tilde{p}^{(i+1)}(c_{tn}^q)\}$ end for

3. 复杂度

考虑算法实现，我们可以利用同一节点发出的消息之间的关系。所有从 x_i 发往 $y_1, y_2, \cdots, y_N$ 的消息之间仅有两个子项不同。若先计算出包括所有子项的总和，再从总和中减去不需要的一项就可以得到每个消息。计算复杂度包括以下两点。

① 对观察节点，每次迭代需要 $\mathcal{O}(MN)$ 次操作；

② 对变量节点，每次迭代也需要 $\mathcal{O}(MN)$ 次操作。

本节提出算法的复杂度与相邻干扰波束数 M 呈线性关系，其中 M 是 $\{M_j, j = 1, 2, \cdots, N\}$ 的最大值。相比于每波束每次迭代复杂度为 $\mathcal{O}((M+1)^3)$ 的迭代 MMSE 方法，本节提出的算法将计算复杂度减小到了几十分之一。

4. 仿真结果

我们考虑一个具有 17 个点波束的卫星通信系统，系统采用全局复用因子为 1 的频率复用。图 7-8 显示了非正交坐标系中的点波束分布，(i,j) 用来定义单元。在此坐标系下，单元 m（坐标为 (i_m, j_m)）与单元 n（坐标为 (i_n, j_n)）的距离为

$$d_{m,n} = 2R\sqrt{(i_m - i_n)^2 + (j_m - j_n)^2 + (i_m - i_n)(j_m - j_n)} \qquad (7\text{-}43)$$

其中，$d_{m,n}$ 为单元半径。

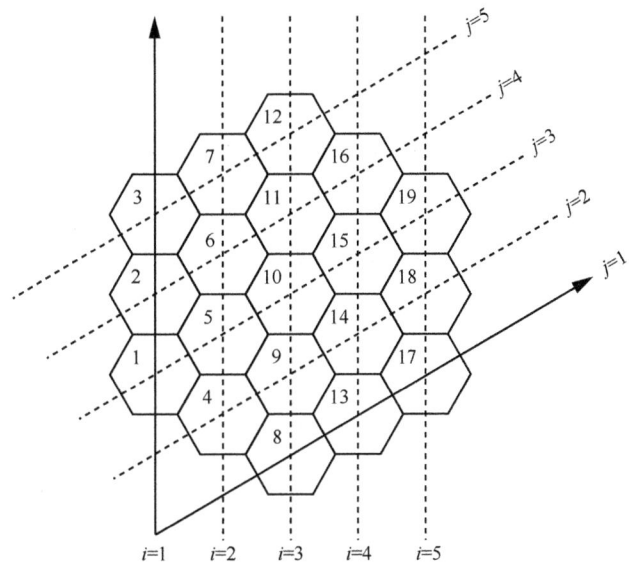

图 7-8　波束分布示意

处于波束中心的每一个用户使用长度为 $N_c = 4\,000$，1/2 码率的 LDPC 编码码与正交相移键控（Quadrature Phase Shift Keying，QPSK）调制。由于干扰主要来自邻近波束，干扰数被设为 $N=6$。我们通过蒙特卡罗仿真评估系统比特出错概率（Bit Error Ratio，BER）性能。

考虑一个具有 17 个点波束的卫星通信系统，采用全局频率复用（即频率复用因子为 1），当信道参数 $K=5\,\text{dB}$ 时，仿真结果如图 7-9 所示。

考虑一个具有 17 个点波束的卫星通信系统，采用全局频率复用（即频率复用因子为 1），当信道参数 $K=15\,\text{dB}$ 时，仿真结果如图 7-10 所示。

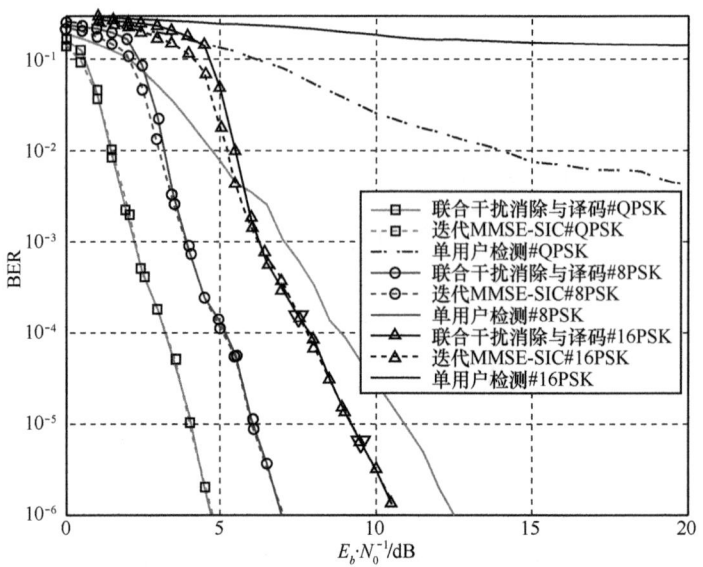

图 7-9　多波束卫星通信系统的 BER 性能（17 个点波束，$K=5$ dB）

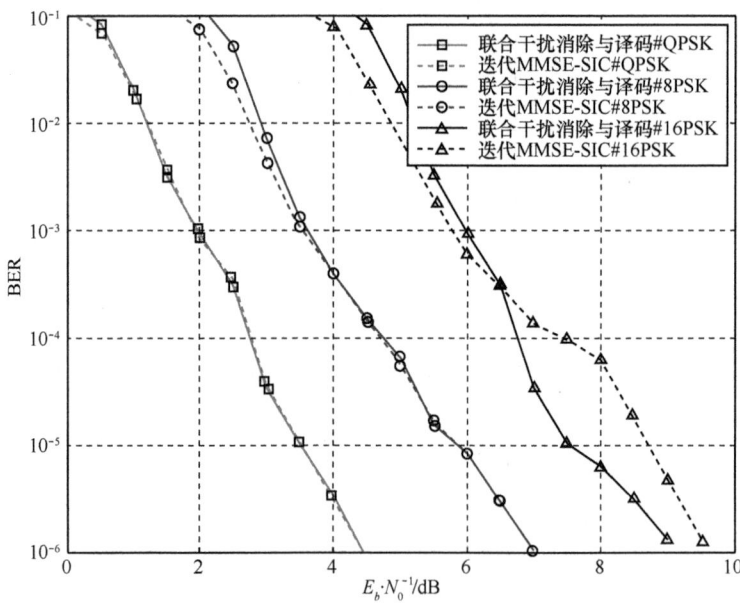

图 7-10　多波束卫星通信系统的 BER 性能（17 个点波束，$K=5$ dB）

从图 7-9 和图 7-10 可以看出，传统的匹配滤波方法在单色频率复用时性能较差，

第 7 章 多波束多用户协同信号处理方法

而联合检测和译码算法性能优于迭代 MMSE 方法，几乎实现了单用户无干扰。正如预期那样，莱斯衰减信道的 $K=15\text{ dB}$ 系数对系统性能影响很大，这是因为每个多波束天线的衰减系数相同，多波束接收没有分集增益。

以上我们针对单色频率复用的卫星多波束反向链路，提出了一种二维联合干扰消除和译码算法。实验结果表明该算法实现了无干扰系统的最优性能。相比迭代 MMSE 检测算法，该算法 $\text{BER}=10^{-4}$ 时取得 0.5 dB 的增益，可将复杂度从每束波 $\mathcal{O}((M+1)^3)$ 降到线性复杂度，并且具备利于系统实现的并行结构，对多波束卫星通信系统极具吸引力。

7.2 前向链路多波束干扰处理技术

本节我们主要研究在多波束卫星系统中，如何利用信关站前向发送信号的联合预处理优势和能力，对抗多波束间干扰，提升系统容量。由于在发送端可以较为准确地知道每个服务用户端所受到的干扰情况（此为系统前提），通过有效设计的预编码对发送多波束信号进行预处理，可以有效抑制空间上的多波束间干扰。本节正是尝试将现有的部分成熟预编码算法进行适应性改进，来研究用于多波束卫星前向系统的高性能低复杂度预编码技术。

对于多波束系统下行链路而言，各个移动终端的信道互不相关，除非每个用户获取其他所有用户的信道状态信息，否则不可能将上行链路的联合检测算法推广到移动终端。因此，移动终端实现联合检测十分困难，用户要获取其他所有用户的信道状态信息需要负担不可承受的开销。与此相反，信关站很容易获得所有用户的信道状态信息。因此，可以考虑在信关站抑制下行链路的小区间干扰。

MIMO 系统的预编码作为提高无线通信频谱效率的关键技术获得了广泛的关注，已被 LTE 标准所采纳。预编码是指在发射端利用已知用户信道状态信息对发送数据流进行预处理，不但消除了用户自身数据流之间的干扰，还能消除不同用户之间的干扰，获取性能增益。预编码理论起源于 Costa 提出的脏纸编码原理，从信息论的角度可以证明，在存在干扰的系统中，如果发送端能够知道准确的干扰信息，则可以通过预编码来抵消干扰带来的影响，使得干扰信道获得和无干扰信道相同的容量。基于这一原理，合理的预编码方案可以充分挖掘多波束系统的潜能。虽然脏纸编码可以逼近香农容量，但是复杂度非常高，因此，发展了一些性能次优预编码技术，例如基于实时信道矩阵的预编码，包括迫零、最小均方误差、块对角等。这些预处理需要精确的信道状态信息，反馈量比较大。为了降低反馈量，可以在时频域上，对信道矩阵进行压缩，在降低反馈量的同时只对性能造成很小的影响，所以产生了一种基于信道空间相关矩阵的预编码方法。另一类是基于码本的预编码技术，在收发两端预置一个码本，根据反馈的信道状态信息从码本中选择预编码向量，其特点是反馈量比较小。根据预处理是否是线性变换，预编码技术可以分为线性预编码技术和非线性预编码技术。其中线性预编码包括基于信道奇异值分解的预编码、迫零、最小均方误差、块对角预编码等；非线性预编码中常见的是汤姆林森—哈拉希码预编码。研究表明，预编码可以带来以下好处：有效地消除用户间的干扰，提高系统的传输速率和误码性能，简化接收端的处理复杂度，降低移动终端的功耗和体积要求。

（1）迫零预编码

迫零预编码算法使用用户信道矩阵的伪逆作为预编码矩阵，将用户信号置于其他用户的信道零空间，即实现信号相互正交，其优点是设计简单，但是会有噪声增强的问题，因此需要信关站增大发射功率，功率利用率不高。

（2）最小均方误差预编码

最小均方误差预编码可以在干扰消除和功率效率之间进行折中，允许用户间干扰的存在，其性能优于迫零预编码。事实上，最小均方误差和迫零预编码的基本原理都和线性多用户检测算法一致。

（3）块对角化预编码算法

块对角化方法是迫零方法在用户多天线情况下的扩展，完全消除了用户间干扰，但保留了用户不同数据流间的干扰，用户信道增益损失较小，可以获得比迫零方法更高的功率利用率，与脏纸编码相比，复杂度较低，但性能损失不大。块对角化预编码获得了广泛认可，在其基础上产生了一些变形，如包含天线选择的块对角化、特征模选择的块对角化和收发矩阵联合优化的迭代块对角化等，扩展了传统块对角化算法的可用范围，进一步提高了容量性能。

本节将通过对现有算法改进来研究高性能低复杂度的预编码技术，具体的思路如下。

对于多波束系统下行链路而言，各个移动终端的信道互不相关，除非每个用户

第 7 章 多波束多用户协同信号处理方法

获取其他所有用户的信道状态信息,否则,移动终端实现联合检测十分困难,用户获取其他所有用户的信道状态信息需要负担不可承受的开销。与此相反,中心站很容易获得所有用户的信道状态信息。因此,可以考虑在中心站抑制下行链路的波束间干扰。在地面蜂窝通信系统中,解决多个小区之间的同频干扰的方法是在基站端对多个用户的信号进行联合预编码。在发送端可以准确知道每个接收端所受到的干扰的情况下,通过预编码进行信号预处理,可以有效抑制空间上的多波束间干扰,因此考虑将该方法用于实现多波束卫星的多用户通信。在中心站抑制下行链路的波束间干扰如图 7-11 所示。传统的多波束干扰消除方案如图 7-12 所示。通过预编码来抑制空间上多波束间干扰的方案如图 7-13 所示。

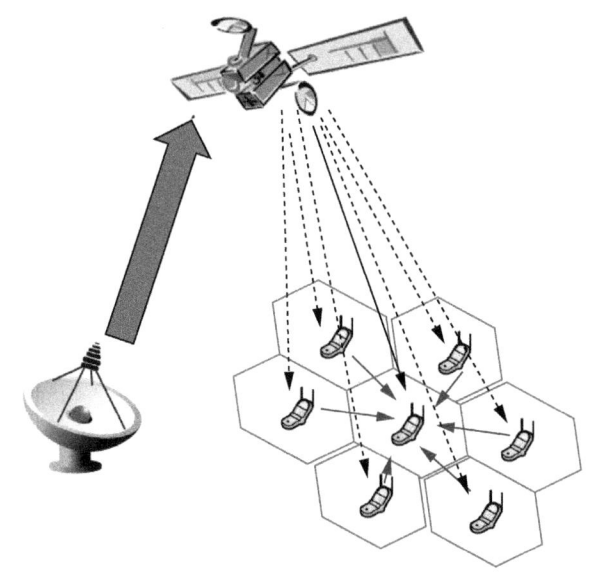

图 7-11 在中心站抑制下行链路的波束间干扰

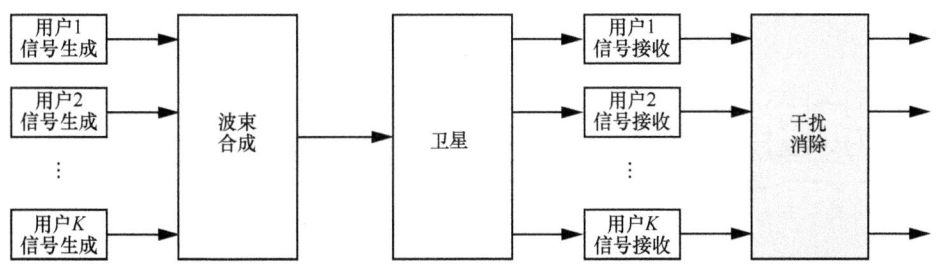

图 7-12 传统的多波束干扰消除方案

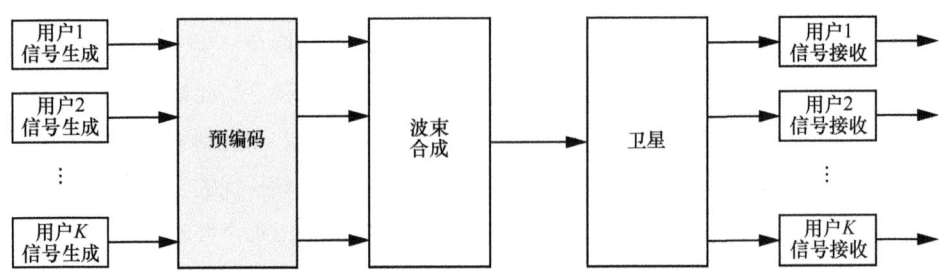

图 7-13 通过预编码来抑制空间上多波束间干扰的方案

针对前向（即下行）链路，目前已经通过 6.2 节、6.3 节构建的多波束干扰模型（CDMA 体制下，信关站集中处理模式下，前反向具有干扰模型对称性），本节在此模型上将首先尝试应用已有的较为成熟、复杂度较低的线性预编码方法（基于 MMSE 准则），讨论在不同的波束数前向联合处理情况下，采用预编码方法对干扰消除的性能的影响。

由于传统的基于时域 MMSE 准则的预编码方案复杂度相对频域方案较高，所以这里我们也主要考虑基于频域块状预编码的方案，具体算法如下。

考虑 M_T 个联合处理的波束为 M_R 个用户同时服务的预编码多波束 CDMA 系统的基带模型，其收发机如图 7-14 所示。在发送端，先把数据分成 M_R 个独立传输的子数据流（$M_R \leqslant M_T$），各子流的数据再分成长度为 N 的数据块，$d_p(k)$（$p=1, 2, \cdots, M_R, k=0, 1, \cdots, N-1$），表示第 p 个子流的数据块中第 k 个符号，平均功率为 1。每个数据块通过快速傅里叶变换（Fast Fourier Transformation，FFT）变换到频域，然后通过预编码矩阵 T，在每个频点上分别将信息从 M_R 个子流变到 M_T 个子流，这 M_T 个子流分别对应不同的卫星多波束发射天线，然后把每个天线上要传输的数据块通过快速傅里叶逆变换（Inverse Fast Fourier Transform，IFFT）模块变换回时域。为了避免块间串扰，有时会采用循环前缀（Cyclic Prefix，CP）来避免受到别的数据块干扰，但接收端通过同步、截取又删除了此部分开销，因此这里详细展开描述。

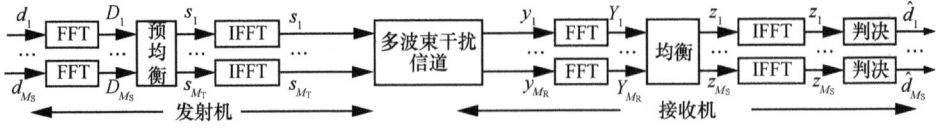

图 7-14 预编码多波束 CDMA 系统的收发机

在用户接收端一侧的频域，第 n（$n=0, 1, \cdots, N-1$）个频点的接收信息可以表示为

第 7 章 多波束多用户协同信号处理方法

$$Y(n) = H(n)S(n) + W(n) = H(n)T(n)D(n) + W(n) \quad (7\text{-}44)$$

其中，$D_p(n)$ 是 n 频点上预均衡前第 p 个子流的频域信息，$D(n) = [D_1(n), D_2(n), \cdots, D_{M_S}(n)]^T$，$T(n)$ 是 n 频点上的 $M_T \times M_S$ 预编码矩阵，$H_j(n)$ 是 n 频点上发送天线 j 到接收用户的 $M_R \times 1$ 信道矩阵，$H(n) = [H_1(n), H_2(n), \cdots, H_{M_T}(n)]$，此处采用多波束干扰矩阵来进行 FFT 得到此等效频域干扰信道矩阵，$W(n)$ 是 $M_R \times 1$ 噪声矩阵，其元素为 $\mathcal{CN}(0, \sigma^2)$，满足 i.d.d.。

接收端将信道和预编码矩阵的综合效果认为是等价的信道，可以采用频域逐点 MMSE 预编码（预均衡处理）。

$$Z(n) = G(n)Y(n) = [T^H(n)H^H(n)H(n)T(n) + \sigma^2 I]^{-1} T^H(n) H^H(n) Y(n) \quad (7\text{-}45)$$

其与发送信号 $D(n)$ 的均方误差为

$$\begin{aligned} \text{ESE}(n) &= \mathrm{E}[(Z(n) - D(n))^H (Z(n) - D(n))] = \\ &\quad \mathrm{tr}[(G(n)H(n)T(n) - I)^H (G(n)H(n)T(n) - I) + \sigma^2 G^H(n) G(n)] = \\ &\quad \sigma^2 \mathrm{tr}[T^H(n) H^H(n) H(n) T(n) + \sigma^2 I]^{-1} \end{aligned} \quad (7\text{-}46)$$

我们采用最小均方误差 MMSE 准则设计预编码矩阵，同时考虑该数据块总的发送功率不超过 $NM_T P_S$，则优化目标为

$$\begin{aligned} T_{N,\text{opt}} &= \arg\min_{T_N} (\sum_{n=0}^{N-1} \text{MSE}(n)) \\ \text{s.t.} \quad & \sum_{n=0}^{N-1} \mathrm{tr}[T_N^H T_N] = NM_T P_S \end{aligned} \quad (7\text{-}47)$$

其中，$T_N = \begin{bmatrix} T(0) & 0 & \cdots & 0 \\ 0 & T(1) & \cdots & \vdots \\ \vdots & \vdots & & 0 \\ 0 & \cdots & 0 & T(N-1) \end{bmatrix}$ 是块对角阵，其对角线上各矩阵是各频点的预编码矩阵。

通过观察上述表达式可以发现，这种块状频域预编码方法只需考虑块对角阵，复杂度比时域预编码低很多。为了进一步简化算法，我们采用一种次优方案，对每个频点上分别求相应的 $T(n)$，同时考虑该频点的发送功率不超过 $M_T P_S$，也就是

$$\begin{aligned} T_{\text{opt}}(n) &= \arg\min_{T(n)} (\text{MSE}(n)) \\ \text{s.t.} \quad & \mathrm{tr}[T(n)^H T(n)] = M_T P_S \end{aligned} \quad (7\text{-}48)$$

根据拉格朗日乘数法，对于式（7-49），要有 $\dfrac{\partial J(n)}{\partial \boldsymbol{T}(n)} = 0$。

$$J(n) = \mathrm{MSE}(n) - \beta(\mathrm{tr}[\boldsymbol{T}^{\mathrm{H}}(n)\boldsymbol{T}(n)] - M_{\mathrm{T}} P_{\mathrm{S}}) \tag{7-49}$$

为了便于计算，我们引入奇异值分解（Singular Value Decomposition，SVD），$\boldsymbol{H}(n) = \boldsymbol{U}(n)\boldsymbol{\varLambda}(n)\boldsymbol{V}^{\mathrm{H}}(n)$，其中 $\boldsymbol{U}(n)$ 和 $\boldsymbol{V}(n)$ 是正交矩阵，$\boldsymbol{\varLambda}(n) = \begin{bmatrix} \overline{\boldsymbol{\varLambda}}(n) & 0 \\ 0 & 0 \end{bmatrix}$，其中，$\overline{\boldsymbol{\varLambda}}(n) = \mathrm{diag}(\lambda_i(n))$ 是 $r_{\mathrm{H}} \times r_{\mathrm{H}}$ 的对角阵，其对角元素是 $\boldsymbol{H}(n)$ 的奇异值，非负且按降序排列，$r_{\mathrm{H}} = \mathrm{rank}(\boldsymbol{H}(n))$ 为 $\boldsymbol{H}(n)$ 的秩。则 $\boldsymbol{T}_{\mathrm{opt}}(n)$ 的 SVD 可以表示成 $\boldsymbol{T}_{\mathrm{opt}}(n) = \boldsymbol{V}(n)\boldsymbol{\varPhi}(n)\boldsymbol{\varTheta}^{\mathrm{H}}(n)$ 的形式，$\boldsymbol{\varTheta}(n)$ 是正交矩阵，$\boldsymbol{\varPhi}(n) = \begin{bmatrix} \overline{\boldsymbol{\varPhi}}(n) & 0 \\ 0 & 0 \end{bmatrix}$，其中，$\overline{\boldsymbol{\varPhi}}(n) = \mathrm{diag}(\varphi_i(n))$ 是对角阵，因此有

$$J(n) = \sigma^2 \sum_{i=1}^{M_S} \dfrac{1}{|\varphi_i(n)|^2 |\lambda_i(n)|^2 + \sigma^2} - \beta(\sum_{i=1}^{M_S} |\varphi_i(n)|^2 - M_{\mathrm{T}} P_{\mathrm{S}}) \tag{7-50}$$

根据 $\dfrac{\partial J(n)}{\partial |\varphi_i(n)|^2} = 0$，得到

$$|\varphi_i(n)|^2 = \left(\dfrac{\sum\limits_{j=1}^{M_1} \dfrac{\sigma^2}{\lambda_j^2(n)} + M_{\mathrm{T}} P_{\mathrm{S}}}{\lambda_i(n) \sum\limits_{j=1}^{M_1} \dfrac{1}{\lambda_j(n)}} - \dfrac{\sigma^2}{\lambda_i^2(n)} \right)_+ \tag{7-51}$$

其中，$(x)_+ = \max(x, 0)$，$M_1 \leqslant M_S$，表示 $|\varphi_i(n)|^2 > 0$ 的个数，对于 $i > M_1$，有 $|\varphi_i(n)|^2 = 0$。

根据式（7-51）可以得到矩阵 $\boldsymbol{\varPhi}(n)$，进而可以得到 $\boldsymbol{T}_{\mathrm{opt}}(n)$。由于是针对每个频点分别求解预编码矩阵，采用的是功率受限下的 MMSE 准则，因此该预编码矩阵的形式与平衰落信道下对应准则的预编码矩阵基本一致。预编码矩阵 $\boldsymbol{T}_{\mathrm{opt}}(n) = \boldsymbol{V}(n)\boldsymbol{\varPhi}(n)\boldsymbol{\varTheta}^{\mathrm{H}}(n)$ 中的 $\boldsymbol{V}(n)$ 矩阵的作用是将多波束前向干扰信道转化为一系列平行的子信道，而 $\boldsymbol{\varPhi}(n)$ 矩阵的作用是对各个子信道进行功率分配。$\boldsymbol{\varTheta}^{\mathrm{H}}(n)$ 是正交阵，其取值并不影响 $\mathrm{MSE}(n)$，但是可以改变不同子流上 MSE 的分配。这样对于整个数据块来说，各个子流的 MSE 基本相同，在保持 MMSE 的同时体现了公平原则。

采用上述近似最优 MMSE 准则的线性预编码方案，我们在多波束前向干扰信

道下进行了初步的仿真。干扰和信道模型如 6.3 节、6.4 节所述。

仿真结果如图 7-15 所示,结果表明,波束间的干扰强度随着联合处理的波束数不同而发生变化,在发送端采用预编码的方法可以有效地实现干扰消除。在理论上论证了预编码方法用于多波束干扰预消除的有效性。

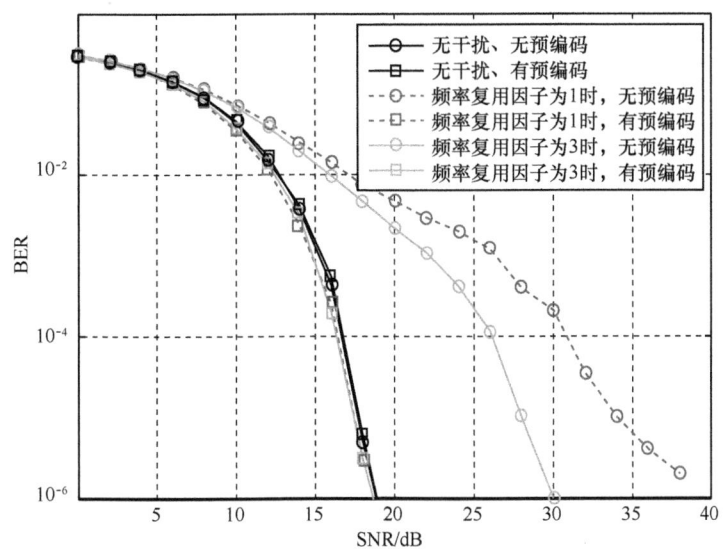

图 7-15 QPSK 调制,频率复用因子为 1、3 时波束联合线性预编码的效果对比

7.3 本章小结

本章首先分析反向波束内 CDMA 多用户干扰处理技术,重点提出了基于置信传播的联合迭代算法,并提出反向波束间干扰处理技术,重点提出了基于近似置信传播的多波束联合干扰消除算法;解决了反向多波束多用户系统容量难题,在单色复用条件下,多用户同时工作时的性能可以达到逼近无干扰单用户界;之后本章提出了前向链路多波束干扰处理技术,具体是根据信关站很容易获得所有用户的信道状态信息的特性,重点考虑在信关站抑制下行链路的波束间干扰,并对此提出了一种改进适应型的分块 MMSE 预干扰抵消处理算法,在多波束卫星系统场景中进行了适应性研究和性能分析。

参考文献

[1] GU N, WU S, KUANG L L, et al. Belief propagation-based joint iterative algorithm for detection and decoding in asynchronous CDMA satellite systems[J]. EURASIP journal on wireless communications and networking, 2013, 2013(1): 1-14.

[2] MENG X G, WU S, KUANG L L, et al. Expectation propagation based iterative multi-user detection for MIMO-IDMA systems[C]// IEEE 79th Vehicular Technology Conference: VTC2014-Spring, 2014.

[3] GU N, KUANG L L, CHEN X, et al. An eigen-based spreading sequences design framework for CDMA satellite systems[C]// IEEE 79th Vehicular Technology Conference: VTC2014-Spring, 2014.

[4] WU S, KUANG L L, NI Z, et al. Expectation propagation approach to joint channel estimation and decoding for OFDM systems[C]// in IEEE ICASSP'14 , 2014.

[5] WU S, KUANG L L, NI Z, et al. Expectation propagation based iterative group wise detection for large-scale multiuser MIMO-OFDM systems[C]// in IEEE WCNC'14, 2014.

[6] WANG J, JIANG C, ZHANG H, et al. aggressive congestion control mechanism for space systems[J]. IEEE aerospace and electronic systems magazine, 2016, 31(3): 28-33.

[7] DU J, JIANG C, GUO Q, et al. cooperative earth observation through complex space information networks[J]. IEEE wireless communications, 2016, 23(2): 136-144.

[8] JIANG C, WANG X, WANG J, et al. Security in space information networks[J]. IEEE communications magazine, 2015, 53(8): 82-88.

[9] JIANG C, CHEN Y, GAO Y, et al. Indian Buffet game with negative network externality and non-Bayesian social learning[J]. IEEE transactions on systems, man and cybernetics: systems, 2015, 45(4): 609-623.

[10] JIANG C, CHEN Y, LIU K J R. Distributed adaptive networks: a graphical evolutionary game theoretic view[J]. IEEE transactions on signal processing, 2013, 61(22): 5675-5688.

第 8 章

星地协同网络的干扰估计与消除方法

空间信息网络中,不仅存在卫星之间的协同,也存在卫星与地面之间的协同,因此本章提出基于位置的干扰协调方法和基于信道信息的干扰协调方法,提升网络的抗干扰能力和通信容量[1-17]。

空间信息网络协同传输与资源管理

| 8.1　研究背景 |

卫星网络能够为低人口密度区域提供全面的覆盖,而地面网络能够为城市高人口密度区域提供高带宽、低成本的覆盖[1]。因此,星地协同系统的框架十分有吸引力并具有发展前景[2],在如今的通信网络中,星地协同网络也变得愈发重要。在ITU提出的下一代网络(Next-Generation Networks,NGN)中,星地协同系统将起到重要的作用[3],有关5G中卫星功能的白皮书也已经被提出[4]。

星地协同网络给通信系统带来发展的同时,也带来了更多的挑战,尤其是干扰与冲突的问题[5]。随着无线通信的飞速发展,频谱资源的需求大量增长,频谱资源稀缺的问题日益严峻。星地协同系统的引进将导致新的频谱资源需求,为解决频谱资源稀缺问题,星地协同系统将采用频谱共享技术,即卫星网络与地面网络共享一定的频谱资源,从而提高频谱效率。然而频谱共享技术,也带来了同频干扰(Co-Channel Interference,CCI)的问题。当卫星网络与地面网络采用同样频率同时进行通信时,将会产生相互干扰[6-7]。

因此,为了减少干扰对网络性能的影响,星地协同网络中干扰协调必不可少。目前,已经有部分研究者对干扰模型以及干扰协调进行了研究[8-11],这些在星地协同网络中都能够成为重要的参考。在文献[8]中,研究者研究了星地网络中不同传输模式下的干扰模型。由于星上处理能力有限,文献[9]中提出了一种新的半自适应的星上波束成形技术以减少卫星的接收干扰,该技术在不损失性能的情况下有更低的复杂度和功率消耗。在文献[10-11]中,禁止区域(Exclusive Zone,EZ)的概念被提出,在禁止区域内,地面网络将不被允许使用卫星的频谱,从而保护卫星网络。

目前,星上波束成形技术是对卫星上行信道进行干扰抑制的有效方法。在这种方法中,卫星通过对多天线阵元接收到的各路信号进行加权合成,形成所需的理想信号,从天线方向图(Pattern)视角来看,这样做相当于形成了规定指向上的波束,将原来全方位的接收方向图转换成了有零点、有最大指向的波瓣方向图。将零点方向对准干扰源,则可以避开干扰的影响。然而,由于卫星功率受限,难以进行复杂的运算操作,星上波束成形技术的广泛应用也受到了严重限制。

假如能够获得干扰信号以及干扰信号的信道信息,则可以从混叠的信号中将干扰信号减去,从而抑制干扰。这为星地协同系统的干扰抑制提供了新的思路。

考虑卫星网络上行信道与地面网络下行信道共享频谱及卫星网络下行信道与地面网络上行信道共享频谱的情形。这种频谱共享方式中,主要的干扰是地面基站下行信道对卫星用户上行信道的干扰。因此,卫星必须对接收的信号进行干扰抑制处理。

| 8.2　基于位置信息的星地协同网络的干扰协调方法 |

8.2.1　星地协同通信系统框架

考虑如图 8-1 所示的星地协同通信系统,卫星用户和基站使用同样频率同时传输信号[12]。由于频谱共享,卫星将会接收到卫星用户和地面基站的混合信号,受到来自地面基站的干扰。卫星接收到混合信号后,将混合信号传输到地面站。此外,在发射信号的同时,基站也通过有线传输将信号传输到卫星地面站。若地面站能够获得基站到卫星、卫星到地面站的信道信息,我们可以将来自基站的干扰信号从混合信号中减去,从而消除干扰。

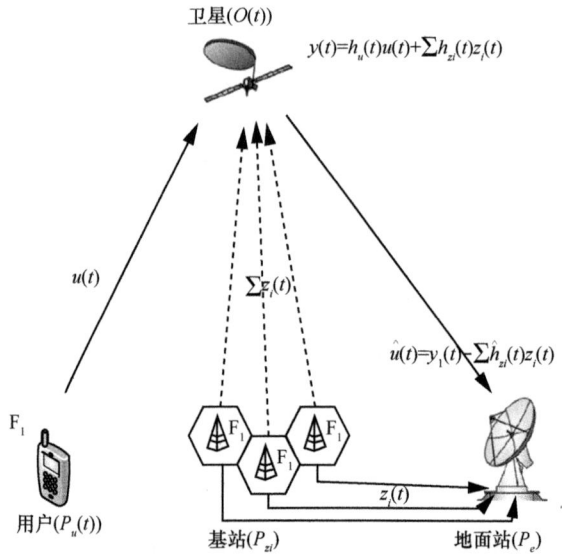

图 8-1 星地协同通信系统

如图 8-1 所示,我们考虑多个基站的场景,用 P_{zi} 表示基站 i 的位置,用 P_e 表示地面站的位置。由于用户的动态性,用户的位置将会是时间 t 的函数,我们用 $P_u(t)$ 表示用户的位置。同样地,由于卫星具有动态性,我们用 $O(t)$ 表示卫星的位置,卫星的位置可以在地面站处根据卫星的轨道信息计算得到。我们用 $z_i(t)$ 和 $u(t)$ 分别表示来自基站 i 和卫星用户的信号,用 $h_{zi}(t)$ 和 $h_u(t)$ 分别表示基站 i 到卫星的信道和用户到卫星的信道。卫星所接收到的混合信号可表示为

$$y(t) = h_u(t)u(t) + \sum_{i=1}^{N} h_{zi}(t)z_i(t) \tag{8-1}$$

接收到混合信号后,卫星将混合信号传输到地面站,卫星到地面站的信道为 $h_e(t)$,地面站接收到的信号为 $y_1(t)$。基站 i 传输信号 $z_i(t)$ 到卫星的同时,基站 i 通过有线传输将信号 $z_i(t)$ 传输到地面站,传输信道为 h_{zie}。利用从基站获得的信号信息 $z_i(t)$ 和信道信息,地面站可以从混合信号 $y_1(t)$ 中减去干扰信号 $z_i(t)$,得到卫星用户信号如下。

$$u(t) = y_1(t) - \sum_{i=1}^{N} \hat{h}_{zi}(t)z_i^*(t) \tag{8-2}$$

其中,$z_i^*(t) = h_{zie}z_i(t)$ 是从基站 i 获得的信号信息,$\hat{h}_{zi}(t)$ 是干扰信号 $z_i^*(t)$ 的等价联

合信道。

以上是星地协同通信系统的基本框架，具体的信号形式和信道还未确定，但假设信道信息在地面站处已知，我们就可以从混合信号中减去干扰信号从而消除干扰。

8.2.2 基于位置信息的干扰协调方法

基于以上的系统框架，我们现在给出具体信号和信道形式下的干扰协调方法。为简化表示，在不影响实际模型的情况下，我们在接下来的推导中使用等效基带模型。基站所传输的基带信号可表示为

$$\phi(t) = \mathrm{sinc}\left(\frac{t}{T_s}\right) = \frac{\sin \pi f_s t}{\pi f_s t} \quad (8\text{-}3)$$

设定带宽为 $B_w = 2W$，在基带信号为 $\sin c(t)$ 的情况下，可以得到符号周期为 $T_s = \dfrac{1}{2W}$，此时基站的发射信号可以表示为

$$z_i(t) = \sum_{n_i} A_i \phi(t - n_i T_s) \quad (8\text{-}4)$$

假设信道 $h_{zi}(t)$ 和 $h_u(t)$ 均为加性高斯白噪声（AWGN）信道，用 w_1 表示卫星处的接收噪声。

$$y(t) = h_u(t)u(t) + \sum_{i=1}^{N} h_{zi}(t)z_i(t) + w_1 \quad (8\text{-}5)$$

信道衰减为

$$\beta = \frac{\lambda}{4\pi L_0} \quad (8\text{-}6)$$

其中，L_0 是信号传输距离。基于现实情况，在有线传输下，信道 h_{zie} 可近似为理想信道。因此噪声为零并且没有信号衰减。此外，假设卫星到地面站的传输使用 Ka 频段窄波束，地面站使用高增益天线，可实现高增益信号接收。因此假设信道 $h_e(t)$ 没有衰减，但地面站仍然存在 AWGN 噪声 w_2。

为获得基站到卫星的信道信息，卫星周期性地发送导频用于信道估计，t_0 时刻的信道可以表示为

$$h_{zi}(t_0) = \beta_{zi} \mathrm{e}^{-\mathrm{j}\theta_{zi}(t_0)} \quad (8\text{-}7)$$

其中，β_{zi} 是信道 $h_{zi}(t_0)$ 的衰减，$\theta_{zi}(t_0)$ 是初始相位。同样地，可以估计得到信道 $h_e(t_0)$。然而，由于卫星具有动态性，信道 $h_{zi}(t)$ 和 $h_e(t)$ 的时延将会随位置的改变而改变，信道的相位也会随时间而改变。不失一般性，我们考虑一个符号周期的传输，在一个符号周期的时间内，可以近似认为卫星的位置不改变。此时信道 $h_{zi}(t)$ 的时延可以表示为

$$\tau_{zio}(t) = \frac{D(P_{zi}, O(t))}{c} \quad (8-8)$$

其中，$D(P_{zi}, O(t))$ 表示基站到卫星的距离。用 $\Delta\tau_{zio}(t) = \tau_{zio}(t) - \tau_{zio}(t_0)$ 表示信道 h_{zi} 时延从时刻 t_0 到时刻 t 的改变，时刻 t 的信道可以基于时刻 t_0 的信道和预测的时延改变量计算得到。时刻 t 的信道可以按下式计算得到。

$$h_{zi}(t) = \beta_{zi} e^{-j[\theta_{zi}(t_0) + 2\pi\Delta\tau_{zio}(t)]} = \beta_{zi} e^{-j\theta_{zi}(t)} \quad (8-9)$$

类似地，信道 $h_e(t)$ 的时延可以表示为 $\tau_{oe}(t)$，并基于此计算信道。如前所述，我们假设卫星到地面站的传输使用 Ka 频段窄波束，地面站使用高增益天线。因此我们近似设定 $\beta = 1$，只考虑时延的影响。此外，由于基站和地面站的位置固定，信道 h_{zie} 的时延也因此固定，用 τ_{zie} 表示。此时地面站接收到的信号可表示为

$$y_1(t) = h_e(t)y(t) = h_e(t)h_u(t)u(t) + \sum_{i=1}^{N} h_e(t)h_{zi}(t)z_i(t) + h_e(t)w_1 + w_2 \quad (8-10)$$

首先分别考虑每个基站的情况。假设所有其他的基站的干扰信号都已经在地面站处被消除，只需要消除来自基站 k 的干扰信号，通过计算信道 $\hat{h}_{zk}(t)$，得到用户信号如下。

$$\hat{u}(t) = y_1(t) - \hat{h}_{zk}(t)z_k^*(t) - \sum_{i=1, i\neq k}^{N} h_e(t)h_{zi}(t)z_i(t) = h_e(t)h_u(t)u(t) + h_e(t)w_1 + w_2 \quad (8-11)$$

可以得到

$$\hat{h}_{zk}(t) = \frac{h_e(t)}{h_{zke}} h_{zk}(t) \quad (8-12)$$

同样地，可以计算所有基站的等价信道 $\hat{h}_{zi}(t)$，最终可以消除所有基站的干扰信号，得到用户信号如下。

$$\hat{u}(t) = y_1(t) - \sum_{i=1}^{N} \hat{h}_{zi}(t)z_i^*(t) = h_e(t)h_u(t)u(t) + h_e(t)w_1 + w_2 \quad (8-13)$$

利用从基站获得的基站信号以及信道信息，可以消除来自所有基站的干扰信号，所获得的信号只包含用户信号和噪声干扰。所提出的基于位置信息的干扰协调方法总结如下。

步骤 1：卫星将混合信号传输到地面站，$y_1(t) = h_e(t)h_u(t)u(t) + \sum_{i=1}^{N} h_e(t)h_{zi}(t)z_i(t) + h_e(t)w_1 + w_2$。

步骤 2：使用导频估计信道，$h_{zi}(t_0) = \beta_{zi}\mathrm{e}^{-\mathrm{j}\theta_{zi}(t_0)}$。

步骤 3：基于位置信息估计时延，$\tau_{zio}(t) = \dfrac{D(P_z, O(t))}{c}$。

步骤 4：计算时延改变量，$\Delta\tau_{zio}(t) = \tau_{zio}(t) - \tau_{zio}(t_0)$。

步骤 5：基于位置信息更新信道，$h_{zi}(t) = \beta_{zi}\mathrm{e}^{-\mathrm{j}[\theta_{zi}(t_0) + 2\pi\Delta\tau_{zio}(t)]} = \beta_{zi}\mathrm{e}^{-\mathrm{j}\theta_{zi}(t)}$，$h_e(t) = \mathrm{e}^{-\mathrm{j}[\theta_e(t_0) + 2\pi\Delta\tau_{oe}(t)]} = \mathrm{e}^{-\mathrm{j}\theta_e(t)}$。

步骤 6：估计等效联合信道，$\hat{h}_{zi}(t) = \dfrac{h_e(t)}{h_{zie}}h_{zi}(t)$。

步骤 7：干扰协调，$\hat{u}(t) = y_1(t) - \sum_{i=1}^{N}\hat{h}_{zi}(t)z_i^*(t) = h_e(t)h_u(t)u(t) + h_e(t)w_1 + w_2$。

8.2.3 干扰协调方法精度分析

8.2.2 节提出了基于位置信息的干扰协调方法，从混合信号中消除了基站信号的干扰，然而上述分析是基于理想条件的假设之下的，即只有在所有参数均为精确值时才能够完全消除干扰。事实上，由于现实环境中的情况复杂，我们无法获得完全精确的位置信息。在这种情况下，使用如上干扰协调方法时，来自基站的干扰无法被完全消除。因此需要分析当位置信息不精确时，对干扰协调结果的影响。

如上所述，基站位置和地面站的位置为定值，系统中的位置误差只来自卫星位置 $O(t)$ 的误差，从而造成时延改变量 $\Delta\tau_{zio}(t)$ 和 $\Delta\tau_{oe}(t)$ 的计算误差。我们使用 $\overline{O}(t)$ 表示得到的实际不精确的卫星位置信息，我们从不精确的位置信息计算得到的时延改变量为

$$\begin{cases}\overline{\Delta\tau}_{zio}(t) = \dfrac{D(P_{zi}, \overline{O}(t))}{c} - \dfrac{D(P_{zi}, \overline{O}(t_0))}{c} \\ \overline{\Delta\tau}_{oe}(t) = \dfrac{D(P_e, \overline{O}(t))}{c} - \dfrac{D(P_e, \overline{O}(t_0))}{c}\end{cases} \quad (8\text{-}14)$$

此时存在误差的等价联合信道为

$$\overline{\overline{h}}_{zi}(t) = \beta_{zi}\mathrm{e}^{-\mathrm{j}[\theta_{zio}(t_0)+\theta_{ze}(t_0)]-\mathrm{j}2\pi[\overline{\Delta\tau}_{zio}(t)+\overline{\Delta\tau}_{oe}(t)-\tau_{zie}]} = \beta_{zi}\mathrm{e}^{-\mathrm{j}[\overline{\theta}_{zio}(t)+\overline{\theta}_{ze}(t)+2\pi\tau_{zie}]} \quad (8\text{-}15)$$

使用存在误差的等价联合信道，我们得到的用户信号为

$$\begin{aligned}
\hat{u}(t) &= y_1(t) - \sum_{i=1}^{N}\overline{\overline{h}}_{zi}(t)z_i^*(t) = \\
&\quad h_e(t)h_u(t)u(t) + \\
&\quad \sum_{i=1}^{N}\beta_{zi}\{\mathrm{e}^{-\mathrm{j}[\theta_{zio}(t)+\theta_{oe}(t)]} - \mathrm{e}^{-\mathrm{j}[\overline{\theta}_{zio}(t)+\overline{\theta}_{oe}(t)]}\}z_i(t) + \\
&\quad \mathrm{e}^{-\mathrm{j}2\pi\tau_{oe}(t)}w_1 + w_2
\end{aligned} \quad (8\text{-}16)$$

其中，第二项为来自基站的干扰信号，由于位置误差，无法完全消除来自基站的干扰。

假设卫星用户信号的发射功率是 P_u，则卫星用户在地面站的接收功率为 $\beta_u^2 P_u$。如前所述，我们定义基站的基带信号为 $\phi(t) = \mathrm{sinc}\left(\dfrac{t}{T_s}\right)$，其傅里叶变换为

$$H(f) = T_s, \quad -\frac{1}{2}f_s \leqslant f \leqslant \frac{1}{2}f_s \quad (8\text{-}17)$$

基于式（8-16），来自基站的残留信号的傅里叶变换为

$$G_i(f) = H(f)(\mathrm{e}^{-\mathrm{j}f[\theta_{zio}(t)+\theta_{oe}(t)]} - \mathrm{e}^{-\mathrm{j}f[\overline{\theta}_{zio}(t)+\overline{\theta}_{oe}(t)]}) \quad (8\text{-}18)$$

可以计算得到

$$\begin{cases} |G_i(f)|^2 = |H(f)|^2\, 2\{1-\cos[2\pi f \Delta\tau_i(t)]\} \\ \Delta\tau_i(t) = [\overline{\Delta\tau}_{zio}(t)+\overline{\Delta\tau}_{oe}(t)] - [\Delta\tau_{zio}(t)+\Delta\tau_{oe}(t)] \end{cases} \quad (8\text{-}19)$$

假设基站的发射功率为 P_{zi}，则基站的干扰信号在地面站处的功率为 $P_{H_i} = \beta_{zi}^2 P_{zi}$。用 P_{G_i} 表示基站在地面站处残留信号的干扰功率，我们可以得到

$$\frac{P_{G_i}}{P_{H_i}} = \frac{\int_{-\infty}^{+\infty}|G_i(f)|^2\,\mathrm{d}f}{\int_{-\infty}^{+\infty}|H(f)|^2\,\mathrm{d}f} = 2(1-\mathrm{sinc}(\Delta\tau_i(t)f_s)) \quad (8\text{-}20)$$

来自所有基站的干扰功率为

$$P_G = \sum_{i=1}^{N}\frac{P_{G_i}}{P_{H_i}}P_{H_i} = \sum_{i=1}^{N}2(1-\mathrm{sinc}(\Delta\tau_i(t)f_s))P_{H_i} \quad (8\text{-}21)$$

由于不同基站的位置不同,卫星位置误差导致的时延误差也不同,但对于任意基站来说,卫星位置误差导致的时延误差均满足 $\Delta \tau_i(t) \leqslant 2\dfrac{\Delta(O(t))}{c}$,因此有

$$P_G \leqslant 2\left(1-\mathrm{sinc}\left(\frac{2f_s\Delta(O(t))}{c}\right)\right)\sum_{i=1}^{N}P_{H_i}=2\left(1-\mathrm{sinc}\left(\frac{2f_s\Delta(O(t))}{c}\right)\right)P_H \quad (8\text{-}22)$$

其中,$P_H = \sum_{i=1}^{N}P_{H_i} = \sum_{i=1}^{N}\beta_{zi}^2 P_{zi}$ 是地面站处所有基站信号的功率之和。为简化表示,我们近似认为不同地面站的 β_{zi} 相同,用 β_z 表示。此时有 $P_H = \beta_z^2\sum_{i=1}^{N}P_{zi} = \beta_z^2 P_z$,其中 P_z 是所有基站发射功率之和。

基于以上分析,我们可以进一步计算所提出的干扰协调方法的信号干扰比(Signal to Interference Ratio,SIR)增益。我们用 $SIR = \dfrac{P_S}{P_I}$ 表示地面站处的 SIR,SIR_0 和 SIR_{co} 分别表示干扰协调前和干扰协调后的 SIR,SIR 增益可表示为

$$G_{SIR} = \frac{SIR_{co}}{SIR_0} = \frac{\dfrac{\beta_u^2 P_u}{P_G}}{\dfrac{\beta_u^2 P_u}{P_H}} = \frac{P_H}{P_G} \geqslant \frac{1}{2\left[1-\mathrm{sinc}\left(\dfrac{2f_s\Delta O(t)}{c}\right)\right]} \quad (8\text{-}23)$$

式(8-23)给出了 SIR 增益的下界和卫星位置误差之间的关系。在执行所提出的干扰协调方法之后,只要卫星位置误差小于 $\Delta O(t)$,SIR 增益将大于 G_{SIR}。

令符号速率 $f_s = 1\,\mathrm{MHz}/2\,\mathrm{MHz}/3\,\mathrm{MHz}$,得到 SIR 增益如图 8-2 所示。

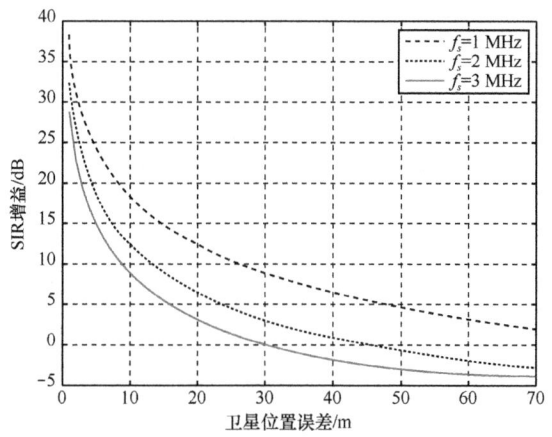

图 8-2　不同卫星位置误差下的 SIR 增益

可以看出，在地面站进行干扰协调之后，我们可以获得较高的 SIR 增益。当符号速率为 $f_s = 1\,\text{MHz}$ 时，只要卫星位置误差小于 26 m，SIR 增益将大于 10 dB。在 60 m 的位置误差内，我们能够获得大于 3 dB 的 SIR 增益。然而，当位置误差继续增大时，我们将无法从干扰协调中获得增益。此外，当符号速率增大时，由于同样的位置误差将会造成相对更大的残留干扰，SIR 增益将会减小。当符号速率从 1 MHz 增加到 3 MHz 时，SIR 增益降低了大约 9 dB。

8.2.4 仿真结果

根据此前提出的基于位置信息的干扰协调方法，分析存在卫星位置误差下的 SIR 增益，对于不同符号速率，得出性能曲线。为进一步验证所提出的方法，本节对实际系统进行性能仿真。如前所述，设定基站的基带信号为 $\phi(t) = \text{sinc}(\dfrac{t}{T_s})$，参照铱星系统，卫星轨道高度设定为 780 km，从而可以计算得到 $\beta_z = 1.9 \times 10^{-8}$。随机生成卫星用户和基站的信号，同时随机生成卫星的位置误差，并重复仿真 $N = 100$ 次以避免偶然结果。对于不同的位置误差，计算平均 SIR 增益和最差的 SIR 增益，如图 8-3 所示。

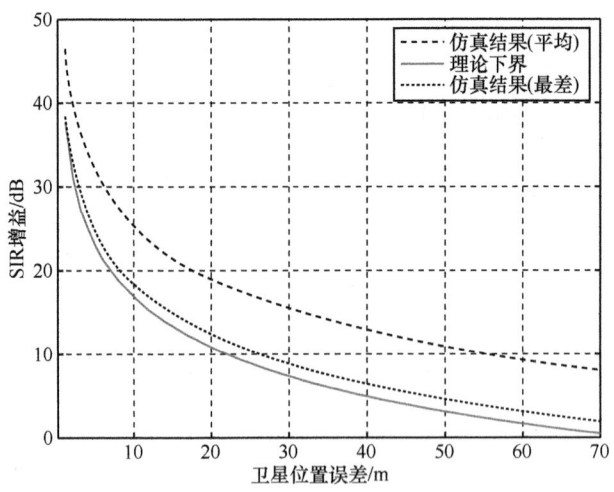

图 8-3　仿真结果与理论结果对比

可以看出，平均 SIR 增益比理论增益下界高 8 dB 左右。因为位置误差并不会总

第 8 章　星地协同网络的干扰估计与消除方法

是对所有方向的基站均造成最大的时延误差，所以实际 SIR 增益往往会比理论下界更高。此外，我们可以看到，仿真的最差情况和理论下界基本吻合，最差情况出现在卫星位置误差对所有基站均造成最大时延误差的情况下。仿真结果证明了理论分析的正确性。

| 8.3　基于信道信息的星地协同网络干扰协调方法 |

8.3.1　系统模型与框架

考虑如图 8-4 所示的星地协同通信系统，卫星和 N 个基站分别服务各自的用户，基站与地面站通过有线网络连接，在地面站处进行中心式的干扰协调[14-15]。此外，我们考虑卫星上行与地面基站下行共享频率，反之亦然。本节中，我们以卫星上行和地面基站下行为例分析系统模型与干扰协调方法，卫星下行和地面基站上行可用同样的方式类比分析。

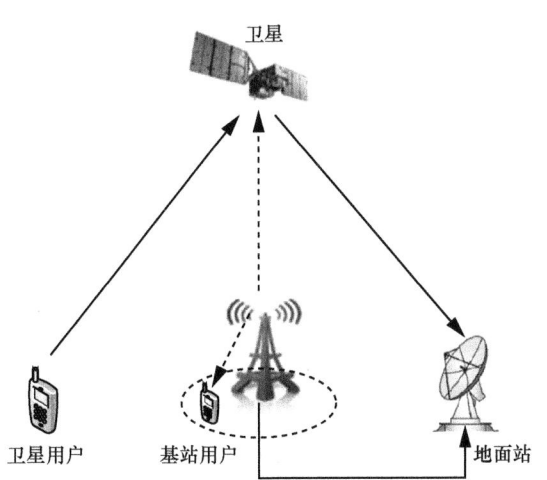

图 8-4　星地协同通信系统框架

为进行干扰协调，地面站处所需要的信息见表 8-1，这些信息包括信道信息以及信号信息[16-17]。卫星接收到卫星用户和基站的混合信号后，将混合信号传输到地面站，在地面站处进行干扰协调。利用信道信息和信号信息，可以将来自基站的干扰信号从混合信号中减去，从而得到用户信号。

表 8-1 星地协同网络基于信道信息的干扰协调方法符号定义

符号	物理意义
s	卫星用户的发射信号
u_i	基站的发射信号
h_u	卫星到卫星用户的信道
h_b	基站到卫星的信道
g_i	基站到基站用户的信道
h_g	卫星到地面站的信道

卫星接收的混合信号为

$$y = h_u s + \sum_{i=1}^{N} h_b u_i + n_1 \tag{8-24}$$

其中，n_1 是高斯噪声，方差为 σ_{n_1}。卫星将混合信号传输到地面站处，地面站接收到的信号为

$$y_e = h_g(h_u s + \sum_{i=1}^{N} h_b u_i + n_1) + n_2 = h_g h_u s + \sum_{i=1}^{N} h_g h_b u_i + n_1 h_g + n_2 \tag{8-25}$$

利用导频信号估计不同信道信息，用 $\overline{h_b}$ 和 $\overline{h_g}$ 表示基站到卫星的信道和卫星到地面站的信道，ϵ_b 和 ϵ_g 表示信道估计误差。在地面站处估计的基站信号为

$$\overline{y_b} = \sum_{i=1}^{N} \overline{h_g} \overline{h_b} u_i = \sum_{i=1}^{N} (1-\epsilon_g) h_g (1-\epsilon_b) h_b u_i \tag{8-26}$$

将估计的基站信号从混合信号中减去，得到

$$\begin{aligned} s = y_e - \overline{y_b} &= h_g h_u s + \sum_{i=1}^{N} (\overline{h_b}\overline{h_g} - h_b h_g) u_i + n_1 h_g + n_2 \\ &= h_g h_u s + \sum_{i=1}^{N} \Delta h_{bg} u_i + h_g n_1 + n_2 \end{aligned} \tag{8-27}$$

其中，Δh_{bg} 是联合信道估计误差。

如果信道信息不准确，来自基站的干扰将无法被完全消除，信道信息的准确度直接影响残留的干扰大小，因此需要控制基站的发射功率以避免过大的干扰。为简化计算，对联合信道干扰进行以下简化。

$$\Delta h_{bg} = (\epsilon_b + \epsilon_g - \epsilon_b \epsilon_g) h_b h_g \approx (\epsilon_b + \epsilon_g) h_b h_g \tag{8-28}$$

其中，$\epsilon_b \sim N(0, \kappa_b)$ 和 $\epsilon_g \sim N(0, \kappa_g)$ 服从正态分布，有

$$E(|\Delta h_{bg}|^2) = (\kappa_b + \kappa_g)|h_g|^2|h_b|^2 \tag{8-29}$$

从而可以计算得到干扰功率为

$$P_s = \sum_{i=1}^{N} (\kappa_b + \kappa_g)|h_{bg}|^2 p_i \tag{8-30}$$

为保证卫星用户的服务质量，来自基站的干扰功率应该被限制在最大承受噪声功率 P^c 之下。

$$P_s = \sum_{i=1}^{N} (\kappa_b + \kappa_g)|h_{bg}|^2 p_i \leqslant P^c \tag{8-31}$$

同时，基站的发射功率应该控制在合理的范围之内。

$$0 \leqslant P_i \leqslant P_{\max} \tag{8-32}$$

其中，P_i 是基站的发射功率，$P_{\max}$ 是基站的最大发射功率。

基于香农公式，可以计算基站的下行容量为

$$\sum_{i=1}^{N} C_i = \sum_{i=1}^{N} \text{lb} \frac{1+|g_b|^2 p_i}{\sigma_{n_B}} \tag{8-33}$$

为避免对卫星的干扰过大，基站需要控制发射功率使干扰在约束范围之内，同时优化整个地面系统的容量，优化目标如下。

$$\begin{aligned}
&\text{Max} \sum_{i=1}^{N} C_i \\
&\text{s.t.} \ C_1 : p_i \geqslant 0, \forall i \\
&\quad\ \ C_2 : p_i \leqslant P_{\max}, \forall i \\
&\quad\ \ C_3 : \sum_{i=1}^{N} (\kappa_b + \kappa_g)|h_{bg}|^2 p_i \leqslant P^c
\end{aligned} \tag{8-34}$$

8.3.2 拉格朗日对偶方法

8.3.1 节中定义了优化问题，在避免对卫星的干扰的情况下优化地面网络容量。该优化问题为标准凸优化，其中优化目标为凸函数，所有限制条件也为凸函数。因此使用拉格朗日对偶方法求解。拉格朗日函数如下。

$$L(p_i,\lambda_i,\mu)=\sum_{i=1}^{N}C_i-\sum_{i=1}^{N}\lambda_i(P_{\max}-p_i)-\mu\left(P^c-\kappa_b+\kappa_g\right)|h_{bg}|^2\ p_i\right) \quad (8\text{-}35)$$

其中，λ_i 和 μ 是关于限制条件 C_2 和 C_3 的拉格朗日乘子。从而可以计算拉格朗日对偶函数如下。

$$\theta(\lambda,\mu)=\inf\begin{cases}L(p_i,\lambda,\mu)\\ p_i\geqslant 0,\ \forall i\end{cases} \quad (8\text{-}36)$$

对偶问题可以定义为

$$\begin{aligned}&\max_{\lambda,\mu}\theta(\lambda,\mu)\\ &\text{s.t.}\ \lambda,\mu\geqslant 0\\ &\quad p_i\geqslant 0,\ \forall i\end{aligned} \quad (8\text{-}37)$$

令 p_i^* 表示最优解，则最优解满足以下条件。

$$\frac{\partial L}{\partial p_i^*}=-\frac{1}{\ln 2}\left(\frac{|g_b|^2}{|g_b|^2\ p_i^*+\sigma_{n_B}}\right)+\lambda_i+\mu(\kappa_b+\kappa_g)|h_{bg}|^2\begin{cases}=0,\ p_i^*>0\\ \geqslant 0,\ p_i^*=0\end{cases} \quad (8\text{-}38)$$

从而可以计算得到最优解如下。

$$p_i^*=\left(\frac{1}{\ln 2}(\frac{1}{\lambda+\mu(\kappa_b+\kappa_g)|h_{bg}|^2})-\frac{\sigma_{n_B}}{|g_b|^2}\right)^+ \quad (8\text{-}39)$$

其中，$(x)^+=\max(0,x)$。我们可以看到，最优解是 λ_i 和 μ 的函数，因为 $\theta(\lambda,\mu)$ 不可导，使用次梯度方法迭代计算最优结果。

$$\begin{aligned}\lambda^{(j+1)}&=[\lambda^{(j)}-\gamma_1^{(j)}(P_m ax-p_i)]^+\\ \mu^{(j+1)}&=[\mu^{(j)}-\gamma_2^{(j)}(P^c-\sum_{i=1}^{N}(\kappa_b+\kappa_g)|h_{bg}|^2\ p_i)]^+\end{aligned} \quad (8\text{-}40)$$

其中，$j\in\{1,2,\cdots,N\}$ 表示迭代次数，$\gamma_1^{(j)}$ 和 $\gamma_2^{(j)}$ 是第 j 次迭代的迭代步长。每次迭代过程中，根据式（8-40）更新拉格朗日乘子 λ_i 和 μ，然后根据式（8-39）更新功率 p_i，直到结果收敛得到最优解。

8.3.3　仿真结果

为评估此前所提出的干扰协调方法，本节对实际系统进行仿真。卫星高度设定为 10 000 km，载频为 2 GHz，带宽为 10 MHz。基站数量为 50 个，每个基站的最大传输功率设定为相同的定值 P_B^{max}。卫星信道采用莱斯信道，地面基站信道采用瑞利信道。信道误差因子设定为 $\kappa_b = 0.01$ 和 $\kappa_g = 0.1$。对比本章所提出的干扰协调方法和平均功率方法（如图 8-5 所示）。可以看出，我们所提出的干扰协调方法好于平均功率分配方法，能够显著提高地面网络的容量。

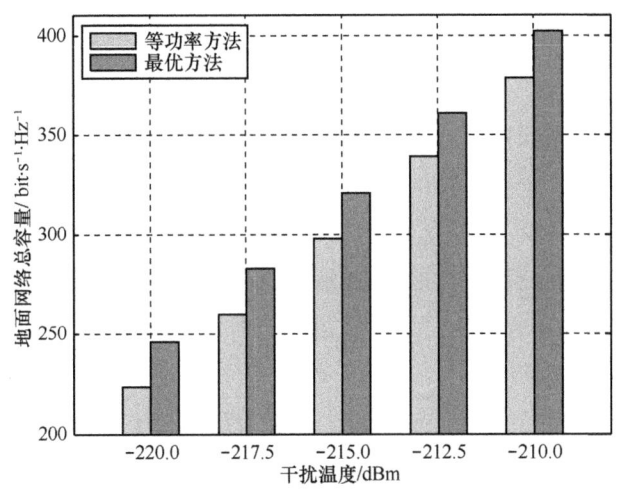

图 8-5 最优方法与等功率方法对比

8.4 本章小结

本章研究星地协同网络中的干扰估计与消除方法。首先提出基于位置的干扰协调方法，基站将干扰信号传输至地面站，在地面站处，基于估计信道信息和位置信息更新干扰信道，从混合信号中减去干扰信号，从而消除干扰；接着，提出基于信道信息的干扰协调方法，并在限制对卫星干扰的情况下，优化地面容量。

8.5 本部分小结

开放的空间信息网络面临的严重信号干扰问题，是制约空间网络系统容量的瓶颈，本部分重点介绍了空间信息网络中协同传输技术的研究现状，探讨多波束干扰估计、消除及协同信号处理方法,并研究了多星协同传输的关键技术和星地协同网络的干扰估计与消除方法。

首先,第 6 章从空间信息网络的概念入手详细介绍了空间信息网络的功能、特点及发展现状,阐明空间信息网络发展的必要性及重要性。之后根据空间信息网络特点提出了空间信息网络多波束模型,该模型考虑了地面波束成形和多波束协同处理等,以提升现有空间基础设施的系统能力,具体通过模型特性分析和干扰分析进行建模。

第 7 章介绍了多波束多用户协同信号处理方法,针对反向链路多波束多用户系统,在 CDMA 多用户干扰分析的基础上,分别提出了反向波束内和波束间干扰处理技术。针对前向链路多波束干扰处理技术,本书根据信关站很容易获得所有用户的信道状态信息的特性,重点考虑在信关站抑制下行链路的波束间干扰,对此提出了一种改进适应型的分块 MMSE 预干扰抵消处理算法,并在多波束卫星系统场景中进行了适应性研究和性能分析。

第 8 章研究了星地协同网络中的干扰估计与消除方法。首先提出了基于位置的干扰协调方法,基站将干扰信号传输至地面站,在地面站处,基于估计信道信息和位置信息更新干扰信道,从混合信号中减去干扰信号,从而消除干扰。接着提出了基于信道信息的干扰协调方法,并在限制对卫星干扰的情况下,优化地面容量。

| 参考文献 |

[1] KIM S. Evaluation of cooperative techniques for hybrid/integrated satellite systems[C]// Communications (ICC), 2011 IEEE International Conference on. IEEE, 2011: 1-5.

[2] ZHU X, SHI R, FENG W, et al. Position-assisted interference coordination for integrated terrestrial-satellite networks[C]// Personal, Indoor, and Mobile Radio Communications (PIMRC), 2015 IEEE 26th Annual International Symposium on. IEEE, 2015: 971-975.

[3] KOTA S, GIAMBENE G, KIM S. Satellite component of NGN: integrated and hybrid networks[J]. International journal of satellite communications and networking, 2011, 29(3): 191-208.

[4] EVANS B G. The role of satellites in 5G[C]// Advanced Satellite Multimedia Systems Conference and the 13th Signal Processing for Space Communications Workshop (ASMS/SPSC), 2014: 197-202.

[5] WANG J, JIANG C, ZHANG H, et al. Aggressive congestion control mechanism for space

systems[J]. IEEE aerospace and electronic systems magazine, 2016, 31(3): 28-33.

[6] ZHANG Y, JIANG C, HAN Z, et al. Interference-aware coordinated power allocation in autonomous Wi-Fi environment[J]. IEEE access, 2016, 4: 3481-3500.

[7] ZHANG H, JIANG C, CHENG J, et al. Cooperative interference mitigation and handover management for heterogeneous cloud small cell networks[J]. IEEE wireless communications, 2015, 22(3): 92-99.

[8] SHARMA S K, CHATZINOTAS S, OTTERSTEN B. Satellite cognitive communications: Interference modeling and techniques selection[C]// Advanced Satellite Multimedia Systems Conference (ASMS) and 12th Signal Processing for Space Communications Workshop (SPSC), 2012: 111-118.

[9] KHAN A H, IMRAN M A, EVANS B G. Semi-adaptive beamforming for OFDM based hybrid terrestrial-satellite mobile system[J]. IEEE transactions on wireless communications, 2012, 11(10): 3424-3433.

[10] DESLANDES V, TRONC J, BEYLOT A L. Analysis of interference issues in integrated satellite and terrestrial mobile systems[C]// Advanced satellite multimedia systems conference (ASMA) and the 11th signal processing for space communications workshop (SPSC), 2010: 256-261.

[11] KANG K, PARK J M, KIM H W, et al. Analysis of interference and availability between satellite and ground components in an integrated mobile-satellite service system[J]. International journal of satellite communications and networking, 2015, 33(4): 351-366.

[12] SHEN Y, JIANG C, QUEK T Q S, et al. Device-to-device-assisted communications in cellular networks: an energy efficient approach in downlink video sharing scenario[J]. IEEE transactions on wireless communications, 2016, 15(2): 1575-1587.

[13] FENG W, WANG Y, GE N, et al. Virtual MIMO in multi-cell distributed antenna systems: coordinated transmissions with large-scale CSIT[J]. IEEE journal on selected areas in communications, 2013, 31(10): 2067-2081.

[14] JIANG C, CHEN Y, LIU K J R. Distributed adaptive networks: a graphical evolutionary game-theoretic view[J]. IEEE transactions on signal processing, 2013, 61(22): 5675-5688.

[15] LUO F, JIANG C, DU J, et al. A distributed gateway selection algorithm for UAV networks[J]. IEEE transactions on emerging topics in computing, 2015, 3(1): 22-33.

[16] ZHAO X, ZHANG Y, JIANG C, et al. Mobile-aware topology control potential game: equilibrium and connectivity[J]. IEEE Internet of Things journal, 2016, 3(6): 1267-1273.

[17] GUO J, LIU X, JIANG C, et al. Distributed fault-tolerant topology control in cooperative wireless ad hoc networks[J]. IEEE transactions on parallel and distributed systems, 2015, 26(10): 2691-2710.

第三部分

空间信息网络资源管理与优化

近年来我国空间业务需求快速增长,预计到 2020 年,空间信息网络服务的航天器类目标将增加百余个,非航天器目标总量达到数千个,用户对网络资源的竞争将更加激烈。在这种情况下,快速增长的业务需求与网络资源之间的矛盾日益凸显,作为多用户共用的空间信息资源,如何最大限度地发挥空间信息网络的效能,是本书第三部分研究的核心,其本质是空间信息网络的资源管理和优化。

考虑到中继卫星系统在体系结构、系统功能、服务对象等方面与空间信息网络具有一定的相似性,我们在该部分首先对中继卫星系统业务调度问题进行研究,然后针对空间信息网络普遍存在的异构资源管理及用户资源竞争问题提出解决方案及其具体架构,最后基于空间信息网络与地面网络的业务协同需求,开展星地协同网络的联合资源管理方法研究。

第 9 章
中继卫星系统任务调度

基于多域协同无线通信系统体系框架,本章我们进一步研究中继卫星系统中资源管理的难题。中继卫星系统资源管理可建模为任务调度问题,我们通过分析中继卫星系统中任务特征与任务需求,提出高效的中继资源管理架构与资源分配算法。

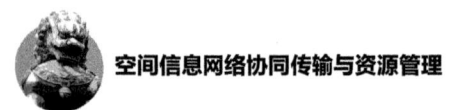
空间信息网络协同传输与资源管理

9.1 引言

中继卫星系统是利用地球静止或高轨道卫星对中低轨道航天器和非航天器平台等用户目标进行跟踪测控和数据中继的空间信息传输系统[1-5]。中继卫星系统任务调度包括用户需求预处理与系统资源分配两部分。其中,用户需求预处理面向用户原始需求和相关约束,通过一组特征参数统一表征多用户中继任务,根本目的在于为资源分配提供完整、准确的任务特征信息[6-8]。系统资源分配则根据任务特征输入信息和中继天线资源的使用情况,设计与任务特征相匹配的调度模型和求解算法,目的在于将中继任务安排到指定资源和指定时间段执行[9-11]。限于中继卫星系统任务的复杂性和多样性,传统的任务调度研究主要集中在第二部分,即在固定任务需求输入条件下,单独优化资源分配算法,而对具有多样化复杂任务特征的用户需求研究较少,也没有将两者结合起来统筹考虑。实际应用表明,这个问题会显著影响中继卫星系统的应用效能。

为此,本章将中继卫星系统任务特征分析、任务需求预处理与资源分配统筹考虑,具体包括:① 从底层用户需求出发,优化资源管控模式;② 在顶层管控模式确定后,分别构建中长期任务规划、任务需求预处理与资源分配等功能模块;③ 优化设计与任务特征相匹配的资源分配模型和求解算法。

9.2 任务特征

充分挖掘、梳理各用户对中继卫星资源的使用需求是优化中继资源管控模式的基础和关键。在实际调研基础上，考虑取消人工审批干预、提前占用卫星资源的静态管控模式，结合多用户任务需求特征分析结果，制定系统资源按需分配的自动化、动态管控模式[12]。中继任务需求从时、空、频域角度分析，既有相同之处，也存在明显差异，针对多用户实际需求特点，提取典型用户在时、空、频域的任务特征[13]。

中继任务包括用户原始需求集合 α 和主要约束集合 β 两部分特征信息。

集合 α 包括如下参数。

① V_d 表示用户数据量传输需求。

② C_o 表示对用户跟踪测量的轨道覆盖需求。

③ $D_{t,s}$ 表示任务发生在特定时空范围内的需求。

集合 β 包括如下参数。

① L_{tmax} 表示任务开始时刻可延迟的时长约束，即任务实际开始时刻距理论开始时刻可推迟的最大时间。

② R_{bmax}（或 $R_{ng}=\{r_1,r_2,\cdots,r_{ng}\}$）表示对频段和数据中继传输速率的约束，即用户载荷能够支持的最高速率（或包含 ng 个速率挡位的集合）。

③ T_{max} 和 T_{min} 表示用户中继终端载荷工作时长约束，即用户中继终端可持续工作的最大时长和最小时长。

④ T_{gmax} 和 T_{gmin} 表示同一用户所属相邻任务最大和最小时间间隔。

⑤ T_p 表示用户自身任务规划周期的时长跨度约束。

对上述信息进行抽象和处理，可以得到表征用户中继任务的特征参数集合 γ，具体包括以下几点。

① T_d 表示中继任务时长。实测数据表明：同一用户中继任务时长在较小范围内均匀分布，不同用户由于轨道位置以及具体任务特点不同，其中继任务时长有明显差异。本章面向常态化中继任务的时长特征，从最小时长开始沿时间轴均匀划分为 10 个时间段，每个时间段为 280 s，最小时长设置为 50 s，以任务时长落入相应时间段的概率来描述时长分布情况（见表 9-1）。

表 9-1　用户 1 和用户 2 中继任务时长概率分布

时间段/s	用户 1	用户 2
50～330	0	0.4
330～610	0.03	0.6
610～890	0.3	0
890～1 170	0.3	0
1 170～1 450	0.35	0
1 450～1 730	0.02	0
1 730～2 010	0	0
2 010～2 290	0	0
2290～2 570	0	0
2 570～2 850	0	0

② N_p 表示用户任务规划周期范围内的中继任务次数。各用户的任务规划工作具有一定的周期性（如一周、一天或几小时）。对于带有周期性约束的用户需求，中继卫星系统为用户服务时也要满足这种周期性约束[14]。

③ R_b 表示中继传输速率。在实际工程中，应尽量选择较高速率完成用户需求，如果任务调度前估算通信链路质量不能满足要求，就可能提前调低中继传输速率。

④ $P_{tm,z}$ 表示中继任务在时间和空间两个维度的分布情况。由于用户对中继任务的需求可能发生在特定的时间区间，也可能集中分布在一定的空间范围内，而且，这两类需求还可能同时存在。

⑤ L_t 表示中继任务开始时刻的容忍延迟，指任务实际开始时刻距理论开始时刻可推迟的时间长度，该参数反映任务在时间域的急迫程度。例如，航天器在轨常态运行情况下，其遥测接收任务的容忍时延比较大，但火箭发射阶段中的遥测接收任务实时性要求很高，容忍时延接近 0。

⑥ T_g 表示同一用户所属相邻中继任务的时间间隔。它反映了用户载荷能源、软硬件设备状态切换以及任务之间的逻辑关系[15]。

2014 年美国 TDRSS 为 NASA、USUG 和 NOAA 三大机构所属六大类共 41 个用户提供中继服务，具体信息和任务特征分别见表 9-2 和表 9-3。

表 9-2　TDRSS 2014 年主要用户信息

用户类型	标识	用户数/个
低轨、低速、科学类	LEO-Sci-Low	21

(续表)

用户类型	标识	用户数/个
低轨、中速、科学类	LEO-Sci-Mod	1
低轨、高速、科学类	LEO-Sci-Mod	3
大椭圆轨道、中速、科学类	LEO-Sci-Low	12
地轨气象类	LEO-Weather	3
低轨载人飞船	LEO-HSF	1

表 9-3 TDRSS 主要用户中继任务特征

用户	任务	T_d/s	N_p	R_b/Mbit·s^{-1}	L_t/s	T_g/s
LEO-Sci-Low	TTC	U(330, 890)	15/天	1	(0, 7 200]	(3 600, 5 500]
LEO-Sci-Low	科学遥感	U(330, 890)	15/天	30	(0, 7 200]	(3 600, 5 500]
LEO-Sci-Mod	TTC	U(330, 890)	15/天	1	(0, 7 200]	(3 600, 5 500]
LEO-Sci-Mod	科学遥感	U(330, 890)	15/天	60	(0, 7 200]	(3 600, 5 500]
LEO-Sci-High	TTC	U(610, 1 170)	15/天	1	(0, 7 200]	(3 600, 5 200]
LEO-Sci-High	科学遥感	U(610, 1 170)	15/天	400	(0, 7 200]	(3 600, 5 200]
HEO-Sci-Mod	TTC	U(330, 890)	15/天	1	(0, 7 200]	(3 600, 5 500]
HEO-Sci-Mod	科学遥感	U(330, 890)	15/天	60	(0, 7 200]	(3 600, 5 500]
LEO-Weather	TTC	U(610, 1 170)	15/天	1	(0, 2 100]	(1 800, 5 200]
LEO-Weather	科学遥感	U(610, 1 170)	15/天	160	(0, 2 100]	(1 800, 5 200]
LEO-HSF	TTC	5 760	15/天	0.072	0	0
LEO-HSF	科学遥感	5 760	15/天	150	0	0
LEO-HSF	视频	5 760	15/天	150	0	0

9.3 任务需求预处理

将用户需求预处理模块与资源分配模块分离，如图 9-1 所示。用户需求预处理模块的输入是多类型用户的原始需求和工作约束，经过预处理后采用统一的接口直接输出给资源分配子系统。

在图 9-1 中，任务需求统一规划数学模型如下。

$$\sum_{n=1}^{N_p}(R_{n,b} \times T_{n,d}) = V_d \qquad (9\text{-}1)$$

$$T_{\min} \leqslant T_{n,d} \leqslant T_{\max}, \forall n \in \{1, 2, \cdots, N_p\} \qquad (9\text{-}2)$$

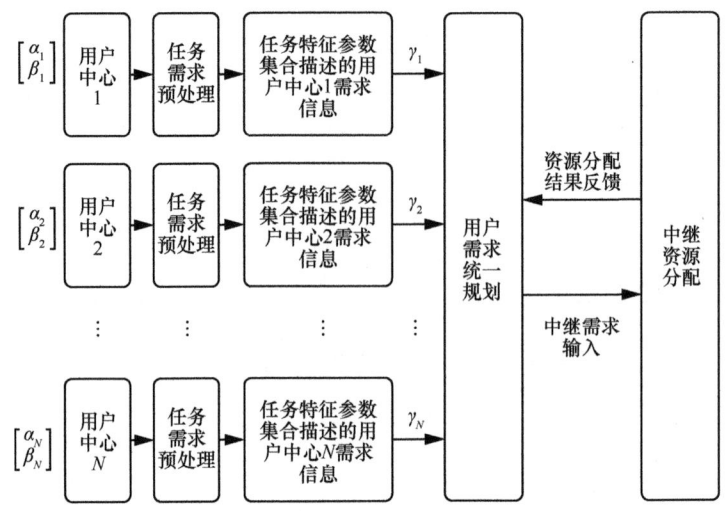

图 9-1 任务需求处理流程

$$R_{n,b} \leqslant R_{b\max}, R_{n,b} \in R_{ng}, \forall n \in \{1,2,\cdots,N_p\} \quad (9\text{-}3)$$

$$0 \leqslant L_{n,t} \leqslant L_{t\max}, \forall n \in \{1,2,\cdots,N_p\} \quad (9\text{-}4)$$

$$\sum_{n=1}^{N_p} T_{n,d} + \sum_{n=1}^{N_p-1} T_{n,g} \leqslant T_p \quad (9\text{-}5)$$

$$T_{g\min} \leqslant T_{n,g} \leqslant T_{g\max}, \forall n \in \{1,2,\cdots,N_p\} \quad (9\text{-}6)$$

$$\frac{\sum_{n=1}^{N_p} T_{n,d}}{T_p} \geqslant C_o \quad (9\text{-}7)$$

其中,式(9-1)表示中继传输的数据量需求;式(9-2)表示中继任务时长要满足用户中继终端载荷工作时长约束;式(9-3)表示中继传输速率要满足用户中继终端速率设计约束;式(9-4)表示中继任务开始时刻的延迟不大于用户约束的最大延迟;式(9-5)表示某用户所有中继任务要安排在其任务规划周期范围内;式(9-6)表示同一用户相邻任务时间间隔要满足用户约束;式(9-7)表示中继卫星系统对用户跟踪测量的轨道覆盖率要满足用户需求[16]。

根据对上述任务需求统一规划数学模型特点,设计具有迭代机制的求解方法。根据 α 中描述的任务发生在特定时空范围内的需求 $D_{t,s}$ 和 β 中任务开始时刻的容忍延迟 $L_{t\max}$,γ 中继任务在时间和空间两个维度的分布 $P_{tn,z}$ 分别包括任务在时间维度和空间维度的概率分布，计算步骤如下。

① 中继任务在时间维度的分布情况由任务开始时刻落入任务规划周期范围内各时间子区间的概率分布表征，第 n 个任务开始时刻落入时段 tn 的概率为 $p_{n,tn}$，且 $\sum_{tn=1}^{TN} p_{n,tn} = 1$。

② 采用中继卫星天线坐标系下的任务开始点和结束点坐标（由中继天线方位角和俯仰角组成）表示任务的空间位置信息，故中继任务在空间的分布情况由这两个特殊点对应的天线方位角、俯仰角分别落入各角度子区间的概率分布描述。任务开始点对应的方位角 $\alpha_{n,t_n^s}^k$ 和俯仰角 $\beta_{n,t_n^s}^k$ 分别落入角度区间 z_α 和 z_β 的概率为 p_{n,z_α} 和 p_{n,z_β}，且 $\sum_{z_\alpha=1}^{Z_\alpha} p_{n,z_\alpha} = 1$，$\sum_{z_\beta=1}^{Z_\beta} p_{n,z_\beta} = 1$；任务结束点表示方法同开始点。

根据上述方法，统一用户需求接口包含的各参量计算流程如图 9-2 所示。图中约束①~⑦指任务需求统一规划数学模型中式（9-1）~式（9-7）。

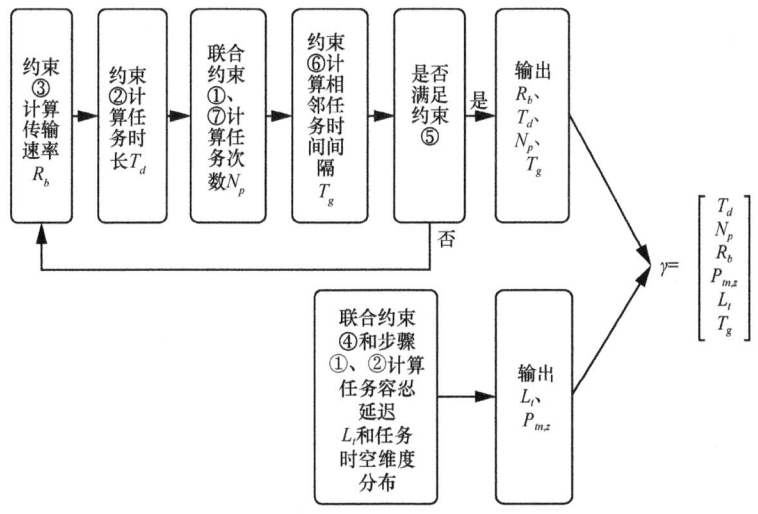

图 9-2 用户需求统一接口中各参量计算流程

9.4 资源管控总体架构与任务调度模型

增加顶层任务规划模块时，要考虑全面，包括给用户提供的中长期服务、系统维护等所有与资源相关的工作。资源分配模型应适应不同场景和任务特征需求，系统能根据实际情况自适应选择相应的子模块完成计算。子模块可能包括应急调度子模块、基于冲突规避的子模块、基于优先级子模块等，各模块间层次关系如图 9-3 所示。

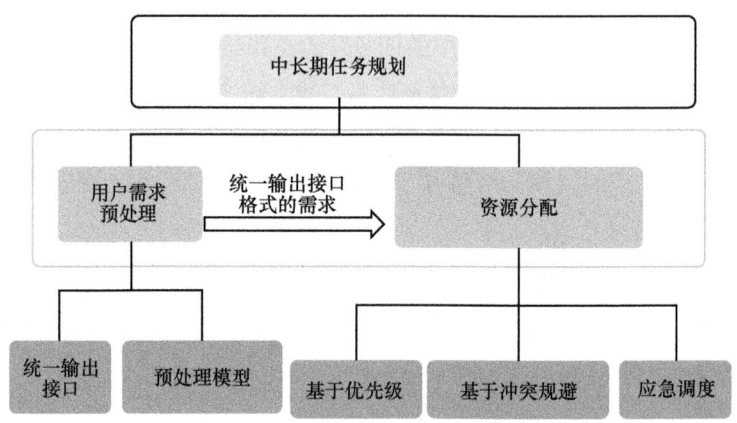

图9-3　资源管控架构各模块层次分布

随着中继卫星用户数量和应用的拓展，有限的星间天线资源与快速增长的中继任务需求之间的矛盾日益凸显，高效调度天线资源完成更多任务是提升系统效益的关键。中继卫星配置两种星间天线为用户提供星间链路，包括机械伺服天线（称为单址天线）和多址相控阵天线，这两种天线的工作频段、信息传输速率以及具体服务方式不同。由于中继卫星天线在任务准备过程中无法提供中继服务，天线在相邻任务间的准备时长因素必须在实际调度问题中考虑。任务准备时间主要包括天线转动（或数字波束形成）时间和状态切换时间，其中状态切换时间相对前者优化空间较小，本书不予考虑。相控阵天线采用电扫方式指向用户，其任务准备时间很短且基本固定（秒级）。而单址天线采用机械转动方式，任务准备时间与相邻任务在某一时刻的空间位置和天线转动速度相关，具有动态特性。但是，现有系统调度模型将任务准备时间看成仅与相邻任务序号有关的非时变静态参量，模型求解时为所有用户预留最大并且相同的任务准备时间，由此导致系统可调度资源的损失较大。文献[5-6]为 NASA 中继卫星系统调度问题构建了带有时间窗的并行机调度模型，为任务时间窗引入了松紧度的定义，虽然在模型中考虑了任务准备时间，但未能反映该参数的动态变化特性。因此，考虑动态的任务时间是本章研究中继卫星系统资源分配模型的关键。

第 9 章 中继卫星系统任务调度

本章首先对包含动态任务准备时间的中继卫星系统多类型天线调度原理进行分析，将原调度问题转化为星间链路天线的跟踪指向路径问题。考虑到任务准备时间随任务序列和任务开始时刻动态变化，在传统调度模型[5]中引入新的时空约束关系和动态任务准备时间参量，构建了中继卫星系统混合整数规划调度模型，并为该模型设计了一种改进的 GRASP 算法。在典型的中继卫星系统双星服务场景下，对多种数据类型和不同任务规模的实例进行调度仿真。结果表明：与考虑静态任务准备时间的传统调度方法相比，使用本章模型和算法可有效提升中继卫星系统的应用效能。

中继卫星系统资源分配过程可以转化为星间链路天线的跟踪指向路径优化问题，可以定义在包含 $|V|=n+2$ 个节点的有向图 $G=(V,A)$ 上。其中，$A=\{(i,j):i,j\in V, i\neq j\}$，节点 0 和节点 $n+1$ 表示星间天线跟踪指向路径的起点和终点，其余节点组成中继任务集合 $N=V\setminus\{0,n+1\}$。星间天线从零位开始依次指向各用户目标执行中继任务，完成所有任务后回归零位。在建立模型前还需要定义如下参数和变量。

天线相关参数和变量定义如下。K 为包含 $|P|$ 种类型的天线集合，即 $K=K_1\cup K_2\cup\cdots\cup K_{|P|}$，本章涉及两种类型星间链路天线，$K_1$ 为单址天线集合，K_2 为多址天线集合，v_k 为单址天线 k 的转动角速度。

中继任务相关参数和变量定义如下。令 p_i^k 为任务 i 在天线 k 上的持续时长（$p_0^k=p_{n+1}^k=0$）。任务 i 的可视时间窗口表示为 $[w_i^s,w_i^e]$，任务必须在其可视窗口内执行。令 $\delta^+(i)=\{j:(i,j)\in A\}$，$\delta^-(j)=\{i:(i,j)\in A\}$。$s_{i,j,t_j^s}^k$ 为天线 k 从任务 i 结束到任务 j 开始所需的动态任务准备时间变量，若天线 k 是多址天线，其任务准备时间设定为定值 C_k。在中继天线 k 本体坐标系下，$\alpha_{i,t}^k$ 和 $\beta_{i,t}^k$ 分别表示任务 i 在 t 时刻所处空间位置相对于天线的方位角和俯仰角。

定义两组决策变量：① $x_{i,j}^k$ 是任务序列化变量，在天线 k 上，若任务 j 在任务 i 之后调度，则 $x_{i,j}^k=1$，否则 $x_{i,j}^k=0$；② t_i^e 为任务 i 结束时刻变量，t_j^s 为任务 j 开始时刻变量。

下面建立中继卫星系统资源分配的混合整数规划模型。

$$\max\left\{\sum_{k\in K}\sum_{(i,j)\in A}x_{i,j}^k\right\} \qquad (9\text{-}8)$$

$$\sum_{k\in K}\sum_{j\in\delta^+(i)}x_{i,j}^k\leq 1,\quad i\in N \qquad (9\text{-}9)$$

$$\sum_{j \in \delta^+(0)} x_{0,j}^k = 1, \quad k \in K \tag{9-10}$$

$$\sum_{i \in \delta^-(j)} x_{i,j}^k - \sum_{i \in \delta^+(j)} x_{j,i}^k = 0, \quad k \in K, \quad j \in N \tag{9-11}$$

$$\sum_{i \in \delta^-(n+1)} x_{i,n+1}^k = 1, \quad k \in K \tag{9-12}$$

$$s_{i,j,t_j^s}^k = \frac{\max\left(\left|\alpha_{j,t_j^s}^k - \alpha_{i,t_i^e}^k\right|, \left|\beta_{j,t_j^s}^k - \beta_{i,t_i^e}^k\right|\right)}{v_k}, \quad k \in K_1, \quad (i,j) \in A \tag{9-13}$$

$$x_{i,j}^k (t_i^s + p_i^k + s_{i,j,t_j^s}^k - t_j^s) \leq 0, \quad k \in K, \quad (i,j) \in A \tag{9-14}$$

$$w_i^s \leq t_i^s \leq w_i^e - p_i^k, \quad k \in K, \quad i \in V \tag{9-15}$$

$$x_{i,j}^k \in \{0,1\}, \quad k \in K, \quad (i,j) \in A \tag{9-16}$$

调度目标为最大化任务完成数,即式(9-8)。约束式(9-9)确保每个任务最多被一副天线执行一次;约束式(9-10)确保每副天线均为可分配资源且从零位开始指向第一个用户任务;约束式(9-11)确保每副天线一次最多完成一个任务;约束式(9-12)要求每副天线完成所有任务后归零位;约束式(9-13)表示单址天线在相邻任务间的动态任务准备时长;约束式(9-14)表示相邻任务间的调度时序约束关系;约束式(9-15)限定任务开始时刻要满足可视时间窗口约束;最后,约束式(9-16)为任务序列化变量取值约束。

9.5 任务调度算法

中继卫星系统调度属于 NP-hard 问题,当任务规模较大时,通过精确的数学规划方法求得最优解并不适用[7]。GRASP 属于一种启发式随机迭代方法,在组合优化问题中得到广泛应用,它通过有限次的迭代获得较为满意的次优解[8]。在 GRASP 框架基础上,设计一种包含初始解构造和局部搜索功能的元启发式算法。该算法经过多次迭代产生的最好方案作为输出。每一次迭代包括初始解构造和局部搜索两个阶段。在初始解构造阶段,反复从限制候选列表(Restricted Candidate List,RCL)中随机选择一个备选任务插入天线指向路径,直至无法插入,局部搜索再以此为初始解,在设定的邻域结构内搜索最优解。相比经典的 GRASP 算法,本章做了如下改进：① 考虑了动态任务准备时间因素，增加了迭代计算动态任务准备时间和任务开始时刻的功能；② 增加了对 GRASP 算法中 RCL 长度的迭代控制功能，可以根据每次迭代结果自适应地调整 RCL 的长度，提高解的质量；③ 根据已有研究成果[6]，简化 GRASP 算法第二阶段邻域搜索结构，邻域搜索结构设定为不同天线指向路径间的重定位（Inter-route Relocation），减小算法搜索空间。算法流程如图 9-4 所示。

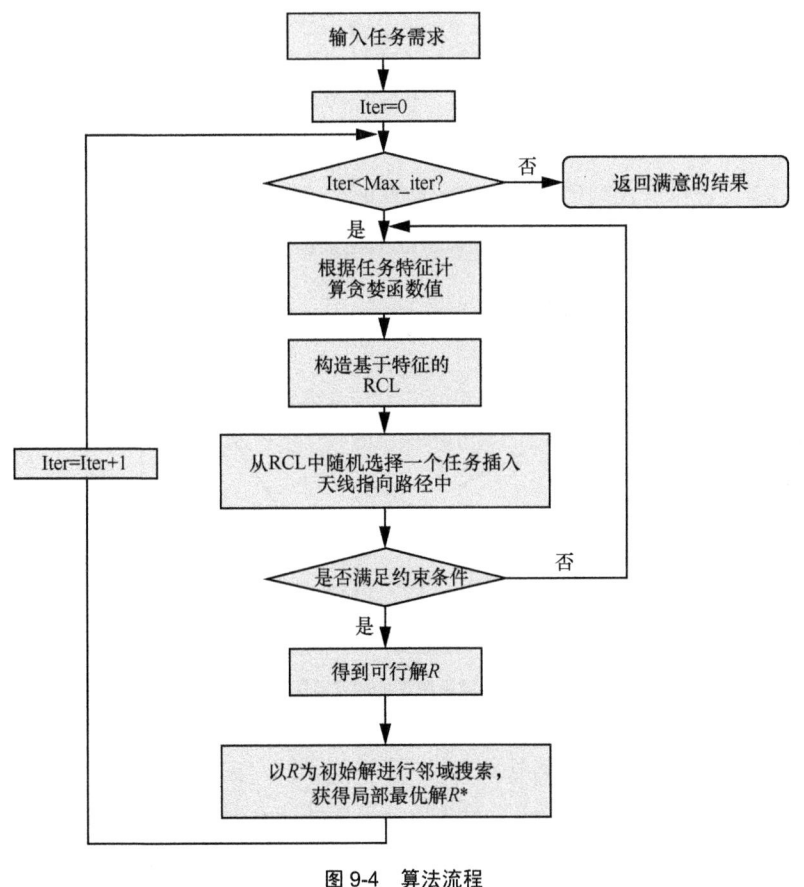

图 9-4　算法流程

在构造 RCL 的过程中，传统 GRASP 算法固定了 RCL 的长度，限制了搜索范围，因此算法顽健性不够好；同时由于相邻两次迭代相互独立进行，使得当前迭代不能有效利用上次迭代产生的有用信息。本书设计了一个针对 RCL 长度的迭代控制机制，利用之前迭代产生的可行解信息从多个备选长度中选择最可能找到最优解的 RCL 长度值，具体方法如下。

定义变量 l 为 RCL 的长度，RCL 备选长度集合为 $L = \{l_1, l_2, \cdots, l_m\}$。算法第一次迭代时，$L$ 中所有元素备选概率相同，为 $p_g = 1/m$，$g = 1, 2, \cdots, m$。在后续迭代过程中，令 S^* 表示当前最好的可行解，S_g 表示之前所有迭代计算选择 $l = l_g$ 产生的可行解平均值。那么，当前迭代计算开始前，L 中各元素备选概率为

$$p_g = \frac{q_g}{\sum_{h=1}^{m} q_h} \tag{9-17}$$

在式（9-17）中，$q_g = S_g / S^*$，$g = 1, 2, \cdots, m$。可以看出，若 RCL 长度 $l = l_g$ 从平均意义上产生最好的可行解时，q_g 就会增加，长度 l_g 的备选概率 p_g 也会相应增加，这样可以通过迭代利用之前的求解信息提高后续可行解的质量。

采用 NASA 经典的双星调度场景验证上述资源分配模型和算法，场景如图 9-5 所示。

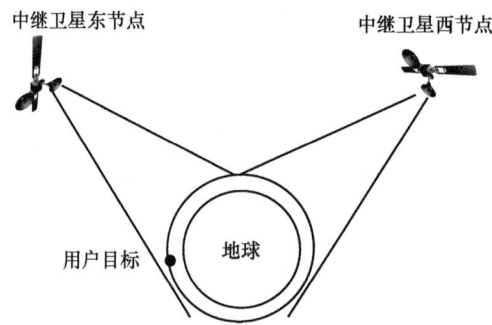

图 9-5 中继卫星系统双星运控场景（NASA）

资源配置如下：单颗中继卫星安装两面单址天线，支持 S 和 Ka 两个频段，一面多址天线支持 S 频段多址任务，两颗中继卫星共计 6 面天线提供调度服务。文献[6]为双星调度场景设计的任务规模为 400 个，任务总时长接近所有天线资源所能提供的最大服务时长。为了更为完整地分析不同任务规模下的调度问题，本章还考虑了任务规模为 200 个（总任务时长约为天线资源所能提供最大服务时长的 50%）和 600 个（总任务时长约为天线资源所能提供的最大服务时长的 150%）的情况，3 种任务规模对应的调度周期均为 86 400 s。在每种任务规模下，参照文献[6]仿真生成 5 种数据类型：spltw、spttw、lpltw、lpttw、rand。不同数据类型主要在任务持续时长分布和时间窗口可滑动范围存在差异，每种数据类型随机生成 5 组实例，共计 75

组任务实例。对上述多种数据类型、不同任务规模的任务实例，分别用传统方法[6]和本书方法进行调度，结果见表 9-4。注意，表中各项计算结果均为所属相同数据类型的任务实例调度结果平均值。

表 9-4 多种数据类型、不同任务规模的调度结果

数据类型	任务规模/个	传统方法[5-6]				本书方法			
		调度任务完成数/个	单址和多址天线任务准备总时长/s	单址天线任务准备时长/s	CPU耗时/s	调度任务完成数/个	单址和多址天线任务准备总时长/s	单址天线任务准备时长/s	CPU耗时/s
spltw	200	197	70 282	69 300	19.6	199	25 994	25 072	395.1
spttw	200	174	63 307	62 475	11.1	183	25 914	25 119	249.5
lpltw	200	198	70 552	69 562	20.7	199	25 359	24 467	411.3
lpttw	200	168	60 405	59 587	9.8	174	23 759	22 979	226.8
rand	200	180	64 672	63 787	14.5	185	24 287	23 410	312.6
spltw	400	313	103 387	101 587	94.0	351	42 800	41 045	2 458.9
spttw	400	246	81 465	80 062	34.5	281	38 020	36 639	1 019.2
lpltw	400	282	92 970	91 350	83.7	316	38 013	36 430	2 158.7
lpttw	400	222	73 462	72 187	25.3	252	33 284	32 017	755.9
rand	400	263	88 357	86 887	56.8	300	38 874	37 389	1 571.9
spltw	600	339	106 065	103 950	171.2	393	45 609	43 487	5 081.9
spttw	600	267	87 142	85 575	40.6	310	38 775	37 207	1 404.5
lpltw	600	297	96 510	94 762	141.2	337	40 753	39 006	3 947.3
lpttw	600	234	76 950	75 600	29.3	272	34 759	33 393	961.5
rand	600	286	94 560	92 925	86.5	336	42 526	40 884	2 789.2

从表 9-4 可见，对于多种数据类型、不同任务规模的实例，本书方法与传统方法相比不仅提高了任务完成数，还压缩了单址天线任务准备时长以及所有天线任务准备总时长。另外，任务准备时间的动态变化使调度算法复杂度有所增大，但和系统任务规划周期相比，该耗时可以接受。

为了进一步分析调度结果，分别从满足用户需求程度以及中继卫星系统资源利用效率两方面出发，定义调度任务完成率（Scheduling Success Rate，SSR）和单址天线无效资源占比（Invalid Resource Consumption Rate of SA Antennas，IRCRSA）两个指标。

SSR 表示调度完成的任务数与任务需求总数的比值。

$$\mathrm{SSR} = \frac{\sum_{k \in K} \sum_{(i,j) \in A} x_{i,j}^k}{|N|} \quad (9\text{-}18)$$

IRCRSA 表示单址天线在其指向路径中累积的任务准备时长与总的任务规划周期比值。

$$\mathrm{IRCRSA} = \frac{\sum_{k \in K_1} \sum_{(i,j) \in A} x_{i,j}^k s_{i,j,t_j^s}^k}{|K_1| \times T} \quad (9\text{-}19)$$

式（9-18）、式（9-19）中具体变量和参数见 9.4 节。

调度任务完成率和单址天线无效资源占比分别如图 9-6 和图 9-7 所示。

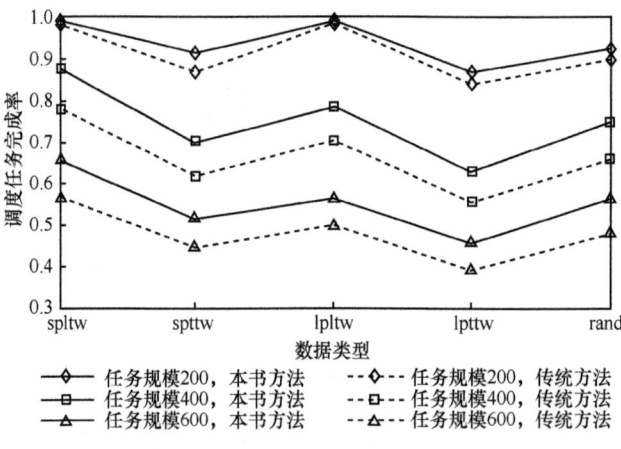

图 9-6　调度任务完成率

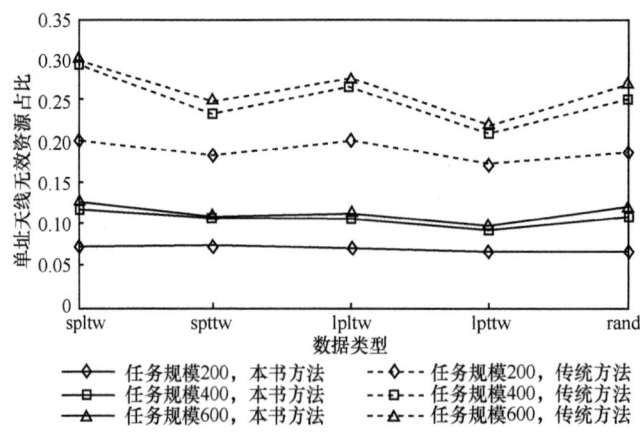

图 9-7　单址天线无效资源占比

从图 9-6 和图 9-7 可以看出，在中继卫星系统调度问题中，无论是否考虑动态任务准备时间，调度任务完成率和单址天线无效资源占比都与任务规模和数据类型相关。

在图 9-6 中，当任务规模较小（200 个）时，天线资源所能提供的最大服务时长约为任务需求总时长的 2 倍，两种方法得到的平均调度任务完成率都大于 90%，本书方法比传统方法平均高 2.3%。随着任务规模增大（400 个和 600 个），总任务时长逐渐接近和超过天线资源所能提供的最大服务时长，两种方法得到的调度任务完成率均持续下降，对应这两种任务规模，本书方法比传统方法分别平均高出 8.7% 和 7.5%。还可以看出，相同任务规模、不同数据类型的调度任务完成率从大到小依次为 spltw、lpltw、rand、spttw 以及 lpttw，这是由于具有较短任务持续时长和较大滑动窗口范围的任务更容易插入天线指向路径中。而且，任务窗口滑动范围因素相比时长因素对调度任务完成率影响更显著。

在图 9-7 中，当任务规模从 200 个增加至 400 个时，两种方法得到的单址天线无效资源占比均显著增加，当任务规模继续从 400 个增大至 600 个时，无效资源占比增加幅度减少。在 200 个、400 个、600 个这 3 种任务规模下，本书方法得到的单址天线无效资源占比与传统方法相比分别下降了 11.8%、14.4% 和 15.0%。

9.6 本章小结

中继卫星系统任务调度问题包括用户需求预处理与系统资源分配这两个子问题，系统实际应用表明只有将这两个子问题统筹考虑，研究成果才具备实际应用价值。基于中继卫星系统任务具有的多类型、大时空跨度、不均匀分布的特点，开展中继卫星任务时空特征研究，进而提出一种包含统一输出接口的任务需求预处理方法。在任务特征研究基础上，考虑中继卫星系统多类型星间链路天线、动态任务准备时间等要素，将原系统资源分配问题转化为星间链路天线的跟踪指向路径问题，为此构建了混合整数规划模型，并设计了一种改进的贪婪随机自适应算法对模型求解。基于不同任务规模和数据类型的实例调度结果表明：本章方法在提升调度任务完成率的同时显著压缩了天线任务准备总时长，有效提升了中继卫星系统效益。

参考文献

[1] GRAMLING J J, CHRISSOTIMOS N G. Three generations of NASA's tracking and data relay satellite system[C]// 2008 AIAA SpaceOps Conference, 2008: 1-11.

[2] WANG J S, QI X. China's data relay satellite system served for manned spaceflight(in Chinese) [J]. Sci. sin. tech., 2014, 44(3): 235-242.

[3] WANG J S, QI X. China's data relay satellite system served for manned spaceflight (in Chinese)[J]. Sci. sin. tech., 2014, 44: 235-242.

[4] HUANG H M. Reflections on development of the ground system of the first generation CTDRSS(in Chinese) [J]. Journal of spacecraft TT&C technology, 2012, 31(5): 1-5.

[5] Goddard Space Flight Center. Exploration and space communications projects division. space network handbook[M]. Greenbelt, Maryland: Goddard Space Flight Center, 2007.

[6] HUANG H M. Reflections on development of the ground system of the first generation CTDRSS(in Chinese) [J]. Journal of spacecraft TT&C technology, 2012, 31(5): 1-5.

[7] WANG L, KUANG L L, HUANG H M. Analysis and modeling of traffic characteristics for high-efficient scheduling in TDRSS[C]// 67th International Astronautical Congress: Making Space Accessible and Affordable to All Countries (IAC 2016), 2016.

[8] WANG L, KUANG L L, HUANG H M. Analysis and modeling of traffic characteristics for high-efficient scheduling in TDRSS[C]// 67th International Astronautical Congress: Making Space Accessible and Affordable to All Countries (IAC 2016) , 2016.

[9] ROJANASOONTHON S, BARD J, REDDY S. Algorithms for parallel machine scheduling: a case study of the tracking and data relay satellite system[J]. Journal of the operational research society, 2003, 54(8): 806-821.

[10] ROJANASOONTHON S, BARD J. A grasp for parallel machine scheduling with time windows [J]. INFORMS journal on computing, 2005, 17(1): 32-51.

[11] WANG L, JIANG C, KUANG L L, et al. Mission scheduling in space network with antenna dynamic setup times[J]. IEEE transactions on aerospace and electronic systems, 2018: 1.

[12] ZHANG Z, JIANG C, GUO S, et al. Temporal centrality-balanced traffic management for space satellite networks[J]. IEEE transactions on vehicular technology, 2018, 67(5): 4427-4439.

[13] DENG B, JIANG C, KUANG L L, et al. Two-phase task scheduling in data relay satellite systems[J]. IEEE transactions on vehicular technology, 2018, 67(2): 1782-1793.

[14] DU J, JIANG C, WANG J, et al. Resource allocation in space multi-access systems[J]. IEEE transactions on aerospace and electronic systems, 2017, 53(2): 598-618.

[15] DU J, JIANG C, QIAN Y, et al. Resource allocation with video traffic prediction in cloud-based space systems[J]. IEEE transactions on multimedia, 2016, 18(5): 820-830.

[16] LUO F, JIANG C, DU J, et al. A distributed gateway selection algorithm for UAV networks[J]. IEEE transactions on emerging topics in computing, 2015, 3(1): 22-33.

第 10 章
空间异构网络的资源管理与应急资源调度服务

随着移动通信的迅速发展,空间信息网络需要具备"全球覆盖、互联互通、快速响应、融合应用"的信息通信保障能力[1]。当前空间信息网络的主体组成包括通信卫星系统与中继卫星系统等,各类系统的独立运营直接导致了资源分散、统筹不足的现状[2-4]。为提升空间信息网络的资源利用效率,在构建融合了两类卫星系统的空间异构网络的基础上,实现各类异构资源的一体化管控,支持各类用户资源的按需分配和用户跨星、跨波束的无感实时接入,成为解决该问题的有效途径。此外,该资源管控体制还需要具备面向应急任务的资源分配能力,通过快速调整系统载荷资源的分配方案,实现空间异构网络资源的应急调度服务,有效提升整个网络应对突发业务的实时处理效率,对于全网信息的高效传输具有重要意义。

10.1 空间异构网络一体化资源管理方法

通过将业务特征与异构网络卫星资源进行结合,开展卫星资源的虚拟化研究,构建能够统一描述多网系卫星资源的资源管理模型。在资源虚拟化建模的基础上,使用业务需求推动自顶而下的资源动态调配过程和自底向上的全网态势反馈过程,形成资源管理的闭合回路,实现对业务的统一规划、对资源的统一调配以及对态势的集中监视,达到网络精细化管理的目的[5-7]。

10.1.1 空间异构网络一体化资源管理架构

由于各种网系在传输体制、业务模式、通信制式、管理方式等诸多方面均存在较大差异,因此,对空间异构网络运行管理的关键在于解决对卫星系统中各网系的网络管理融合[8-11]。基于上述思想,空间异构网络管理服务采用分层设计思想,包括物理层、虚拟化功能层、管理层和应用层,具体架构如图 10-1 所示。

(1)物理层

物理层由各种网络设备与基础设施构成,这些设备包括网系、卫星、地面站、服务器等,或者是更细粒度的卫星平台、有效载荷、转发器、天线、硬盘灯,甚至可以是一组天线的阵列单元。为了便于研究,通常以较粗粒度的设备作为基础设施

第 10 章　空间异构网络的资源管理与应急资源调度服务

层的物理单元。基础设施层只关注单纯的数据、业务物理转发，以及物理层各类资源与虚拟化功能层建立的映射关系。

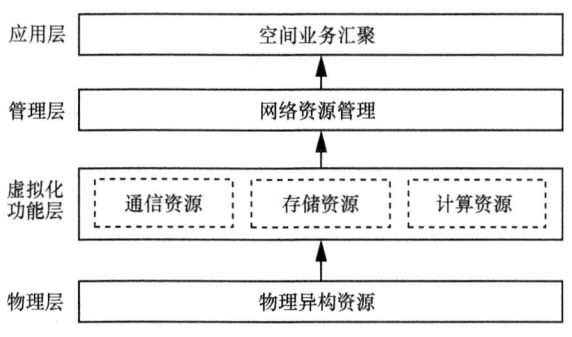

图 10-1　一体化资源调度服务架构

（2）虚拟化功能层

虚拟化功能层可提供底层物理资源到逻辑资源的虚拟化服务，采用合理的映射算法构建虚拟资源空间与物理资源空间的映射关系，保证映射平衡。为高效管理不同网系的时间、频率、波束与功率等资源，在虚拟化功能层中还需要构建虚拟资源池，用于资源的统一调配与管理。在设计虚拟化资源池的基础上，采用网络虚拟化技术将天基异构网络抽象为多个虚拟网络，并通过调用控制层的网络服务，结合用户的需求以及虚拟网络的全局拓扑，实现对网络资源的灵活动态分配。

资源虚拟化的管理服务技术通过统一的异构资源描述模型，屏蔽通信卫星的差异化，从转发器带宽、波束形式、工作频率等时、空、频多域对无线资源进行重新归类和精细划分，将各类物理异构资源统一整合为空间异构资源池；在虚拟化资源池基础上，通过自下而上搭建物理资源管理层、虚拟化功能层、自主调度功能层和逻辑资源管理层形成资源虚拟化管理服务；在资源虚拟化管理服务基础上搭建管理平台，对下实现对卫星、波束、转发器、地面站等虚拟资源的统一管理，对上提供基于资源虚拟化的业务需求与多域无线资源的快速动态适配服务，有效保证各类用户的差异化业务保障需求。

（3）管理层

管理层主要用于异构网络中资源的统筹分配管理以及各类用户在融合组网体系中的网络运行管理，对下可实现资源的监管与分配，对上可提供不同业务需求与多域资源的快速动态适配服务，保障各类用户的差异化需求。以空间信息综合运控中心为例，它主要包含管理信息专用信道、一体化综合运控中心和各卫星系统管控中心3个部分。

- 管理信息专用信道用于传输各类用户终端提交的卫星资源申请信息、资源调度中心产生的资源分配信息等网络运行管理信息。
- 一体化综合运控中心是空间信息网络资源统筹运用的核心，设有反映所有卫星资源使用情况的资源数据库和资源优化调配评估模块。主要功能包括：一是收集掌握各管控中心上报的各系统卫星资源分配及使用情况；二是根据用户使用需求，结合当前资源使用情况，按照资源调度协议，在不同卫星系统之间协调资源，形成资源调度方案；三是将资源调度方案发送至各管控中心。
- 各卫星系统管控中心实时掌握各卫星系统的资源使用情况、平台状态，并根据需要随时进行调整，是空间信息综合运控中心运行的基础和前提。为及时响应一体化运控中心的资源调度要求，需要在各卫星系统原有运控中心的基础上，增加平台测控功能，完善不同网系间的资源调配能力，补充与一体化运控中心的互操作能力，将运控中心升级为管控中心。

（4）应用层

用户可通过空间信息网络进行信息传输，包括单模用户终端和多模多频用户终端，依据用户类型有固定、便携（手持）和各类平台承载等形式。在空间信息网络体系下，单模用户终端仍可继续使用原有工作模式，通过单一接入体制完成信息传输，但无法实现多种卫星资源综合运用。多模多频用户终端集成多种频段、多种波形，在应用层增加资源管理网的资源申请互操作协议，具备向资源管理网申请资源，在网系间、卫星间自动切换和漫游的能力，通过广域覆盖的管理网，可在全球大部分区域内实现随时接入，满足各类用户在全球范围的信息传输保障需求。

10.1.2 空间异构资源管理服务

本章重点介绍天基异构网络中面向按需服务的资源分配关键技术，在物理层与虚拟化功能层中重点研究异构资源的统一描述，在应用层中重点研究空间业务特征的统一描述，在管理层中重点研究业务与逻辑资源的匹配建模。

（1）异构资源统一描述

异构资源统一建模是进行资源虚拟化管理的关键和基础，由于不同类型的物理

第 10 章 空间异构网络的资源管理与应急资源调度服务

设备的资源具有不同属性,其使用方法以及约束条件相差较大,并且各类资源的属性数据也是半结构化或者是非结构化的,很难进行统一的描述分析。针对不同的物理设备,在其特征及应用要求的基础上采用相同的描述规范,建立关于资源特性、使用约束的统一描述模型,为资源的分配与调度提供基础。通过资源的统一建模将资源以集中、一致的方式进行管理或使用,屏蔽资源的物理异构性。

以卫星和地面站的资源为例。卫星的特征参数在进入轨道后就已确定,可通过所属网系、类型、位置、轨道等参数对模型进行描述,主要包括轨道坐标、天线类型、最大功率、最大带宽、支持频段和覆盖范围等。卫星主要由平台和载荷构成,为了便于对时、空、频等逻辑资源进行管理与分配,有效载荷成了关注的重点。以中继卫星和高轨通信卫星为例,有效载荷主要包括透明转发器和处理转发器,分别服务于 Ku、Ka、S、UHF 等不同频段。透明转发器通常用于信号的放大与转发,可支持不同技术体制网系间的信息交互,满足多种传输要求;而处理转发器由于多用于特定体制下的信号处理,因此只能支持专用的网系传输。

为进一步提升业务服务的灵活性和资源使用效率,可将上述物理异构资源虚拟化为逻辑资源进行描述,主要分为时间域、频率域、空间域与功率域 4 部分。在时间域,可配置业务的传输时间包括开始时间、结束时间或多个传输的时段。在频率域,可将不同的载波频段划分为多个可用的子通道,并分别服务于不同的业务,同时也可采用 FDM 和 OFDM 等技术进一步提升频谱利用率。空间域资源主要采用波束为单位进行描述,不同的卫星由于服务体制和搭载天线不同,波束的服务能力也有所差异。相同频段的波束若覆盖交叠,则会产生共信道干扰,影响网络的频谱效率。功率域也可理解为信号域,在传输业务信号时合理分配功率,能够实现频谱效率的最大化。显然,4 种维度的逻辑资源之间存在耦合关系,若仅针对其中的一维进行优化,性能提升程度有限。因此,需要在虚拟化资源管理中设计合理的资源分配方法,综合考虑 4 个维度的资源调配,实现全局优化。

关于卫星资源分配的研究更多聚焦于星上资源的优化,研究中很少考虑对于地面站的资源使用情况。事实上,业务在空间信息网络中通过接入节点与骨干节点的卫星进行转发,并在地面站实现收集、处理和分发。因此,地面站的通信能力能够直接影响卫星系统的资源调度效率。地面站的属性包括类型、技术体制、位置、频段、功率和天线增益等,将地面站的影响纳入卫星系统的资源优化中时,可作为优化问题的约束条件进行考虑,具体准则如下。

① 地面站的技术体制能与卫星匹配；
② 地面站与通信时刻的卫星可见；
③ 地面站支持的频段能够与卫星采用的频段匹配；
④ 地面站与卫星间的最大通信速率高于星上业务的传输速率。

（2）业务特征统一描述

业务特征统一描述主要针对多种类型的业务需求进行抽象，提取各类业务的共同特征要素，实现对业务特征的统一描述，为网络资源的按需分配提供基础。在描述模型中，对于业务难以统一描述的特有特征，还需要构建相应的业务特征约束，为业务与资源间的匹配提供依据。空间业务的特征要素主要包括：业务坐标、业务时效性、业务 QoS、业务优先级和业务可分解性等。上述 5 种特征可用于业务的刻画，实现业务的统一建模。

业务坐标表示业务产生的位置，可用于确定业务对于不同卫星资源的时间窗口，且业务的服务时间段必须位于时间窗口之中。可定义业务 n 的时间窗口为$[Ws_n, We_n]$，对于不同资源，业务 n 的时间窗口也不同。业务必须满足时效性，如果超出业务的有效时间，业务就失去了价值，没有传输的必要。可定义业务 n 的有效时间为$[Vs_n, Ve_n]$，业务的服务时间段必须位于有效时间之内。业务 QoS 与时效性存在一定的内在联系，但是更为关注业务的传输速率和时延。面对不同类型的业务（如文本、语音、视频等），所需的传输速率也有所差异。同时，由于共信道干扰会影响业务服务效率，所以需要合理的资源分配，使业务的传输速率满足 QoS 需求。优先级是我们调度卫星星上资源的重要依据，不同类别的业务优先级不同。在资源有限的情况下，当业务发生冲突时，应先为高优先级业务分配资源。业务可分解性用于描述业务在传输过程中是否可分解、可分解多少次，业务的分解会增加业务调度的灵活度同时增加运算的复杂度，是一个需要权衡的优化问题。

（3）业务—资源匹配模型

在空间异构网络中，资源管理服务以满足业务需求为驱动进行资源的分配，可构建业务—资源匹配模型进行分析，具体参数定义与模型描述见表 10-1。

表 10-1 参数定义

参数	物理意义
N, T, M, B	N 指业务数量，T 指时隙数量，M 指波束数量，B 指频段数量
$x_{n,t,m,b}$	资源分配标识，若在时隙 t 业务 n 在波束 m 的频带 b 上被安排，则 $x_{n,t,m,b}=1$

(续表)

参数	物理意义
y_{n_i,n_j}^m	业务切换标识，若业务在波束 m 上从 n_i 切换到 n_j，则 $y_{n_i,n_j}^m=1$
$[Vs_n, Ve_n]$	业务 n 的有效时间段
$[Ws_{n,m}, We_{n,m}]$	业务 n 对于波束 m 的可视时间窗口
st_n, et_n	业务 n 的开始时间和结束时间，$st_n=\{\min t \mid x_{t,m,b}, \forall t,m,b\}$，$et_n=\{\max t \mid x_{t,m,b}, \forall t,m,b\}$
T_n^c	业务 n 的最大时延需求
R_n^c	业务 n 的最小传输速率需求
Q_n	业务 n 的数据量
$BS_{t,m}(n_i, n_j)$	在 t 时刻波束 m 从业务 n_i 切换到 n_j 时所需的时间
M_E	基础设备 E 的波束数量
$BW_{m,b}$	波束 m 上的第 b 个频带带宽大小
B_E	基础设备 E 的最大带宽
$P_{n,t,m,b}$	业务 n 在时隙 t 波束 m 频带 b 上分配的功率
P_E	基础设备 E 的最大功率
$R_{n,t,m,b}$	业务 n 在时隙 t 波束 m 频带 b 上的速率
$R_{t,m,b}$	时隙 t 波束 m 频带 b 上的最大速率

$$\max \frac{\sum_{n=1}^{N}\sum_{t=1}^{T}\sum_{m=1}^{M}\sum_{b=1}^{B} R_{n,t,m,b} x_{n,t,m,b}}{\sum_{t=1}^{T}\sum_{m=1}^{M}\sum_{b=1}^{B} R_{t,m,b}}$$

s.t.

$C_1: Vs_n \leqslant st_n, et_n \leqslant Ve_n, \quad \forall n$

$C_2: Ws_{n,m} \leqslant st_n, st_n \leqslant We_{n,m}, \quad \forall n,m$

$C_3: et_n - st_n \leqslant T_n^c, \quad \forall n$

$C_4: R_{n,t,m,b} x_{n,t,m,b} \geqslant R_n^c, \quad \forall n,t,m,b$

$C_5: \sum_{t=1}^{T}\sum_{m=1}^{M}\sum_{b=1}^{B} R_{n,t,m,b} x_{n,t,m,b} = Q_n, \quad \forall n$

$C_6: st_{n_j} \geqslant et_{n_i} + BS_{t,m}(n_i, n_j), \quad 若 y_{n_i,n_j}^m = 1$

$C_7: y_{n_i,n_j}^m \in \{0,1\}, \quad \forall n_i, n_j, m$

$C_8: \sum_{m \in S} x_{n,t,m,b} \leqslant M_E, \quad \forall n,t,b$

$$C_9: \sum_{m\in S}\sum_{b=1}^{B} BW_{m,b} x_{n,t,m,b} \leq B_E, \quad \forall n,t$$

$$C_{10}: \sum_{m\in S}\sum_{b=1}^{B} P_{n,t,m,b} x_{n,t,m,b} \leq P_E, \quad \forall n,t \quad (10\text{-}1)$$

$$C_{11}: P_{n,t,m,b} \geq 0, \quad \forall n,t,m,b$$

$$C_{12}: x_{n,t,m,b} \in \{0,1\}, \quad \forall n,t,m,b$$

其中，目标函数表示最大化资源利用率，$C_1 \sim C_5$ 为业务需求，$C_6 \sim C_{12}$ 为资源约束。约束 C_1 为业务有效时间约束，表示业务必须在自己的时效内完成传输；C_2 为时间窗口约束，表示业务必须在与服务设备可视时才能被服务；C_3 和 C_4 属于业务的 QoS 约束，C_3 为业务时延约束，表示业务从开始传输到结束，不能传输过久；C_4 为传输质量约束，表示业务的传输速率必须高于用户对业务的传输需求，保证用户体验。C_5 为业务执行约束，业务在不同资源下服务的业务量恒定。C_6、C_7 为波束切换约束和波束切换标识，若同一个波束连续服务两个业务，波束在时间域有切换开销，尤其需要考虑移动点波束天线产生的波束切换。C_8 为波束数量约束，基础设备同时执行业务的波束不能超过自身的波束数量。C_9 为频率带宽约束，每时刻使用的带宽不能超过各个基础设备的总带宽。C_{10}、C_{11} 为功率约束，每时刻分配给各个业务的功率不能超过各个基础设备的总功率，同时分配给各个业务的功率不能低于 0。C_{12} 为资源分配标识，表示为业务分配的具体情况，可采用 $x_{n,t,m,b}$ 组成一个稀疏的解空间。通常在为业务分配资源时，可根据业务特征与需求，通过松弛业务—资源匹配模型的部分约束条件进行求解，最终获得满足业务需求的最优解。

10.2 空间异构网络中的应急资源调度

在空间异构网络中，不同网系由于体制的差异，在为业务分配资源时采用不同的方式，通信卫星系统以业务的接入情况作为资源分配的判断标准，中继卫星系统则需要为业务预先规划整体的调度方案。然而，不同卫星的资源分配方案均会受到突发业务的影响，需要通过调整该方案实现对网络性能的优化。本节我们以中继卫星系统为例，重点探索空间异构网络在面对突发业务时的应急资源调度方法。

中继卫星在调度过程中会受到多种扰动因素的影响，包括突发业务、设备故障、平台振动和较差的误码性能等，它们能直接引起星上任务和终端设备的动态变化[12-16]。

当上述不确定因素发生时,如果采用预先规划的方法重新安排任务,不仅会增加卫星的计算开销和能耗,还会导致大量任务无法得到实时传输,严重时甚至可能导致整体调度方案失效。因此,中继卫星的资源分配应随资源的变化不断对原方案进行调整,在保证方案调整程度最小的前提下,优化系统的调度能力[17]。

10.2.1 应急调度策略

中继卫星系统资源的应急调度策略是根据突发业务的特征,通过动态调整现有任务规划方案,实现对业务服务与系统性能的优化的一种策略。在动态调整中有多类应急调度策略,主要包括删除替换、移动插入、抢占式切换与子任务分割。

(1)删除替换策略

删除替换是中继卫星系统动态调整策略中最常用的方法,即突发业务产生的任务与原规划方案任务调度的时间冲突,为保证新任务的顺利执行,将原任务删除并用新任务的调度时间进行替换,具体过程如图 10-2 所示。图中黑色方块表示任务的时间安排,括号内部表示该任务的时间窗口。在调整前,原任务与新任务的调度时间明显存在冲突,采用删除替换策略后,新任务得到了安排。但是删除替换策略往往以损失原规划方案里的部分任务为代价,因此在原任务的优先级大于新任务时本策略并不适用。

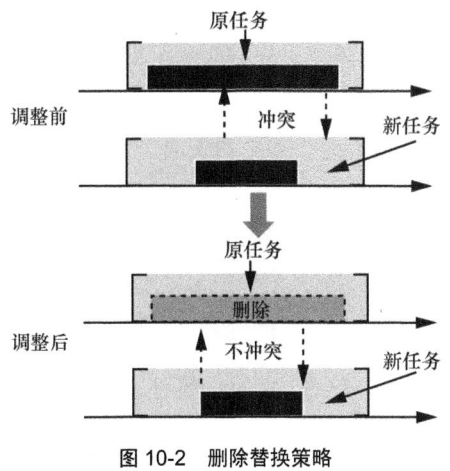

图 10-2 删除替换策略

(2)移动插入

移动插入策略相比于删除替换策略更具可行性,通过将原规划方案中任务调度时间进行细微调整，在保证能够顺利执行原任务的条件下实现对新任务的调度，具体过程如图 10-3 所示。但是，移动插入策略的实现具有一定的前提，即与新任务冲突的原始任务的时间窗口内没有被其他任务占用，能够保证充足空闲时间对原始任务进行调整。

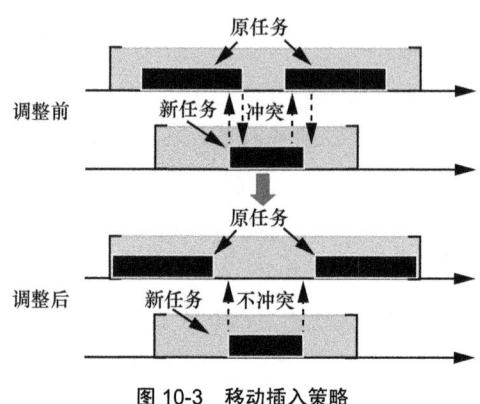

图 10-3　移动插入策略

（3）抢占式切换

在任务调度的过程中，当有新任务产生且所有天线终端均被占用时，还可以通过调整任务的调度顺序优化任务安排，其原理如图 10-4 所示。在调整之前，原任务已经在原始方案中被调度，并与需要被立刻调度的新任务冲突，导致新任务无法被执行。在采用抢占式任务切换后，新任务被预先安排，避免了与原任务的冲突，能够有效提高系统的调度效率。

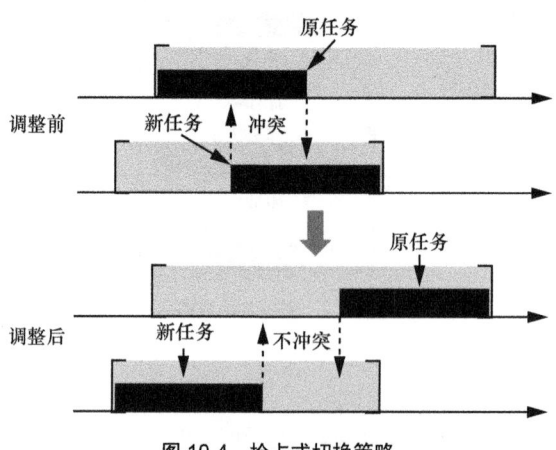

图 10-4　抢占式切换策略

（4）子任务分割

任务动态调度是基于静态任务规划的初始方案实现的，其中原任务的调度占据了绝大多数时间窗口，并将它们划分成多个小时隙。因此，每个时间窗口中很少有足够长的时间去安排新的任务，直接导致任务调度难度的增加。若仅采用抢占式任务调度的策略，原任务将会超出自己的有效时间范围。因此，可通过子任务分割策略将新任务或与新任务冲突的原始任务分解为多个子任务进行调度，原理如图 10-5 所示。如果原任务具有足够长的有效时间进行任务传输，当有新任务接入时，可优先传输新任务，而原任务可以分割为多个子任务，如此不仅实现了调度任务权重的最大化，还提高了任务调度的灵活性。

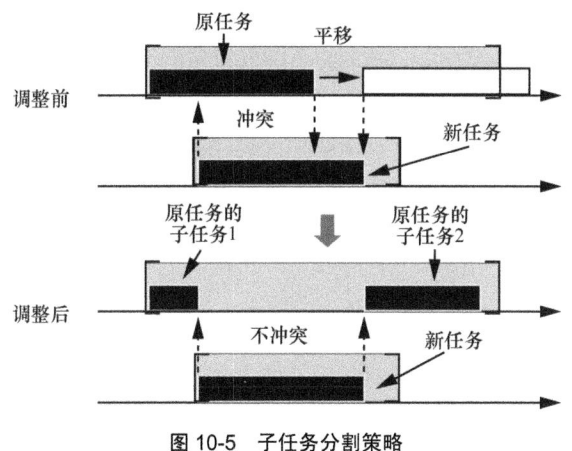

图 10-5　子任务分割策略

10.2.2　资源调度模型

在分析动态调整策略的基础上，可通过构建应急资源调度模型实现对动态调度问题的描述。动态调度模型可以理解为一个六元集合，即 $\{M, M_d, U, C, A, A_d\}$，其中 M 为原始任务集合；M_d 为突发任务集合；U 为资源集合；C 为约束集合，可见式（10-1）；A 为原始规划方案；A_d 表示动态规划方案。由于单一的目标不足以表征应急资源调度问题的需求，因此建立了多目标优化模型进行描述，3 个目标函数定义如下。

（1）最大任务调度权重

动态任务规划的主要目标是提高中继卫星的调度能力，即中继卫星系统需要传输更多的任务。因此，建立第一个动态调度目标函数 $f_1(A_d)$ 为最大调度权重。该函数定义如下。

$$\max f_1(A_d) = \sum_{i \in \{T, T_d\}} y_i p_i \qquad (10\text{-}2)$$

其中，A_d 是静态任务规划方案。y_i 是任务 i 的执行标识，若任务 i 被调度，$y_i=1$；否则，$y_i=0$。

（2）最小方案变化率

在初始调度方案确定后，各用户星通常会依据该方案执行数据传输计划。因此，初始方案的动态调整不仅会对当前调整的任务产生影响，还有可能造成各用户星后续决策的变化。此外，任务调整后，新的调度方案需要重新下达给各用户星，增加了中继卫星系统的开销。因此，定义动态调度模型的第二个目标函数为最小方案变化率。

由于对初始方案任务的调整存在移动任务和删除任务两种方式，不同调整方式对初始方案造成的影响程度不同，并且影响程度与被调整任务的重要程度相关，因此目标函数 f_2 定义如下。

$$\min f_2(A, A_d) = \sum_{i=1}^{n_{\text{mov}}} \delta_{\text{mov}} p_i + \sum_{j=1}^{n_{\text{del}}} \delta_{\text{del}} p_j \qquad (10\text{-}3)$$

其中，δ_{mov} 与 δ_{del} 为移动和删除任务的处罚系数，n_{mov} 与 n_{del} 为移动和删除任务的次数，p_i 与 p_j 为任务移动和删除任务的权重。

（3）最小子任务分解程度

采用子任务分解策略可有效提高系统调度效率，但是过多次数的子任务分解会导致切换时间和系统能耗的增加，这无疑影响了系统的整体性能，因此需要在保证任务调度权重较高的同时，减少任务分割的数量。因此，目标函数 f_3 定义如下。

$$\min f_3(A_d) = \sum_{i \in \{T_d\}} N_i^{\text{dec\_dynamic}} p_i + \sum_{j \in \{T\}} N_j^{\text{dec\_original}} p_j \qquad (10\text{-}4)$$

其中，$N_i^{\text{dec\_dynamic}}$ 表示新任务的子任务数量，$N_j^{\text{dec\_original}}$ 表示原任务的子任务数量。此外，为保证卫星天线的切换损失，规定 $N_i^{\text{dec\_dynamic}}$ 与 $N_j^{\text{dec\_original}}$ 的数值不大于 3。

10.2.3 资源调度算法

本节提出一种动态资源调度方法，通过以原始规划方案和动态调度策略为启发式信息，将最大任务调度权重、最小方案变化率和最小子任务分解程度 3 个目标函数作为调度原则，在保证方案调整程度最小的情况下，实现高效的动态任务规划，具体算法如图 10-6 所示。算法思想为在新任务的有效时间内，若天线具有足够长的空闲时间，则可以在该时间直接插入任务进行调度；若不能直接插入，则采用抢占式任务切换与子任务分割策略进行调度。如果新任务的有效时间过短，且任务权重较大，需要立刻抢占资源并代替当前任务执行；若被替换的冲突任务采用子任务分割方法仍无法被调度，则丢弃该冲突任务。

（1）直接调度算法

直接调度算法的步骤如下所示。

步骤 1：获得新任务集合 T_d，将任务按权重大小从高到低排序，得到 $T_d = \{T_{d\_1}, T_{d\_2}, \cdots, T_{d\_N_t}\}$，其中，$N_t$ 表示新任务的数量，确定当前调度任务为 T_{d_i}。

步骤 2：针对任务 T_{d_i} 确定天线资源集合 M_d，可得 $M_d = \{M_{d\_1}, M_{d\_2}, \cdots, M_{d\_N_m}\}$，其中，$N_m$ 表示可用天线数量，选择当前天线为 M_{d_j}。

步骤 3：对任务 T_{d_i} 选择天线 M_{d_j} 上的可见时间窗口 W_d，获得选择时间窗口与剩余时间，并定义任务插入点集合 $I_d = \{stw, et_1, et_2, \cdots, et_{n\_old}, etw\}$，其中 stw 和 etw 表示当前时间窗口的开始和结束时刻；n_old 表示静态规划方案中原任务在当前时间窗口内调度的数量；et_k 表示静态规划方案在当前时间窗口中安排任务的结束时刻。

步骤 4：依次判断任务 T_{d_i} 在各时间窗口中能否直接插入。若可行，调度新任务 T_{d_i}，否则转入步骤 5。

步骤 5：采用抢占式任务切换策略，依次判断任务 T_{d_i} 在各时间窗口中能否执行。若可行，调度新任务 T_{d_i}，否则转入步骤 6。

步骤 6：采用子任务分割策略，将各时间窗口的插入点集合 I_d 按空闲时段的时长排序，判断前 $N_i^{dec\_dynamic}$ 个空闲时段能否实现对分割后的任务 T_{d_i} 的调度，若可行，调度新任务 T_{d_i}，否则采用间接调度方法。

（2）间接调度算法

针对采用直接调度算法后未被执行的新任务，通过间接调度算法完成调度。间接调度算法的实现流程如下。

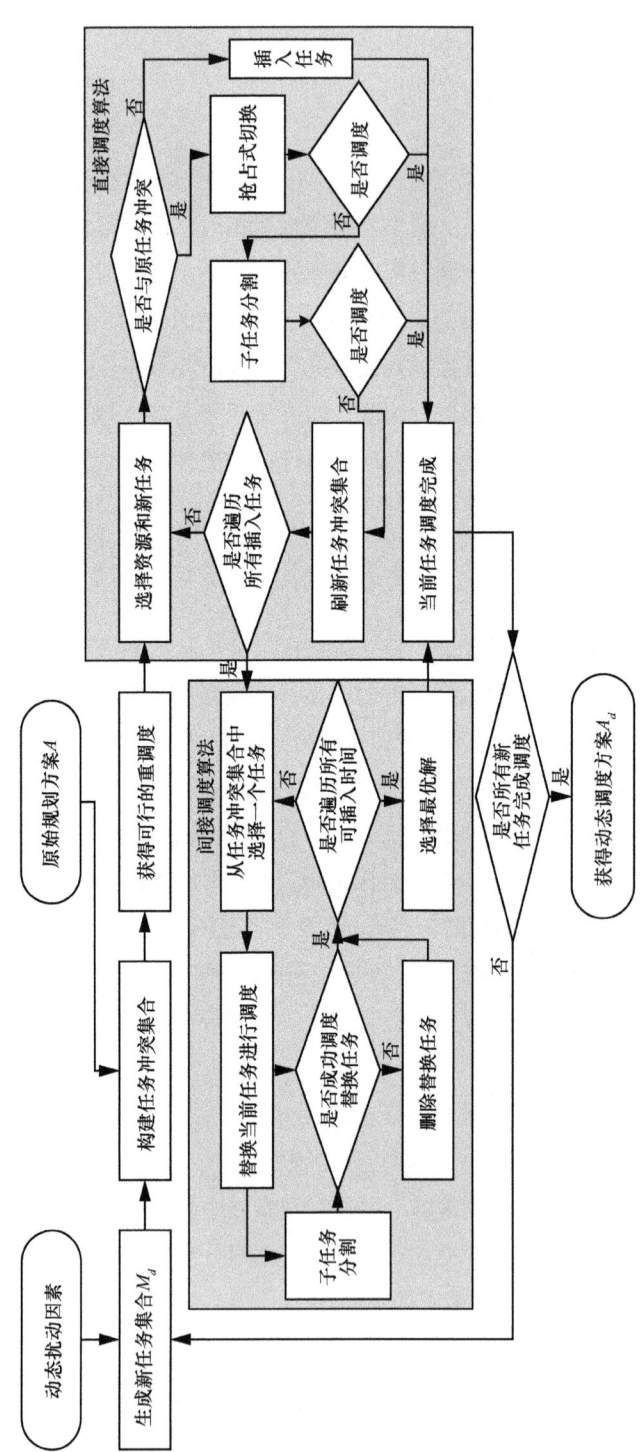

图 10-6 动态资源调度方法

步骤 1：回溯至新任务 T_{d_i} 的插入节点 I_d 与冲突任务集合。

步骤 2：选择插入点与冲突任务序列，比较 T_{d_i} 与冲突任务的权重。若 T_{d_i} 较大，则代替冲突任务优先执行；否则，转入步骤 4。

步骤 3：采用子任务分割策略调度被替换的冲突任务。如果处理操作成功，则冲突任务实现了重调度；否则，删除冲突任务。

步骤 4：依次寻找并判断下一个插入节点的能否实现对新任务 T_{d_i} 的调度。如果所有的任务插入节点均被遍历，则转入步骤 5。

步骤 5：对所求得的所有可行方案进行评价，选择当前最优的间接调度方案。

（3）多目标决策方法

假设采用调度算法后共获得 n 个动态调度方案，可定义动态方案矩阵 $\boldsymbol{D}$ 为

$$\boldsymbol{D} = \begin{bmatrix} f_1^1 & f_2^1 & f_3^1 \\ f_1^2 & f_2^2 & f_3^2 \\ \vdots & \vdots & \vdots \\ f_1^n & f_2^n & f_3^n \end{bmatrix} \quad (10\text{-}5)$$

其中，f_i^j 表示第 j 个方案的第 i 个目标函数值。

对不同方案下各目标函数进行归一化与加权操作，并获得改进后的动态方案矩阵 $\boldsymbol{D}_w$ 为

$$\boldsymbol{D}_w = \begin{bmatrix} \boldsymbol{D}_w^1 & \boldsymbol{D}_w^2 & \cdots & \boldsymbol{D}_w^n \end{bmatrix}^{\mathrm{T}} = \begin{bmatrix} F_1^1 & F_2^1 & F_3^1 \\ F_1^2 & F_2^2 & F_3^2 \\ \vdots & \vdots & \vdots \\ F_1^n & F_2^n & F_3^n \end{bmatrix} = \begin{bmatrix} f_1^1 & f_2^1 & f_3^1 \\ f_1^2 & f_2^2 & f_3^2 \\ \vdots & \vdots & \vdots \\ f_1^n & f_2^n & f_3^n \end{bmatrix} \cdot \begin{bmatrix} \dfrac{w_1}{\|f_1\|_2} & \dfrac{w_2}{\|f_2\|_2} & \dfrac{w_3}{\|f_3\|_2} \\ \dfrac{w_1}{\|f_1\|_2} & \dfrac{w_2}{\|f_2\|_2} & \dfrac{w_3}{\|f_3\|_2} \\ \vdots & \vdots & \vdots \\ \dfrac{w_1}{\|f_1\|_2} & \dfrac{w_2}{\|f_2\|_2} & \dfrac{w_3}{\|f_3\|_2} \end{bmatrix}$$

$$(10\text{-}6)$$

其中，$\|f_i\|_2$ 表示第 i 个目标函数的 2 范数。$w=[w_1, w_2, w_3]$ 表示目标函数的重要程度，且 $w_1+w_2+w_3=1$。分别选择各方案中 $\boldsymbol{D}_w$ 中对于 3 个目标函数的最优值与最劣值，并构造最优、最劣向量如下。

$$\begin{cases} \boldsymbol{D}_w^+ = \begin{bmatrix} F_1^{\max} & F_2^{\min} & F_3^{\min} \end{bmatrix} \\ \boldsymbol{D}_w^- = \begin{bmatrix} F_1^{\min} & F_2^{\max} & F_3^{\max} \end{bmatrix} \end{cases} \quad (10\text{-}7)$$

其中，$F_i^{\max}$ 与 $F_i^{\min}$ 分别表示第 i 个目标函数的最大值与最小值。

计算各方案到最优、最劣向量的欧氏距离 d_j^+ 与 d_j^-，并定义对第 j 个方案的评价函数 E_j 如下。

$$\begin{cases} E_j = d_j^+ \big/ d_j^- \\ d_j^+ = \sqrt{(\boldsymbol{D}_w^j - \boldsymbol{D}_w^+)(\boldsymbol{D}_w^j - \boldsymbol{D}_w^+)^{\mathrm{T}}} \\ d_j^- = \sqrt{(\boldsymbol{D}_w^j - \boldsymbol{D}_w^-)(\boldsymbol{D}_w^j - \boldsymbol{D}_w^+)^{\mathrm{T}}} \end{cases} \quad (10\text{-}8)$$

由式（10-8）可知，E_j 的值越小，第 j 个方案的性能越优。

10.2.4 场景设置与仿真

如图 10-7 所示，3 个中继卫星与 8 个用户卫星仿真时间为 00:00:00～06:00:00。3 颗中继卫星分别位于 0°E、162.324°W 和 162.324°E，每个中继卫星携带两副单址天线终端，包括 Ka 频带天线和激光天线，如图 10-7 所示。Ka 天线的数据率为 600 Mbit/s，切换时间为 2 s；激光天线的数据率为 1 500 Mbit/s，切换时间为 20 s。假设初始任务数量为 64，由各类扰动因素引起的突发任务数量为 8，任务详细的定义见表 10-2。中继卫星系统在调度时优先离线进行静态任务规划，在此基础上采用完全重调度算法（WRA）与抢占式动态调度算法（PDSA）对系统调度性能进行优化。

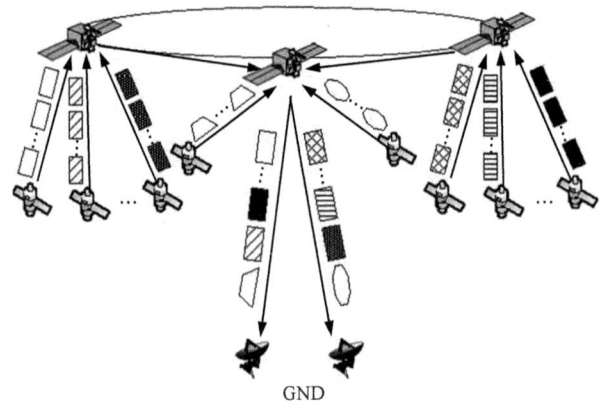

图 10-7 中继卫星系统任务调度示意

第 10 章 空间异构网络的资源管理与应急资源调度服务

表 10-2 突发任务的参数设置

任务编号	任务权重	用户卫星	任务大小/Gbit
T_{65}	5	LEO 01	220
T_{66}	10	LEO 02	200
T_{67}	8	LEO 03	150
T_{68}	6	LEO 04	270
T_{69}	7	LEO 05	150
T_{70}	7	LEO 06	160
T_{71}	8	LEO 07	100
T_{72}	9	LEO 08	400

WRA 的甘特图如图 10-8 所示。其中灰色的部分表示静态任务规划方案，白色部分表示 WRA 的调度方案。色块的长度对应于所选天线上的任务执行时间。显然，WRA 调度了所有 8 个新任务，但是丢弃了原始方案中的任务。此外，采用 WRA 进行动态调度后仅有 8 个任务的分配与静态规划方案相同，重调度率高达 87.50%。尽管 WRA 算法满足了任务调度的要求，但是该方案的重调度率以及由于重调度而引起的资源浪费对系统性能的影响较大。

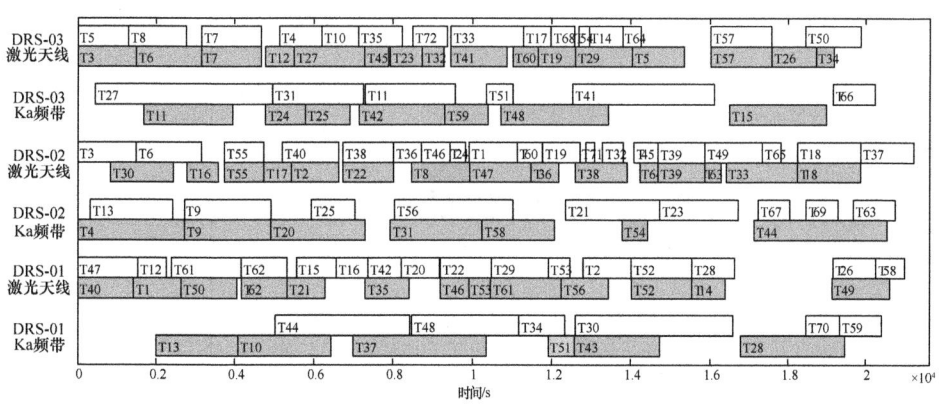

图 10-8 WRA 的甘特图

图 10-9 为 PDSA 的甘特图。图中椭圆部分代表新任务 T5 被 T69 替换，同时被移动到了空闲的时隙进行调度。菱形部分表示新任务 T65 和 T66 由于可用时间有限被划分为子任务执行。由图 10-9 可知，PDSA 实现了所有新任务的调度，且重调度率仅为 1.56%。因此，与 WRA 相比，PDSA 在调度任务量与重调度率方面分别优化了 1.39% 和 85.94%。

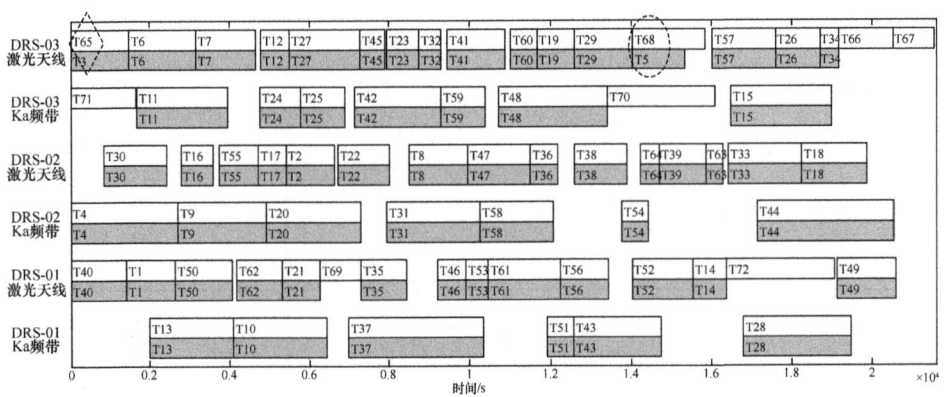

图 10-9 PDSA 的甘特图

10.3 本章小结

本章重点研究了空间异构网络的资源管理与应急资源调度服务。首先分析了空间异构网络一体化资源管理方法，重点介绍了异构网络的一体化管理架构与资源管理服务。之后，重点研究了空间异构网络中的应急资源调度方法，以中继卫星为例详细讲解了突发业务情况下，资源调度的策略模型和算法。

参考文献

[1] LI D R, SHEN X, GONG J Y, et al. On construction of china's space information network[J]. Geomatics and information science of Wuhan University, 2015, 40(6):711-715.

[2] AXFORD R, SHORT S, SHCHUPAK P, et al. Wideband Global SATCOM (WGS) earth terminal interoperability demonstrations[C]// MILCOM 2008, 2008 IEEE Military Communications Conference. IEEE, 2008:1-6.

[3] CHEAH J. Contributions to MUOS communication link assessments at the Arctic Circle locations[C]// Military Communications Conference, Milcom 2015, IEEE, 2015:187-192.

[4] ITU Telecommunication Standardization Sector [EB].

[5] BERTAUX L, MEDJIAH S, BERTHOU P, et al. Software defined networking and virtualization for broadband satellite networks[J]. IEEE communications magazine, 2015, 53(3):54-60.

[6] Open Networking Foundation. Software-defined networking: the new norm for networks[J]. 2012.

[7] SHENG M, WANG Y, LI J, et al. Toward a flexible and reconfigurable broadband satellite network: resource management architecture and strategies[J]. IEEE wireless communications, 2017, 24(4):127-133.

[8] LIN P, KUANG L L, CHEN X, et al. Adaptive subsequence adjustment with evolutionary asymmetric path relinking for TDRSS scheduling[J]. Journal of systems engineering and electronics, 2014, 25(5): 800-810.

[9] ROJANASOONTHON S, BARD J F, REDDY S D. Algorithms for parallel machine scheduling: a case study of the tracking and data relay satellite system[J]. Journal of the operational research society, 2003, 54(8): 806-821.

[10] BISIO I, MARCHESE M. Power saving bandwidth allocation over GEO satellite networks[J]. IEEE communications letters, 2012, 16(5): 596-599.

[11] ZHU X, JIANG C, KUANG L, et al. Non-orthogonal multiple access based integrated terrestrial-satellite networks[J]. IEEE journal on selected areas in communications, 2017, (99): 1.

[12] MNIH V, KAVUKCUOGLU K, SILVER D, et al. Human-level control through deep reinforcement learning[J]. Nature, 2015, 518(7540): 529.

[13] DENG B, JIANG C, KUANG L, et al. Two-phase task scheduling in data relay satellite systems[J]. IEEE transactions on vehicular technology, 2018, 67(2): 1782-1793.

[14] DU J, JIANG C, GUO Q, et al. Cooperative earth observation through complex space information networks[J]. IEEE wireless communications, 2016, 23(2): 136-144.

[15] FLAHERTY R, STOCKLIN F, WEINBERG A. Evolution of NASA's near-earth tracking and data relay satellite system (TDRSS)[M]. 2006.

[16] ROJANASOONTHON S, BARD J. A GRASP for parallel machine scheduling with time windows[M]. INFORMS, 2005.

[17] YAN Z, SUN Z J, JIAN L I. Study of TDRS dynamic scheduling problem[J]. Journal of system simulation, 2011, 23(7):1464-1468.

第 11 章

空间信息网络资源竞争行为协调方法

在空间信息网络业务调度研究基础上，本章进一步采用博弈论对空间信息网络资源分配过程中的用户资源竞争行为进行理论分析和建模，基于空间信息网络管理模式和业务调度特点，设计资源分配重复博弈架构，使自私且理性的空间信息网络用户建立并保持合作状态，极大地提升了网络整体收益。

空间信息网络协同传输与资源管理

| 11.1 引言 |

近年来随着空间活动的增多,如何高效管理极其有限的空间信息网络资源的意义重大。要实现高效的网络资源分配需要重点解决两方面的问题:第一,在网络内部的业务调度过程中,需要优化业务调度模型和求解算法,以提高业务调度完成率[1-5];第二,在用户向网络提出业务需求申请的过程中,由于不同用户对有限资源存在激烈的竞争关系,他们的利己行为会显著影响整个网络的服务效能,需要有效的合作机制促使用户放弃自私行为并维持合作[6-8]。

现有的空间信息网络资源分配技术主要关注上述第一方面的问题,通常假设:所有用户采取合作方式向网络提出业务需求(即用户均能客观、准确地掌握其业务需求,并如实向网络运控报告这些需求),网络运控收集这些需求后结合可用资源进行调度计算,最后输出优化的业务调度结果[9-11]。这些技术未考虑用户出于充分保障其单方收益的目的,可能采取自私行为获取资源的情况。因此,如果现实情况中某用户夸大其需求,这些基于假设所有用户合作而设计的资源分配方法可能会增加该自私用户的收益,这不仅会损害其他用户的正当收益,而且会给整个网络资源冲突消解工作带来巨大的压力。因此,在空间信息网络运控管理中,有必要将用户的资源竞争行为与网络内部业务调度协同考虑,以提升网络效率和服务水平。

第 11 章 空间信息网络资源竞争行为协调方法

博弈论可被用于分析和对用户间交互行为建模[12-13]，本章正是基于一种博弈论中的重复博弈框架[14-16]，设计空间信息网络多用户间的合作机制，可以有效抑制用户在业务需求申请过程中的自私行为，降低网络资源冲突强度，并结合高效启发式业务调度策略，显著提升整个网络的服务效能。

11.2 问题描述与建模

空间信息网络用户集合为 U，共有 $|U|$ 个用户参与资源分配过程，如图 11-1 所示。由于空间信息网络天线波束资源在同一时间服务的目标数量有限，所以用户试图申请到尽可能多的网络天线波束资源充分保障其需求。受限于用户 i（$i=1,2,\cdots,|U|$）的空间目标和空间信息网络骨干卫星之间的可视情况，可申请的最大波束资源数量定义为 N_i。

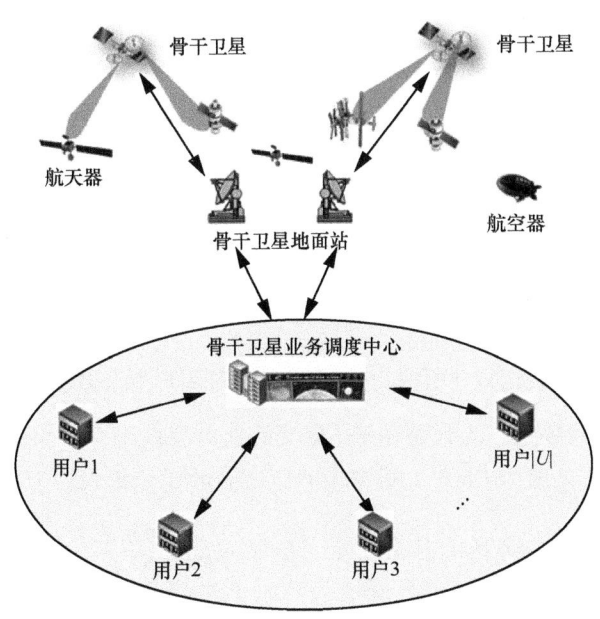

图 11-1　基于重复博弈的空间信息网络骨干卫星资源管理场景

自私且理性用户向网络运控的业务调度中心提交过量的业务使用申请会加剧整个网络的资源冲突。由于空间信息网络存在严格的安全保密协议和透明传输体制，当这些使用申请发生冲突时，业务调度中心的调度员无法通过申请内容本身轻易判断哪个业务更重要，往往需要通过人工方式与相关用户进行多轮协调，才能完成冲突消解。在实际运控场景中，这一过程相当复杂、耗时，不可避免地降低系统效能。因此，我们建立如下的网络资源分配博弈模型。

- 用户：网络存在 $|U|$ 个用户参与资源竞争，用户集合记为 U。
- 策略：各用户决定申请的天线波束资源数量 $n_i \in [0, N_i]$。
- 收益：$G_i(n_1, n_2, \cdots, n_i, \cdots, n_{|U|})$ 表示参与资源竞争的所有用户提交的申请策略为 $(n_1, n_2, \cdots, n_i, \cdots, n_{|U|})$ 时，用户 i 的收益。

由于和其他用户使用申请在同一波束资源时间域上存在冲突，用户 i 部分使用申请可能无法被调度安排。因此，用户 i 的收益 G_i 由两部分组成，分别为资源需求满足率 ζ_i 和调度业务完成率 η_i。资源需求满足率 ζ_i 是用户 i 分配到的天线波束资源与该用户所需资源总量的比值，该参量反映了用户资源需求的满足程度。调度业务完成率 η_i 为用户 i 的调度业务完成数与该用户使用申请总量的比值，该参量反映了用户的申请效率，由网络运控业务调度结果决定。业务调度方法通常为启发式或智能优化算法，该类方法难以给出 η_i 严格的闭式解。然而，基于启发式或元启发式的数值计算结果表明 ζ_i 和 η_i 都与用户提交的时间窗口相关：一方面，随着用户 i 增加时间窗口申请数量，在其他用户申请量不变的情况下，ζ_i 和 η_i 分别随 i 提交申请数量的增加而呈非减与非增函数关系；另一方面，当用户 i 之外的其他用户申请更多的时间窗口并且 i 的申请量恒定时，ζ_i 和 η_i 均为其他用户提交申请量的非增函数。于是，我们定义 η_i 为 $\eta_i = 1 - \sum_{j \in U} \rho_{j,i} n_j$，系数 $\rho_{j,i}$（$0 \leq \rho_{j,i} < 1$）代表用户 j 所提交的时间窗口对用户 i 的影响程度。定义 n_i 表示用户 i 提交的申请数量，$\overline{d_i}$ 代表用户 i 提交的业务申请平均时长；K 是天线波束资源的集合，T_i^k 是用户 i 对第 k 个天线波束资源的实际需求，于是，可以得到用户 i 分配到的资源为 $n_i \eta_i \overline{d_i}$，结合 η_i 定义拓展为 $\zeta_i = \dfrac{n_i \eta_i \overline{d_i}}{\sum_{k \in K} T_i^k}$，大量的调度仿真证明这个近似数学表达与实际情况相符，可以支持后续理论分析。从上述定义可以直观地看出：用户 i 获得更高的收益 G_i，等价于该用户通过更高的申请效率 η_i 获取更大的资源需求满足率 ζ_i，这是各用户追求的目标。G_i 的数学表达式为

$$G_i(n_1, n_2, \cdots, n_i, \cdots, n_{|U|}) = \zeta_i \cdot \eta_i =$$

$$\frac{n_i \eta_i \overline{d_i}}{\sum_{k \in K} T_i^k} \cdot \eta_i =$$

$$\frac{n_i (1 - \sum_{j \in U} \rho_{j,i} n_j) \overline{d_i}}{\sum_{k \in K} T_i^k} \cdot (1 - \sum_{j \in U} \rho_{j,i} n_j) = \quad (11\text{-}1)$$

$$\frac{n_i \overline{d_i}}{\sum_{k \in K} T_i^k} \cdot (1 - \sum_{j \in U} \rho_{j,i} n_j)^2$$

因为 $\rho_{j,i}$ 随着不同调度周期而变化,所以 G_i 是平均值为 g_i 的随机变量。由于系统关注所有用户的总收益,在每个个体用户的收益定义之后,我们据此提出合作准则使所有用户收益之和最大,表示为

$$\max \left(\sum_{i=1}^{|U|} \frac{n_i \overline{d_i}}{\sum_{k \in K} T_i^k} \cdot (1 - \sum_{j \in U} \rho_{j,i} n_j)^2 \right), \ n_i \in [0, N_i] \quad (11\text{-}2)$$

因为本章重点在于促使网络用户形成合作,而不是设计具体算法求解(具体算法可参考第 8 章),我们将用户 i 在该合作准则下获得的收益记为 G_i^C。

11.3 用户资源竞争行为分析

在本节,我们用 11.2 节构建的博弈模型分析用户的资源竞争行为,并推导出系统在当前单次博弈资源竞争模式下,存在纳什均衡解,从理论上解释了当前系统存在用户过量申请网络资源的原因。在用户资源需求申报环节,我们假设所有用户都是自私且理性的,即各用户提交申请的策略是使其收益最大化,而且各用户知道其他用户也会采取同样的策略。如果用户仅考虑在当前调度周期的收益(系统单次博弈资源竞争现状),各用户就会向网络业务调度中心提交过量时间窗口申请以获得更高收益,这种短视行为会导致严重的资源冲突。由于网络资源分配长期进行,我们可以利用这个特点促使用户相互信任,使用户的长期收益与其在当前调度周期中的具体行为相关联,通过构建基于重复博弈的合作机制协调用户的申请量。下面首先分析网络单次博弈现状及其产生的低效纳什解。

在单次博弈资源竞争模式下,各用户只关心在当前调度周期的收益。各用户提交的时间窗口数量构成申请向量 $(n_1^*, n_2^*, \cdots, n_{|U|}^*)$,如果对所有用户 $i=1,2,\cdots,|U|$ 提交的申请量 $n_i' \in [0, N_i]$,下式均成立,那么将该申请向量定义为单次博弈的纳什均衡点,具体如下。

$$G_i(n_1^*, n_2^*, \cdots, n_i^*, \cdots, n_{|U|}^*) \geqslant G_i(n_1^*, n_2^*, \cdots, n_i', \cdots, n_{|U|}^*) \quad (11\text{-}3)$$

纳什均衡可为整个网络提供一个稳定点,在纳什均衡态势下,任一用户 i 在提交申请数量 n_i^* 时不会单独偏离这个稳定点,下面展开分析。

$$\begin{aligned}
G_i(n_1, n_2, \cdots, n_i, \cdots, n_{|U|}) &= \frac{n_i \overline{d_i}}{\sum_{k \in K} T_i^k} \cdot \left(1 - \sum_{j \in U} \rho_{j,i} n_j\right)^2 = \\
&\frac{n_i \overline{d_i}}{\sum_{k \in K} T_i^k} \cdot \left(1 - \rho_{i,i} n_i - \sum_{j \in U \setminus \{i\}} \rho_{j,i} n_j\right)^2 = \\
&\frac{\overline{d_i}}{\sum_{k \in K} T_i^k} \cdot \left[\rho_{i,i}^2 n_i^3 + 2\rho_{i,i}\left(\sum_{j \in U \setminus \{i\}} \rho_{j,i} n_j - 1\right)n_i^2 + \right. \\
&\left. \left(\sum_{j \in U \setminus \{i\}} \rho_{j,i} n_j - 1\right)^2 n_i\right]
\end{aligned} \quad (11\text{-}4)$$

从式(11-4)可以看出,当固定 n_j 时,G_i 是 n_i 的三次函数,n_i 三次项的系数是正数(即 $\frac{\overline{d_i}\rho_{i,i}^2}{\sum_{k \in K} T_i^k} > 0$),并且这个三次函数一阶导数的根判别式也是正数($\Delta = 4\rho_{i,i}^2(\sum_{j \in U \setminus \{i\}} \rho_{j,i} n_j - 1)^2 > 0$)。这样,通过对这个三次函数进行判别式分析,可以推导出 G_i 在 $n_i^p = \left|\frac{1 - \sum_{j \in U \setminus \{i\}} \rho_{j,i} n_j}{3\rho_{i,i}}\right|$ 或 $n_i^p = \left[\frac{1 - \sum_{j \in U \setminus \{i\}} \rho_{j,i} n_j}{3\rho_{i,i}}\right]$ 处取得极值。值得注意的是,当 $n_i \in [0, n_i^p]$ 时,G_i 单调递增。然而,我们更关心 G_i 在 $[0, N_i]$ 范围内的函数特性。如果 $[0, N_i] \subset [0, n_i^p]$,那么当 $n_i \in [0, N_i]$ 时,G_i 也是单调递增的。由于 $\rho_{j,i}$ 和 $\rho_{i,i}$ 均为非常小的正值($10^{-5} \sim 10^{-4}$ 量级),$\frac{1 - \sum_{j \in U \setminus \{i\}} \rho_{j,i} n_j}{3\rho_{i,i}}$ 远大于 N_i($n_i^p \gg N_i$),也就是说,当 $n_i \in [0, N_i]$ 时,G_i 单调递增。于是,当每个用户 i 提交其最大可能的

时间窗口申请量 N_i 时，网络可达到均衡状态，具体命题如下。

命题 11-1：在空间信息网络中，$|U|$ 个理性用户竞争有限的天线波束资源，如果资源竞争的模式是单次博弈，那么网络唯一的纳什均衡点为 $(N_1, N_2, \cdots, N_i, \cdots, N_{|U|})$。

证明：首先，我们证明 $(N_1, N_2, \cdots, N_i, \cdots, N_{|U|})$ 是纳什均衡。根据收益函数，当 $n_1, n_2, \cdots, n_{i-1}, n_{i+1}, \cdots, n_{|U|}$ 固定时，用户 i 收益 $G_i(n_1, n_2, \cdots, n_i, \cdots, n_{|U|})$ 随 n_i 单调增大。因此，对于用户 i，如果申请量小于 N_i，则该用户收益将减少，即表示 $(N_1, N_2, \cdots, N_i, \cdots, N_{|U|})$ 是一个纳什均衡点。接下来用反证法来证明纳什平衡点的唯一性。假设 $(n_1^*, n_2^*, \cdots, n_i^*, \cdots, n_{|U|}^*)$ 是除 $(N_1, N_2, \cdots, N_i, \cdots, N_{|U|})$ 外任一均衡点，它们应至少有一个元素不同，那么不失一般性，令 $n_i^* \neq N_i^*$。但是，收益函数在 $[0, N_i]$ 范围内是单调递增的，即用户 i 只要把需求从 n_i^* 调整为 N_i 就可获得更高收益，这就与纳什均衡点的定义矛盾。证毕。

我们把纳什均衡点 $(N_1, N_2, \cdots, N_i, \cdots, N_{|U|})$ 作为各用户提交的申请量代入式（11-3）得到

$$G_i^S(n_1, n_2, \cdots, n_i, \cdots, n_{|U|}) = \frac{N_i \overline{d_i}}{\sum_{k \in K} T_i^k} \cdot \left(1 - \sum_{j \in U} \rho_{j,i} N_j\right)^2 \tag{11-5}$$

这里，上标 S 代表"selfish"。G_i^S 表示在网络单次博弈资源分配模式下，自私用户 i 唯一可能获取的收益，其平均值为 g_i^S。命题 11-1 表明当前基于单次博弈的天线波束资源分配，各用户为了自身收益一定向业务调度中心提交最大可能的时间窗口数量。如果网络采用重复博弈的资源分配模式，理性用户理解天线波束资源分配过程是以调度周期为单元持续相当长时间（或者不能预测资源分配到底在何时结束），各用户的最优目标转变为在整个重复博弈期间获取最大总体收益，为了实现该目标，用户就会考虑在各调度周期的资源竞争行为。因此，我们构建一个重复博弈架构促使用户合作，使用户短视行为受到抑制，提升整个网络效能。

11.4 用户合作机理

空间信息网络用户为了获得更高收益有参与合作的意愿。为了推导出空间信息网络资源分配重复博弈框架下促使用户 i 维持合作的条件，首先定义用户 i 在当前调

度周期的归一化总收益为

$$S_i = (1-\delta)\sum_{r=0}^{+\infty}\delta^r G_i[r] \qquad (11\text{-}6)$$

其中，$G_i[r]$ 是用户 i 在第 r 个调度周期获得的收益，$\delta(0 \leqslant \delta < 1)$ 是折现因子。通过使用 δ^r，用户在第 r 个调度周期获得的收益 $G_i[r]$ 可以折算到当前周期，为了使重复博弈与单次博弈的收益值量级相当，我们采用 $1-\delta$ 来归一化 $\sum_{r=0}^{+\infty}\delta^r G_i[r]$。

从式（11-6）看出，δ 趋近于 1 表明用户在意后续调度周期获取的收益，这也意味着用户更加有耐心关注长期收益而非当前调度周期或短期收益。因为空间信息网络用户大多为长期用户，他们会从长远角度出发制定资源需求申报策略。因此，这些长期用户为了声誉，在提交业务申请时会约束资源竞争行为；如果在当前调度周期中由于某用户采取不合作资源竞争行为使其声誉受损，从长远角度看，该用户收益也会减少。为了巩固并维持用户合作，抑制用户偏离合作的动机，我们构建了基于惩罚策略的重复博弈资源分配架构。

由命题 11-1 可知，在没有合作的单次博弈情况下，用户唯一可以获取的就是纳什均衡点对应的收益。但是，如果所有用户都遵守一个事先约定的规则来确定各自提交业务申请的规模，他们的收益值都将提升。举例来说，这个合作规则可能是所有用户 i 都服从式（11-2）的优化目标，向业务调度中心提交一定数量的使用申请，从而获得比纳什均衡情况下更好的收益值 G_i^C ($G_i^C > G_i^S$)。

但是，如果在网络内无任何维持合作的可行措施，自私且理性的用户为了获取更高瞬态收益 G_i^D（G_i^D 满足 $G_i^D > G_i^C$），就可能偏离合作状态，如何利用有效的惩罚威胁策略确保在网络资源分配过程中所有用户保持合作非常关键。在这个惩罚威胁策略中，每个用户向其他用户发布威胁声明：一旦有用户偏离合作，就会启动惩罚策略。本章考虑两种具有不同惩罚力度的策略：第一种为无限惩罚策略，即一旦有用户背叛合作，其他用户在后续资源分配时会永远放弃合作；第二种为有限惩罚与宽容策略，该策略没有第一种严苛，更加适用于空间信息网络，我们将在 11.5 节对该策略进行深入分析。这里，我们首先解释无限惩罚策略如何施行，再推导用户维持合作的具体条件。假设在当前调度周期即将开始时，用户 i 考虑是否背叛合作。在重复博弈中，定义用户 i 保持合作获得的折算归一化总收益为 S_i^C，若背叛合作，其归一化折算总收益为 S_i^D。容易看出，如果 $S_i^C > S_i^D$，则用户 i 继续保持合作；否则，用户 i 背叛合作。接下来推导在网络资源分配重复博弈中，用户保持合作的具体条件。

假设用户 i 从第 0 个到第 R_0-1 个调度周期与其他用户保持合作,获得收益 $G_i^C[r]$,$r=0,1,\cdots,R_0-1$,其平均值为 g_i^C。为了获取更多的天线波束资源,用户 i 在第 R_0 个调度周期背叛合作,在该周期获取的瞬时收益为 G_i^D。在第 R_0 个周期,其他用户监测到有用户偏离合作的行为,并将监测结果报告给业务调度中心。在业务调度中心结合用户报告以及本调度周期内业务实际执行情况综合判断、确认后,业务调度中心向所有用户发布信息:在 R_0 周期有用户偏离合作,建议所有合作用户从第 R_0-1 个调度周期开始实施无限惩罚策略,并且永远持续下去。用户 i 在惩罚阶段的收益 $G_i^S[r]$,$r=R_0+1,R_0+2,\cdots$,平均值为 g_i^S。

命题 11-2:对于具有 R 轮天线波束资源分配过程的空间信息网络,当网络用户的折现因子 δ 接近于 1(即用户对其长远利益给予足够重视)且 R 趋近无穷时,用户 i 在背叛合作情况下的折算收益 S_i^D 必然趋近于平均收益 g_i^S,在持续合作情况下的折算收益 S_i^C 必然趋近于平均收益 g_i^C。

证明:首先,我们证明当 δ 趋近于 1 时,用户 i 在重复博弈中根据式(11-6)计算获得的折现收益逼近单次博弈收益的平均值,即 $\lim_{\delta\to 1} S_i = \lim_{R\to+\infty} \dfrac{1}{R+1}\sum_{r=0}^{R} G_i[r]$,我们再根据大数定理,可以进一步推导出 S_i^D 几乎必然收敛于其平均收益 g_i^S。对于网络中没有用户背叛合作的情况,天线波束资源分配重复博弈过程会始终保持在合作阶段,S_i^C 几乎必然趋近于其平均收益 g_i^C。证毕。

因为任一用户 i 总是选择能使其自身收益最大化的时间窗口申请策略,如果 $S_i^C > S_i^D$(即 $g_i^C > g_i^S$),任一用户都不会选择背叛合作。换句话说,由于用户 i 在当前调度周期中偏离合作,该用户会在之后无限个调度周期中受到惩罚,所以只能选择在当前调度周期中保持合作。

11.5 有限惩罚与宽容策略

可以看出 11.4 节中提到的无限惩罚策略对于空间信息网络这样的战略空间资源并不适用,因为无限惩罚会导致整个网络的服务效能降低。例如,一旦有用户放弃合作,整个网络资源分配模式将重新成为单次博弈,所有用户不得不选择唯一的纳什均衡点 $(N_1,N_2,\cdots,N_{|U|})$,最终导致网络总收益严重下降。这就意味着网络一旦启动无限惩罚策略,不仅会使放弃合作的用户受到惩罚,其他维持合作的用户也要

遭受损失。考虑到空间信息网络资源管理中设计惩罚策略的真正目的是预防用户因追求个人高收益而放弃合作,而并非实施惩罚。所以,当用户偏离合作行为发生后,网络没有必要将惩罚周期无限延长,只需要实施有限周期长度的惩罚抵消掉该用户因偏离合作而获取的瞬时高收益。

基于此,我们设计一种有限惩罚与宽容策略:网络资源分配重复博弈从第 0 调度周期开始到第 R_0-1 周期,所有用户保持合作,即所有用户根据提前约定的规则向业务调度中心提交适量的天线波束资源需求。在第 R_0 调度周期,某用户放弃合作,向业务调度中心提交过量的时间窗口需求,网络业务调度中心根据所有用户监测报告以及集中调度计算结果,确认网络中有用户出现非合作资源竞争行为。业务调度中心建议网络保持合作的用户在之后的调度周期提交纳什均衡点对应的时间窗口申请量作为对偏离合作用户的惩罚,网络在第 R_0+1 周期进入惩罚阶段,惩罚阶段持续 R 个周期。惩罚阶段结束后,所有用户均以合作方式参与资源竞争,网络恢复合作状态。下面命题说明该合作状态是一种子博弈完美均衡,保证了任一周期开始的网络资源分配子博弈具备纳什最优性。

命题 11-3:在空间信息网络中,如果任一用户 i 都在天线波束资源分配重复博弈中采取有限惩罚与宽容策略,当 $\bar{\delta}<1$ 时,总是存在一个足够大的折现因子 δ 满足 $\delta>\bar{\delta}$,使得用户以合作方式参与资源竞争并提交适度规模的天线波束资源需求,并且保证该重复博弈存在折现收益为 g_i^c 的子博弈完美均衡。

证明:既然空间信息网络用户提交的时间窗口需求构成的申请向量 $(N_1,N_2,\cdots,N_{|U|})$ 是空间信息网络天线波束资源分配单次博弈的纳什均衡点,那么 $(N_1,N_2,\cdots,N_{|U|})$ 也是整个网络资源分配重复博弈的纳什均衡点,接下来我们利用 Folk 定理证明命题 11-3。Folk 定理表明:折现因子 δ 足够接近 1 的重复博弈存在子博弈完美纳什均衡点,使重复博弈结果满足网络最优,即本章设计的有限惩罚与宽容策略可以为具备足够耐心的空间信息网络用户($\delta>\bar{\delta}$)提供一个子博弈完美纳什均衡点。在惩罚阶段,用户按照资源分配单次博弈的纳什均衡点提交各自的时间窗口需求,在合作阶段,遵守约定提交需求,这种有限惩罚与宽容策略可以促使空间信息网络用户持续合作。证毕。

有限惩罚与宽容策略中的惩罚阶段时长决定了用户偏离合作的意向,下述命题给出抑制用户放弃合作意向的最短惩罚阶段时长。

命题 11-4:空间信息网络共有 $|U|$ 个用户参与天线波束资源分配,并从第 0 到

第 11 章 空间信息网络资源竞争行为协调方法

第 R_0-1 调度周期保持合作。假设任一用户 i 在第 R_0 周期有放弃合作的意向，即该用户准备申请最大数量的天线波束资源以获取远高于合作情况下的瞬态收益。那么，为了抑制用户 i 偏离合作的意向，在资源分配重复博弈中设计的有限惩罚与宽容策略必须满足如下条件。

$$R > \max\left(\frac{\lg\left(1-\frac{(1-\delta)G_i^{D,p}}{\delta(g_i^C-g_i^S)}\right)}{\lg\delta}\right), i=1,2,\cdots,|U| \quad (11\text{-}7)$$

其中，R 表示惩罚阶段持续的调度周期数。

证明：用户 i 如果在整个重复博弈过程保持合作，虽然可以获取平均收益 g_i^C，但由于业务调度中心的冲突消解，用户 i 在第 R_0 周期获得的最差收益可能是 0。在空间信息网络天线波束资源分配重复博弈过程中，如果没有发生任何过量申报网络资源的不合作行为，网络合作状态将一直持续下去，因此，用户 i 得到的折现收益 S_i^C 存在下界，即

$$S_i^C \geqslant (1-\delta)\cdot\left(\sum_{r=0}^{R_0-1}\delta^r g_i^C + 0 + \sum_{r=R_0+1}^{+\infty}\delta^r g_i^C\right) \quad (11\text{-}8)$$

如果用户 i 在第 R_0 周期偏离合作，向业务调度中心申请最大数量（N_i）的时间窗口，同时其他用户在该周期仍遵守合作规则，那么用户 i 在该周期的瞬时收益会大幅提升。我们把用户 i 在第 R_0 周期因为偏离合作而获取的最大瞬时收益记为 $G_i^{D,p}$。一旦用户 i 决定在第 R_0 周期偏离合作，整个网络将进入持续时长为 R 个周期的有限惩罚阶段，然后恢复合作状态。在天线波束资源分配重复博弈中，用户 i 偏离合作得到的折现收益上界为

$$S_i^D \leqslant (1-\delta)\cdot\left(\sum_{r=0}^{R_0-1}\delta^r g_i^C + \delta^{R_0}G_i^{D,p} + \sum_{r=R_0+1}^{R_0+R}\delta^r g_i^S + \sum_{r=R_0+R+1}^{+\infty}\delta^r g_i^C\right) \quad (11\text{-}9)$$

理性用户 i 在决定第 R_0 周期是否放弃合作时，会比较 S_i^C 和 S_i^D。如果 S_i^C 的下界高于 S_i^D 的上界，该用户不可能发生偏离合作行为，这样，我们就给出抑制用户偏离合作的必要条件为

$$\begin{aligned}&(1-\delta)\cdot\left(\sum_{r=0}^{R_0-1}\delta^r g_i^C + 0 + \sum_{r=R_0+1}^{+\infty}\delta^r g_i^C\right) > \\ &(1-\delta)\cdot\left(\sum_{r=0}^{R_0-1}\delta^r g_i^C + \delta^{R_0}G_i^{D,p} + \sum_{r=R_0+1}^{R_0+R}\delta^r g_i^S + \sum_{r=R_0+R+1}^{+\infty}\delta^r g_i^C\right)\end{aligned} \quad (11\text{-}10)$$

根据式（11-10），我们进一步推导得到

$$\begin{cases} \sum_{r=R_0+1}^{+\infty} \delta^r g_i^C > \delta^{R_0} G_i^{D,p} + \sum_{r=R_0+1}^{R_0+R} \delta^r g_i^S + \sum_{r=R_0+R+1}^{+\infty} \delta^r g_i^C \\ g_i^C \sum_{r=R_0+1}^{R_0+R} \delta^r > G_i^{D,p} \delta^{R_0} + g_i^S \sum_{r=R_0+1}^{R_0+R} \delta^r \\ g_i^C \dfrac{\delta^{R_0+1}(1-\delta^R)}{1-\delta} > G_i^{D,p} \delta^{R_0} + g_i^S \dfrac{\delta^{R_0+1}(1-\delta^R)}{1-\delta} \\ \delta(1-\delta^R)(g_i^C - g_i^S) > (1-\delta)G_i^{D,p} \\ \delta^R < 1 - \dfrac{(1-\delta)G_i^{D,p}}{\delta(g_i^C - g_i^S)} \\ R > \log_\delta\left(1 - \dfrac{(1-\delta)G_i^{D,p}}{\delta(g_i^C - g_i^S)}\right) = \dfrac{\lg\left(1 - \dfrac{(1-\delta)G_i^{D,p}}{\delta(g_i^C - g_i^S)}\right)}{\lg \delta} \end{cases} \quad (11\text{-}11)$$

证毕。

为了使式（11-11）有效，$1-\dfrac{(1-\delta)G_i^{D,p}}{\delta(g_i^C - g_i^S)}$ 必须大于或等于 0，并且折现因子 δ 满足 $\delta > \dfrac{G_i^{D,p}}{g_i^C - g_i^S + G_i^{D,p}}$。当折现因子 δ 趋近于 1 时，通过应用洛必达法则，可进一步得到

$$R > \max\left(\dfrac{G_i^{D,p}}{g_i^C - g_i^S}\right), \quad i = 1, 2, \cdots, |U| \quad (11\text{-}12)$$

式（11-12）中，$\max\left(\dfrac{G_i^{D,p}}{g_i^C - g_i^S}\right)$ 反映了用户偏离合作的趋势。当 $\left(\dfrac{G_i^{D,p}}{g_i^C - g_i^S}\right)$ 值更大时（偏离合作可以获取更高的瞬时收益或者使 g_i^C 和 g_i^S 的差值更小），网络就应该在资源分配重复博弈框架内相应地延长惩罚阶段时长（增大 R），使惩罚更加严苛，最终抑制用户偏离合作的意向。既然空间信息网络用户在意他们在未来空天任务中的长期收益，那么他们通常不会以牺牲长远收益为代价而追求较高的瞬时收益。

同样采用 NASA 经典的天基网络调度场景验证空间信息网络重复博弈资源分配方法，参与竞争天线波束资源的理性且具有自私属性的用户数为 $|U|$（$|U| \in [2,10]$），每个用户可以向中继卫星网络业务调度中心提交的最大时间窗口需求均为 300，这些时间窗口的时间在 900~1 500 s 之间平均分布。假设空间信息

第 11 章 空间信息网络资源竞争行为协调方法

网络中一个任务规划周期单元为 86 400 s。

（1）假设有 3 个用户参与资源竞争，即 $|U|=3$

比较如下两种情况：① 所有用户合作模式，从第 1 到第 30 个任务规划周期，3 个用户合作遵守提前约定好的规则，即每个用户向网络调度中心发送 120 个时间窗口需求；② 所有用户均不合作（当前现状），从第 1 到第 30 个任务规划周期，3 个用户均不合作，即每个用户向网络调度中心发送 300 个时间窗口需求（最多能申请的窗口数量）。两种情况下的网络收益及单用户收益如图 11-2 所示，单用户的平均冲突量如图 11-3 所示。

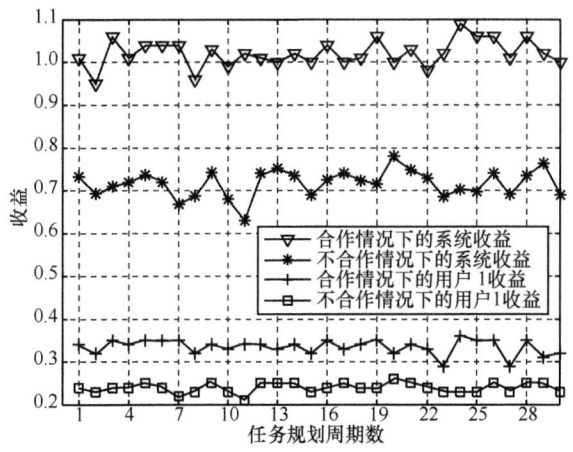

图 11-2　所有用户合作与不合作情况下的收益比较

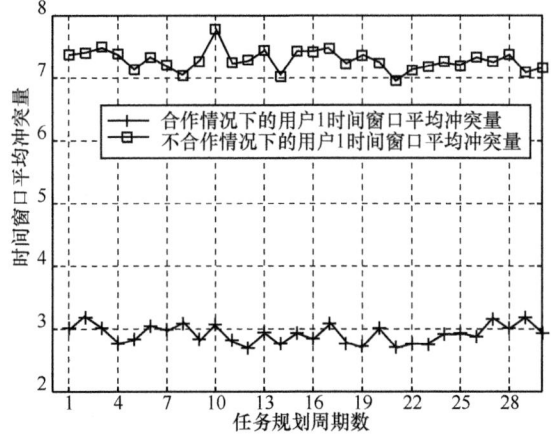

图 11-3　所有用户合作与不合作情况下的单用户时间窗口平均冲突量

由图 11-2 和图 11-3 可知,通过重复博弈方法促使用户合作得到的网络收益是所有用户不合作收益的 1.565 倍,并且单个用户收益也明显增大,网络的时间窗口冲突量下降至少一半。

有限惩罚策略效果如图 11-4 所示。可见,3 个用户从第 1~15 个任务规划周期均采取合作,即该段时间 3 个用户均根据提前预订向业务调度中心发送 120 个时间窗口,但到第 16 个任务规划周期,用户 1 背离合作以获取高瞬态收益,业务调度中心检测发现存在用户背离行为,其他合作用户实施有限惩罚策略,惩罚持续时长为 5 个规划周期,用户 1 在该惩罚时段内的收益明显下降,抵消了背离合作带来的瞬态收益,用户 1 为了避免损失收益,在第 22 个任务规划周期恢复合作。

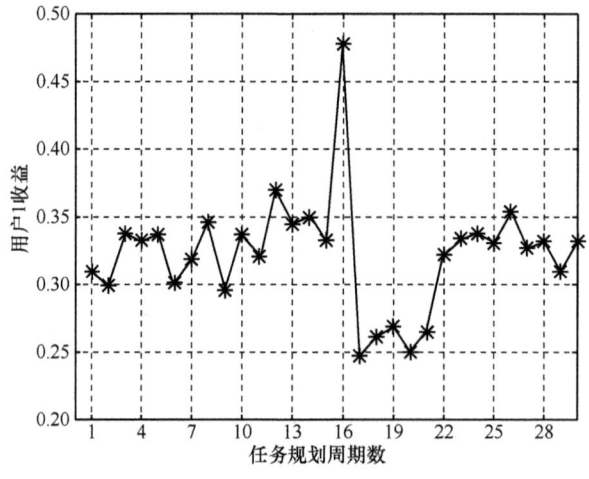

图 11-4 有限惩罚策略的效果

从有限惩罚策略制定的惩罚持续时长 $R > \max\left(\dfrac{G_i^{D,p}}{g_i^C - g_i^S}\right)$ 可以看出,$\max\left(\dfrac{G_i^{D,p}}{g_i^C - g_i^S}\right)$ 越大,所需的惩罚时间 R 越长,如图 11-5 所示。

(2)假设有 $|U|$ 个用户参与资源竞争,$|U| \in [2,10]$

由图 11-6 可知,相比于现有资源分配单次博弈方法,我们提出的基于重复博弈架构的资源分配方法所得到的网络收益的增益,随参与资源竞争的用户数增加而增大,即参与资源竞争的用户数从 2 个增加到 10 个,资源分配重复博弈方法的网络收益则从 1.36 倍增大到 3.46 倍,显著提升了网络应用效能。

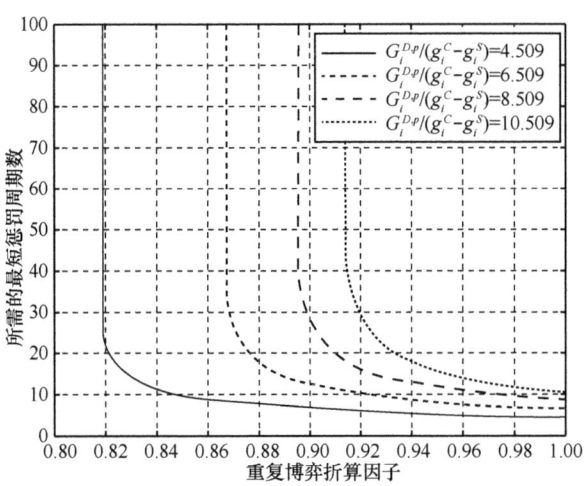

图 11-5 有限惩罚策略所需最短惩罚周期数与折算因子的对应关系

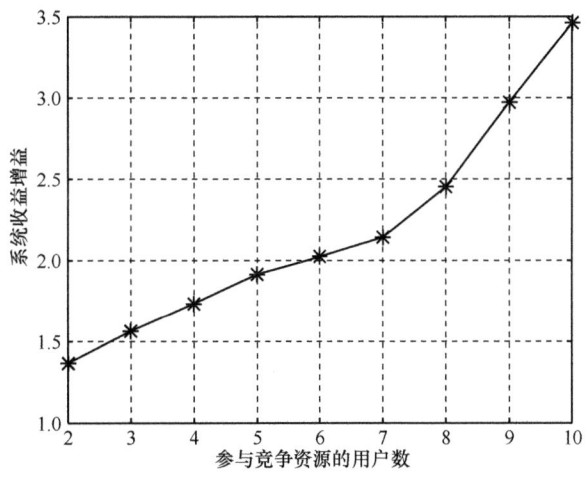

图 11-6 用户合作情况下网络收益增益随用户数变化的关系

11.6 本章小结

本章采用博弈论对空间信息网络资源分配过程中的用户资源竞争行为进行理论分析和建模,基于网络运控具有的长期性特点,设计资源分配重复博弈架构,使自私且理性的用户建立并保持合作状态,极大地提升了网络整体收益。为了抑制用户偏离合作的趋势，我们基于惩罚威胁的思想设计高效的有限惩罚与宽容策略。数值仿真结果验证了所提出的资源分配重复博弈架构及方法的有效性，相比于资源分配单次博弈的传统方法，当参与资源竞争的用户数从 2 个增加到 10 个时，所有用户收益总和提高至 1.36～3.46 倍。

参考文献

[1] ROJANASOONTHON S, BARD J, REDDY S. Algorithms for parallel machine scheduling: a case study of the tracking and date delay satellite system[J]. Journal of the operational research society, 2003, 54(1): 806-821.

[2] ROJANASOONTHON S, BARD J. A GRASP for parallel machine scheduling with time windows[J]. INFORMS journal on computing, 2005, 17(1): 32-51.

[3] WANG L, JIANG C, KUANG L L, et al. TDRSS scheduling algorithm for non-uniform time-space distributed missions[C]//2017 IEEE Global Communications Conference (GLOBECOM 2017).

[4] FANG Y S, CHEN Y W. Constraint programming model of TDRSS single access link scheduling problem[C]// in 5th International Conference on Machine Learning and Cybernetics. Dalian: IEEE Press, 2006: 13-16.

[5] XIAO Y, SCHAAR M V D. Dynamic spectrum sharing among repeatedly interacting selfish users with imperfect monitoring[J]. IEEE journal on selected areas in communications, 2012, 30(10): 1890-1899.

[6] MA S, LIU X, FU L, et al. On the greedy resource occupancy threat in dynamic spectrum access[J]. IEEE transactions on vehicular technology, 2017, 66(12): 11233-11248.

[7] WANG L, JIANG C, KUANG L L, et al. Repeated game based cooperation mechanism for antenna beam resource allocation in TDRSS[C]// 2018 IEEE International Conference on Communications (ICC 2018).

[8] LI F, LAM K Y, LIU X, et al. Joint pricing and power allocation for multibeam satellite systems with dynamic game model[J]. IEEE transactions on vehicular technology, 2018, 67(3): 2398-2408.

[9] NET M S, SELVA D, CAMERON B, et al. Results of the MIT space communication and navigation architecture study[C]// in 2014 IEEE Aerospace Conference, IEEE. Montana: IEEE, 2014: 1-14.

[10] ZHAO W, ZHAO J, ZHAO S, et al. Resources scheduling for data relay satellite with microwave and optical hybrid links based on improved niche genetic algorithm[J]. Optik-International journal for light and electron optics, 2014, 125(13): 3370-3375.

[11] WANG L, KUANG L L, HUANG H M, et al. High efficient scheduling of heterogeneous antennas in TDRSS based on dynamic setup time[C]// Space Information Networks- 1st International Conference (SINC2016, Revised Selected Papers).
[12] MAILATH G J, SAMUELSON L. Repeated games and reputations[M]. Oxford University Press, 2006.
[13] WU Y, WANG B, LIU K J R, et al. Repeated open spectrum sharing game with cheat-proof strategies[J]. IEEE transactions on wireless communications, 2009, 8(4): 1922-1933
[14] WANG L, JIANG C, KUANG L L, et al. High-efficient resource allocation in data relay satellite systems with users behavior coordination[J]. IEEE transactions on vehicular technology.
[15] SONG L, XIAO Y, SCHAAR M V D. Demand side management in smart grids using a repeated game framework[J]. IEEE journal on selected areas in communications, 2014, 32(7): 1412-1424.
[16] HOANG D T, LU X, NIYATO D, et al. Applications of repeated games in wireless networks: a survey[J]. IEEE communications surveys & tutorials, 2015, 17(4): 2102-2135.

第 12 章
星地协同网络的联合资源管理方法与技术

第 11 章研究了空间信息网络资源管理问题。但随着通信发展,空间网络与地面网络的融合已经成为未来的发展趋势,因此本章将研究空间网络与地面网络的资源联合管理问题,寻找星地协同网络资源高效利用的方法与技术。

12.1 引言

由于无线通信需求增长迅速,无线网络正面临越来越大的挑战。在下一代无线网络中,作为改善系统容量的有效方法,新的频谱开发已经被纳入考虑之中[1]。与此同时,由于数据量的增长,卫星网络对频谱的需求也在急剧增长[2]。在无线通信的发展历史中,有限的频谱资源一直是限制通信容量增长的重要因素。在有限的频谱资源下,频谱共享技术能够有效地增加频谱效率,改善系统性能[3]。目前地面网络和卫星网络的协作传输已经被考虑用于提供更加全面的通信覆盖[4]。因此地面网络和卫星网络之间的频谱共享技术在未来无线通信中将起到重要作用[5-6]。

在频谱共享网络中,为改善系统性能,需要对系统资源进行有效的分配。在文献[2,7]中,认知无线电(Cognitive Radio,CR)技术被应用到星地协同系统中,在限制对地面网络的干扰情况下,允许卫星对频谱的动态接入。在文献[8]中,波束成形技术被用于系统性能的优化,并提出了一种半自适应的算法,能够有效降低计算复杂度。文献[9-10]提出了禁止区域(Exclusive Zone,EZ)的概念,以管理星地协同中的传输资源。在禁止区域范围内,地面网络将不被允许使用卫星网络的频谱,从而保护卫星网络。文献[11-12]在考虑同频干扰的情况下,研究了协同星地中继网络的符号错误率和系统容量。

频谱共享会不可避免地引入同频干扰(Co-Channel Interference,CCI),在有限的频谱资源条件下，需要对系统资源进行有效的分配。尤其是在星地协同网络中，资源的管理与分配将会更加复杂，这些资源包括时间资源、频谱资源、功率资源、天线资源、空间资源、轨道资源等。相对于分布式的资源管理，中心式的资源管理能够实现更高的效率和更好的系统性能。在地面网络中，基于云处理的无线接入网络（Cloud Ran，C-RAN）被提出并应用于中心式的资源管理[13]，与传统地面网络中各个基站分别进行各自的编解码不同，所有信号处理过程都集中在云端处理中心进行[14-15]，这为星地协同网络中的资源管理提供了新的启发。

12.2 星地协同网络中的功率分配

12.2.1 星地协同网络系统框架

考虑如图 12-1 所示的频谱共享的星地协同网络，卫星与地面基站共享频谱，同时服务各自的用户。基站主要为城市等人口密集区域提供移动通信服务，而卫星主要为郊区、山区等人口稀疏、无基站服务的区域提供移动通信服务。卫星发射天线数量为 M，能够在波束成形技术下同时服务 M 个用户。地面所有基站用户的总数量为 K，卫星用户和地面基站用户均为单天线。

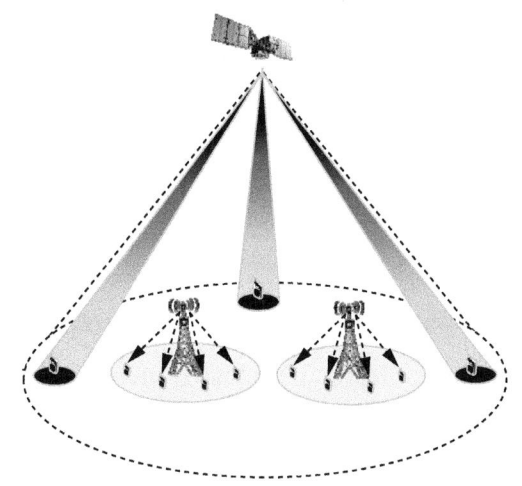

图 12-1 频谱共享的星地协同网络

卫星的发射信号为

$$x_S = \sum_{j=1}^{M} v_j \sqrt{P_j} s_j \tag{12-1}$$

其中，v_j 是用户 j 的波束向量，P_j 是用户 j 的分配功率，s_j 是用户 j 的信号。

由于卫星信道通常波动较小，我们基于最大比传输（Maximum Ratio Transmission，MRT）设计波束向量，有

$$v_J = \frac{g_J}{\|g_J\|} \tag{12-2}$$

如前所述，卫星用户位于无基站服务的区域，所以其不会受到来自基站的干扰。卫星用户的接收信号为

$$y_{S,J} = g_J^H \sum_{j=1}^{M} v_j \sqrt{P_j} s_j + n = g_J^H v_J \sqrt{P_J} s_J + g_J^H \sum_{j=1, j \neq J}^{M} v_j \sqrt{P_j} s_j + n \tag{12-3}$$

其中，n 是加性高斯白噪声（AWGN）。

卫星用户的信号与干扰加噪声比（Signal to Interference Plus Noise Ratio，SINR）为

$$\gamma_{S,J} = \frac{|g_J^H v_J|^2 P_J}{\sum_{j=1, j \neq J}^{M} |g_J^H v_j|^2 P_j + \sigma_n} \tag{12-4}$$

从而可得卫星的总容量为

$$C_S = \sum_{J=1}^{M} C_{S,J} = \sum_{J=1}^{M} \text{lb}(1 + \gamma_{S,J}) \tag{12-5}$$

虽然卫星用户不会受到来自基站的干扰，但卫星将会对覆盖范围内所有的基站用户产生干扰。为保护基站用户，我们引入噪声温度的概念。卫星的传输功率必须控制在一定限度内，保证对所有地面用户产生的干扰都低于噪声温度的限制。

$$P_{B,I} = \sum_{j=1}^{M} |h_I^H v_j|^2 P_j \leqslant P_{\text{th}}, I \in \{1, 2, \cdots, K\} \tag{12-6}$$

其中，h_I 是卫星到地面用户的信道。

为优化系统性能，我们在功率限制和干扰温度的限制下优化卫星系统的总容量。

第 12 章　星地协同网络的联合资源管理方法与技术

$$\max_{\boldsymbol{P}} C_S = \sum_{J=1}^{M} C_{S,J} = \sum_{J=1}^{M} \mathrm{lb}(1 + \frac{|\boldsymbol{g}_J^{\mathrm{H}} \boldsymbol{v}_J|^2 P_J}{\sum_{j=1, j \neq J}^{M} |\boldsymbol{g}_J^{\mathrm{H}} \boldsymbol{v}_j|^2 P_j + \sigma_n})$$

$$C1: P_{B,I} = \sum_{j=1}^{M} |\boldsymbol{h}_I^{\mathrm{H}} \boldsymbol{v}_j|^2 P_j \leqslant P_{\mathrm{th}}, \forall I \qquad (12\text{-}7)$$

$$C2: \sum_{J=1}^{M} P_J \leqslant P_{S,\max}$$

$$C3: P_J \geqslant 0, \forall J$$

12.2.2　最优功率分配策略

由于优化目标函数的非凸性，式（12-7）所示的优化问题为非凸优化问题。为求解该非凸问题，我们使用连续凸逼近（Successive Convex Approximation，SCA）的方法进行求解[16]，将原始的非凸问题转换为一系列凸子问题，如下所示。

- 设定 $t=1$，从可行点 $P[1]$ 初始化 SCA 方法。
- 在第 t 次迭代中，在可行点 $P[t]$ 附近小范围用凸函数近似原非凸函数，从而将原来的非凸问题转换为凸问题。
- 使用标准优化理论，求解近似子问题，得到子问题的最优功率分配 $P[t+1]$。
- 更新 $t=t+1$，重复迭代，直到结果收敛。
- 使用对数近似[17]，原有的非凸函数可以近似为

$$\ln(1+\gamma_J) \geqslant \theta_J \ln \gamma_J + \beta_J \qquad (12\text{-}8)$$

其中，如果我们设定 $P_J = \left[\dfrac{\theta_J}{\sum\limits_{j=1,j\neq J}^{M} \theta_j \dfrac{|\boldsymbol{g}_j^{\mathrm{H}} \boldsymbol{v}_J|^2}{I_j} + \ln 2 \sum\limits_{I=1}^{K} \mu_I |\boldsymbol{h}_I^{\mathrm{H}} \boldsymbol{v}_J|^2 + \lambda \ln 2} \right]^+$，$\theta_J = \dfrac{\overline{\gamma}_J}{1+\overline{\gamma}_J}$，

$\beta_J = \ln(1+\overline{\gamma}_J) - \dfrac{\overline{\gamma}_J}{1+\overline{\gamma}_J} \ln \overline{\gamma}_J$，则在 $\gamma_J = \overline{\gamma}_J$ 处该值近似为精确值。

使用该对数近似来近似目标函数，并且对优化变量进行转换 $\hat{P} = \ln P$，我们可以得到目标函数的近似下界为

$$\sum_{J}^{M}C_{S,J} \geq \sum_{J=1}^{M}C_{S,J}(\mathrm{e}^{\hat{P}_J},\theta_J,\beta_J) = \sum_{J}^{M}\frac{1}{\ln 2}\theta_J \ln\left(\frac{|\bm{g}_J^\mathrm{H}\bm{v}_J|^2\,\mathrm{e}^{\hat{P}_J}}{\sum\limits_{j=1,j\neq J}^{M}|\bm{g}_J^\mathrm{H}\bm{v}_j|^2\,\mathrm{e}^{\hat{P}_j}+\sigma_n}\right)+\beta_J \quad (12\text{-}9)$$

原问题可以被转换为如下子问题。

$$\min_{\hat{P}}-\sum_{J=1}^{M}C_{S,J}(\mathrm{e}^{\hat{P}_J},\theta_J,\beta_J)$$
$$\mathrm{C1}:P_{\mathrm{th}}-\sum_{j=1}^{M}|\bm{h}_I^\mathrm{H}\bm{v}_j|^2\,\mathrm{e}^{\hat{P}_j}\geq 0,\forall I \quad (12\text{-}10)$$
$$\mathrm{C2}:P_{S,\max}-\sum_{J=1}^{M}\mathrm{e}^{\hat{P}_J}\geq 0$$

在式（12-10）中，我们已经把优化问题转换成了标准形式。由于对数指数和函数为凸函数[18]，我们可以证明子问题（12-10）为标准凸问题，从而可以用拉格朗日对偶方法进行求解。

子问题（12-10）的拉格朗日函数为

$$L(\hat{P},\mu,\lambda)=-\sum_{J=1}^{M}C_{S,J}(\mathrm{e}^{\hat{P}_J},\theta_J,\beta_J)-\sum_{I=1}^{K}\mu_I(P_{\mathrm{th}}-\sum_{j=1}^{M}|\bm{h}_I^\mathrm{H}\bm{v}_j|^2\,\mathrm{e}^{\hat{P}_j})-\lambda(P_{S,\max}-\sum_{J=1}^{M}\mathrm{e}^{\hat{P}_J})$$
$$(12\text{-}11)$$

其中，μ 和 λ 是约束条件 C1 和 C2 的拉格朗日乘子。

通过求解 $\dfrac{\partial L}{\partial \hat{P}_J}=0$，我们可以得到子问题的最优功率分配为

$$P_J=\left[\frac{\theta_J}{\sum\limits_{j=1,j\neq J}^{M}\theta_j\dfrac{|\bm{g}_j^\mathrm{H}\bm{v}_J|^2}{I_j}+\ln 2\sum\limits_{I=1}^{K}\mu_I|\bm{h}_I^\mathrm{H}\bm{v}_J|^2+\lambda\ln 2}\right]^{+} \quad (12\text{-}12)$$

其中，$(x)^+=\max(0,x)$，I_j 为

$$I_j[t]=\sum_{m=1,m\neq j}^{M}|\bm{g}_j^\mathrm{H}\bm{v}_m|^2\,\mathrm{e}^{\hat{P}_m[t]}+\sigma_n \quad (12\text{-}13)$$

拉格朗日乘子通过以下次梯度方法计算得到。

$$\mu_I[t_\delta+1] = [\mu_I[t_\delta] - \delta_I(P_{\text{th}} - \sum_{j=1}^{M}|\boldsymbol{h}_I^{\text{H}}\boldsymbol{v}_j|^2 P_j)]^+$$

$$\lambda[t_\delta+1] = [\lambda[t_\delta] - \delta(P_{S,\max} - \sum_{J=1}^{M}P_J)]^+$$

(12-14)

其中，t_δ 是次梯度的迭代步数，δ 是迭代步长。

由于以上所求解的仅是近似的子问题的最优功率分配，所以我们仅获得了原问题的下界的最优解。为获得原问题的最优解，我们利用 SCA 方法，迭代进行计算，直到得到原问题的最优解。

12.2.3 仿真结果

本节通过对实际系统仿真评估所提出的功率分配方法。载波频率设定为 2 GHz，带宽为 10 MHz。高斯噪声功率可以计算为 $\sigma_n = BN_0$，其中，$N_0 = -174$ dBm/Hz 是高斯噪声频谱密度。卫星轨道高度为 1 000 km，发射功率为 80 W，发射天线增益为 40 dBi，卫星信道建模为莱斯信道[19]。

图 12-2 给出了所提出的功率分配方法的收敛迭代过程，其中我们设定天线数量 $M=4$。可以看到，对于不同的地面用户数量，所提出的功率分配方法都能够很快收敛（在 10 次迭代之内）。此外，当地面用户数量增加时，由于卫星需要控制对所有地面用户的干扰，卫星系统的总容量将会减小。当地面用户数量从 4 个增加到 16 个时，卫星容量将会减小 15%左右。

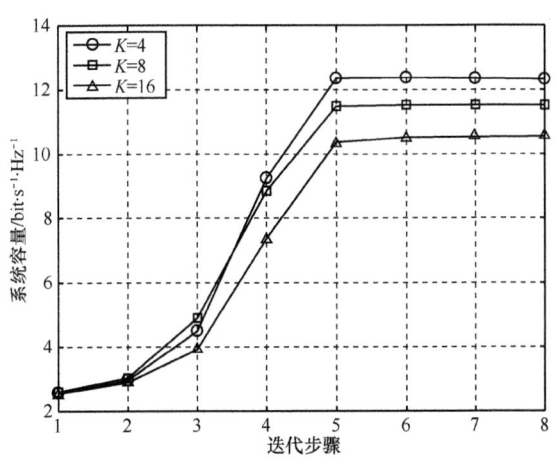

图 12-2 迭代求解过程

如图 12-3 所示，我们设定 $K=4$，给出了不同干扰温度限制下的系统容量。可以看出，系统容量随干扰温度限制增加接近于线性增长。由于卫星信道的波动性小，干扰温度限制实际上以较高的相关度限制了卫星的发射功率，因此干扰温度限制会显著影响卫星系统的容量。当 $M=16$，干扰温度限制从 −80 dBm 增加到 −60 dBm 时，系统容量将从 8 bit/s·Hz^{-1} 增长到 15 bit/s·Hz^{-1}。此外，当 P_{th} = −60 dBm，卫星发射天线从 4 个增加到 16 个时，系统容量增加了大概 12%。虽然更多的发射天线能够实现更大的分集增益，但用户数量的增多也会带来更多的干扰。

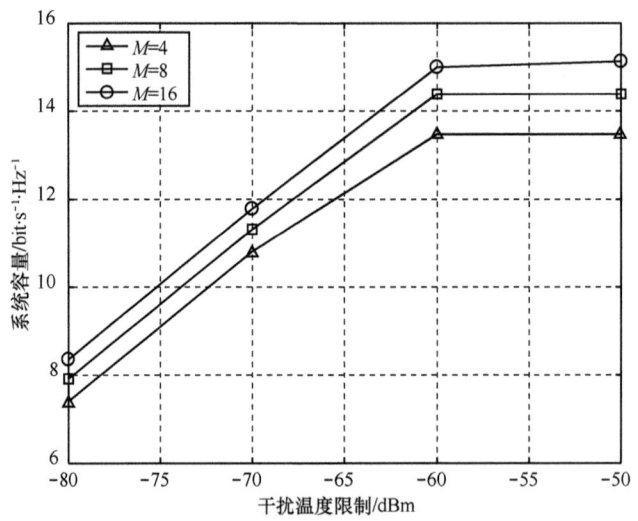

图 12-3　不同干扰温度限制下系统容量对比

图 12-4 给出了不同功率分配方法的性能对比。最优的功率分配策略需要所有地面用户的信道信息，为减少信道估计与信道信息更新所占用的资源，我们考虑使用基于经验的保守估计值来代替实时信道信息，从而减少系统资源的占用（如图 12-4 中分布式次优方法所示）。我们可以看到，在不使用实时信道信息的情况下，分布式次优方法将会有 15% 的容量损失。我们需要在系统时延、资源占用、用户容量之间找到一个权衡。此外，图 12-4 中给出了启发式方法作为参考的基准值，依据是卫星用户的信道动态分配功率。我们可以看到，由于用户间存在干扰，启发式方法会存在较大的容量损失，尤其是干扰温度限制较大时。当 P_{th} = −60 dBm 时，相比于最优方法有 50% 的容量损失。

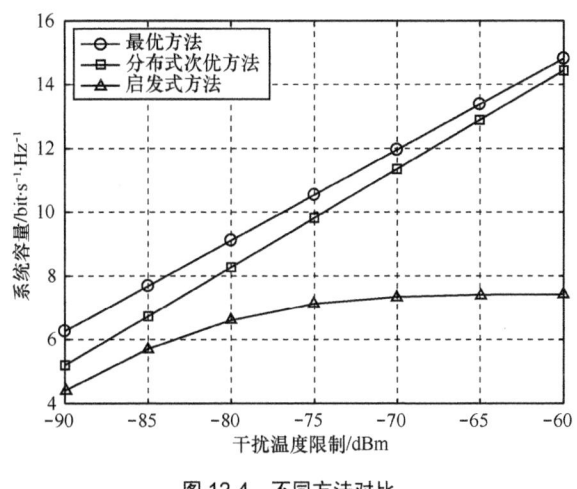

图 12-4　不同方法对比

12.3　基于云处理的星地协同网络中的资源分配方法

12.3.1　基于云处理的星地协同网络框架

考虑如图 12-5 所示的星地协同网络,卫星和地面基站共同提供无缝移动通信服务。地面网络主要为城市人口密集区域提供高质量服务,卫星主要为郊区人口稀疏的区域提供额外的服务。卫星和地面网络工作于同一频段,使用频谱共享技术同时服务用户。我们考虑地面下行和卫星上行共享频谱的场景,由于卫星用户位于无地面覆盖的区域,卫星用户上行将不会干扰基站下行传输。在这种情况下,系统干扰主要为地面基站下行对卫星用户上行造成的干扰。

受地面的 C-RAN 网络架构启发,我们将其引入星地协同网络,构建基于云处理的星地协同网络,所有基站和卫星的信号处理均在云端进行。卫星接收到地面基站和卫星用户的混合信号后,通过地面站将其传输到云端处理中心,在云端进行干扰处理和资源分配。

在该星地协同网络中,我们采用正交频分多址接入(Orthogonal Frequency-Division Multiple Access,OFDMA)。考虑场景中一共有 K 个基站,每个基站服务 I 个用户。系统总带宽为 B,被分为 M 个子载波。卫星用户在子载波 m 上的信号

是 $a_{u,m}u_m, m \in \{1,2,\cdots,M\}$,其中 $a_{u,m} \in \{0,1\}$ 代表子载波 m 是否被分配给卫星用户。类似地,基站 k 到用户 i 在子载波 m 上的信号为 $\Delta h_{ke,m} = \hat{h}_{ke,m} - h_{ke,m}$,其中 $k \in \{1,2,\cdots,K\}, i \in \{1,2,\cdots,I\}, m \in \{1,2,\cdots,M\}$, $a_{k,i,m} \in \{0,1\}$ 代表子载波 m 是否被分配给用户。用 $h_{u,m}$ 表示在子载波 m 上卫星到用户的信道,$h_{k,m}$ 和 $g_{k,i,m}$ 分别表示在子载波 m 上基站 k 到卫星和基站 k 到用户 i 的信道。在子载波 m 上卫星的接收信号为

$$y_m = a_{u,m}h_{u,m}u_m + \sum_{k=1}^{K}\sum_{i=1}^{I} a_{k,i,m}h_{k,m}z_{k,i,m} + n_1 \tag{12-15}$$

其中,n_1 是 AWGN。

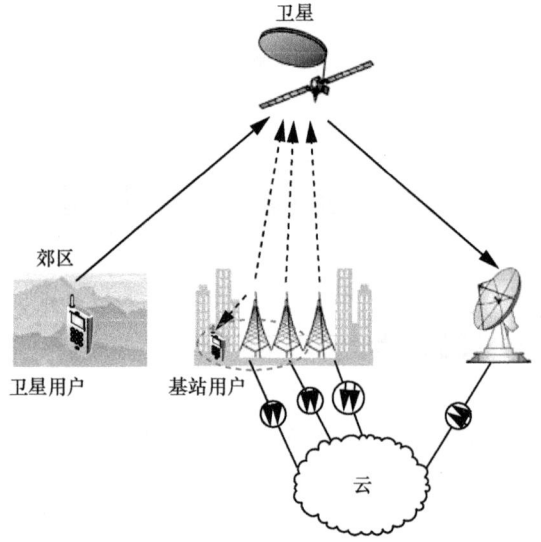

图 12-5 基于云处理的星地协同网络框架

卫星将混合信号通过地面站传输到云端处理中心,用 $h_{e,m}$ 表示子载波 m 上卫星到地面站的信道,在云端的混合信号为

$$y_{ie,m} = a_{u,m}h_{ue,m}u_m + \sum_{k=1}^{K}\sum_{i=1}^{I} a_{k,i,m}h_{ke,m}z_{k,i,m} + n_{e,m} \tag{12-16}$$

其中,$h_{ue,m} = h_{u,m}h_{e,m}$,$h_{ke,m} = h_{k,m}h_{e,m}$,$n_{e,m} = h_{e,m}n_1 + n_2$,$n_2$ 是地面站处的高斯噪声。

由于基站的所有信号处理过程均在云端进行,云端有地面基站所传输的信号信息。用 $\hat{h}_{k,m}$ 和 $\hat{h}_{e,m}$ 表示所估计的基站信道和地面站信道,我们可以从混合信号中减去基站信号。

$$\overline{u_m} = y_{ie,m} - \sum_{k=1}^{K}\sum_{i=1}^{I} a_{k,i,m} \hat{h}_{ke,m} z_{k,i,m} = $$
$$a_{u,m} h_{ue,m} u_m + \sum_{k=1}^{K}\sum_{i=1}^{I} a_{k,i,m} \Delta h_{ke,m} z_{k,i,m} + n_{e,m} \quad (12\text{-}17)$$

其中，$\Delta h_{ke,m} = \hat{h}_{ke,m} - h_{ke,m}$。

用 $p_{k,i,m}$ 表示子载波 m 上基站 k 到用户 i 的传输功率，我们可以得到相应的接收信噪比为

$$\text{SNR}_{k,i,m} = \frac{|g_{k,i,m}|^2 p_{k,i,m}}{\sigma_{n_B}} \quad (12\text{-}18)$$

其中，σ_{n_B} 是高斯噪声功率。由于我们主要考虑星地系统之间的干扰，不考虑基站之间的干扰，而是将基站之间的干扰视为噪声的一部分。基于香农公式，用户容量计算如下。

$$C_{k,i,m} = \text{lb}(1 + \text{SNR}_{k,i,m}) = \text{lb}\left(1 + \frac{|g_{k,i,m}|^2 p_{k,i,m}}{\sigma_{n_B}}\right) \quad (12\text{-}19)$$

在实际情况中，由于难以获得精确的信道信息，所以无法完全消除来自基站的干扰，此时卫星用户的 SINR 将会恶化。用 ρ_k 和 ρ_e 表示信道 $h_{k,m}$ 和 $h_{e,m}$ 的估计误差，其中 $\rho_k \sim N(0, \varepsilon_k)$，$\rho_e \sim N(0, \varepsilon_e)$ 服从正态分布。所得到的估计信道可以表示为 $\hat{h}_{k,m} = (1-\rho_k)h_{k,m}$，$\hat{h}_{e,m} = (1-\rho_e)h_{e,m}$。可以计算得到 $\text{E}(|\Delta h_{ke,m}|^2) = (\varepsilon_k + \varepsilon_e)|h_{ke,m}|^2$，在子载波 m 上的干扰功率为 $\sum_{k=1}^{K}\sum_{i=1}^{I} a_{k,i,m}(\varepsilon_k + \varepsilon_e)|h_{ke,m}|^2 p_{k,i,m}$。为了保护卫星用户的服务质量，在每个子载波上，干扰功率必须被限制在最大的干扰温度限制之下。

$$\sum_{k=1}^{K}\sum_{i=1}^{I} a_{k,i,m}(\varepsilon_k + \varepsilon_e)|h_{ke,m}|^2 p_{k,i,m} \leqslant P_m^{\text{th}}, \forall m \quad (12\text{-}20)$$

可以看到，基站在每个子载波上的发射功率将会受到限制，与信道增益和信道误差相关。为优化系统容量，需要在约束条件之下合理地分配系统资源[20-23]。除干扰温度限制之外，其余的限制条件如下。

（1）总功率限制

$$\sum_{i=1}^{I}\sum_{m=1}^{M} a_{k,i,m} p_{k,i,m} \leqslant P_k^{\max}, \forall k \quad (12\text{-}21)$$

其中，$P_k^{\max}$ 是基站的最大发射功率。

（2）用户调度限制

每个基站的每个信道同时只能最多分配给一个用户。

$$\sum_{i=1}^{I} a_{k,i,m} \leqslant 1, \forall k, m \tag{12-22}$$

基于以上限制条件，我们的目的是最大化地面系统的总容量，优化问题如下。

$$\begin{aligned}
&\max_{a_{k,i,m}, p_{k,i,m}} \sum_{k=1}^{K}\sum_{i=1}^{I}\sum_{m=1}^{M} a_{k,i,m} C_{k,i,m} \\
&\text{s.t.} \ \ C1: \sum_{i=1}^{I}\sum_{m=1}^{M} a_{k,i,m} p_{k,i,m} \leqslant P_k^{\max}, \forall k \\
&\quad\quad C2: p_{k,i,m} \geqslant 0, \forall k, i, m \\
&\quad\quad C3: \sum_{k=1}^{K}\sum_{i=1}^{I} a_{k,i,m}(\varepsilon_B + \varepsilon_e)|h_{ke,m}|^2 p_{k,i,m} \leqslant P_m^{\text{th}}, \forall m \\
&\quad\quad C4: \sum_{i=1}^{I} a_{k,i,m} \leqslant 1, \forall k, m \\
&\quad\quad C5: a_{k,i,m} \in \{0,1\}
\end{aligned} \tag{12-23}$$

12.3.2 最优子信道和功率分配方法

式（12-23）中的原优化问题是非凸的混合规划问题，如果用遍历法搜索将会有过高的复杂度。该优化问题的非凸性主要来自整数的子信道分配下标 $a_{k,i,m}$。为解决该问题，我们将离散的下标值松弛为连续的变量 $a_{k,i,m} \in [0,1]$[24]，从而将原问题转换为凸问题。整数下标的意义是子载波是否被分配给某用户，相对地，连续变量下标 $a_{k,i,m} \in [0,1]$ 的意义可以解释为在每个传输时隙内，子载波被分配给某用户的时间比例。在变量下标连续的情况下，与 $a_{k,i,m}$ 有关的约束仍与原来的约束相同，其中 C4 可以解释为每个时隙内，每个子载波分配给所有用户的时间之和不能超过一个时隙长度。转换后的优化问题如下。

$$\begin{aligned}
&\min_{a_{k,i,m}, p_{k,i,m}} -\sum_{k=1}^{K}\sum_{i=1}^{I}\sum_{m=1}^{M} a_{k,i,m} C_{k,i,m} \\
&\text{s.t.} \ \ C1: P_k^{\max} - \sum_{i=1}^{I}\sum_{m=1}^{M} a_{k,i,m} p_{k,i,m} \geqslant 0, \forall k \\
&\quad\quad C2: p_{k,i,m} \geqslant 0, \forall k, i, m
\end{aligned}$$

$$C3: P_m^{\text{th}} - \sum_{k=1}^{K}\sum_{i=1}^{I}(\varepsilon_B + \varepsilon_e)|h_{ke,m}|^2 a_{k,i,m} p_{k,i,m} \geq 0, \forall m$$

$$C4: 1 - \sum_{i=1}^{I} a_{k,i,m} \geq 0, \forall k,m \tag{12-24}$$

$$C5: a_{k,i,m} \geq 0, \forall k,i,m$$

$$C6: 1 - a_{k,i,m} \geq 0, \forall k,i,m$$

式（12-24）中，我们已经将优化问题转换为了标准形式。可以证明，将离散的下标值松弛为连续的变量 $a_{k,i,m} \in [0,1]$ 后，该问题成为标准的凸优化问题，有唯一的最优解。我们使用拉格朗日对偶分解方法求解该问题，该问题的拉格朗日函数为

$$L(\{a_{k,i,m}\},\{p_{k,i,m}\},\lambda,\mu,\eta) = -\sum_{k=1}^{K}\sum_{i=1}^{I}\sum_{m=1}^{M} a_{k,i,m} C_{k,i,m} - \sum_{k=1}^{K}\lambda_k(P_k^{\max} - \sum_{i=1}^{I}\sum_{m=1}^{M} a_{k,i,m} p_{k,i,m}) -$$

$$\sum_{m=1}^{M}\mu_m(P_m^{\text{th}} - \sum_{k=1}^{K}\sum_{i=1}^{I}(\varepsilon_B + \varepsilon_e)|h_{ke,m}|^2 a_{k,i,m} p_{k,i,m}) - \sum_{k=1}^{K}\sum_{m=1}^{M}\eta_{k,m}(1 - \sum_{i=1}^{I} a_{k,i,m})$$

$$\tag{12-25}$$

其中，λ、μ、η 是约束 C1、C3、C4 的拉格朗日乘子。拉格朗日对偶函数为

$$\theta(\lambda,\mu,\eta) = \inf\left\{\begin{array}{l} L(\{a_{k,i,m}\},\{p_{k,i,m}\},\lambda,\mu,\eta) | \\ p_{k,i,m} \geq 0, \forall k,i,m, a_{k,i,m} \in [0,1], \forall k,i,m \end{array}\right\} \tag{12-26}$$

对偶问题为

$$\max_{\lambda,\mu,\eta} \theta(\lambda,\mu,\eta)$$
$$\text{s.t.} \quad \lambda,\mu,\eta \geq 0 \tag{12-27}$$

式（12-26）中的对偶函数可以被分解为一个主问题和 $K \times M$ 个子问题，即

$$\theta(\lambda,\mu,\eta) = \sum_{k=1}^{K}\sum_{m=1}^{M} \inf\left\{\begin{array}{l} L_{k,m}(\{a_{k,i,m}\},\{p_{k,i,m}\},\lambda,\mu,\eta) | \\ p_{k,i,m} \geq 0, a_{k,i,m} \in [0,1], \forall k,i,m \end{array}\right\} -$$
$$\sum_{k=1}^{K}\lambda_k P_k^{\max} - \sum_{m=1}^{M}\mu_m P_m^{\text{th}} - \sum_{k=1}^{K}\sum_{m=1}^{M}\eta_{k,m} \tag{12-28}$$

其中，

$$L_{k,m}(\{a_{k,i,m}\},\{p_{k,i,m}\},\lambda,\mu,\eta) = -\sum_{i=1}^{I} a_{k,i,m} C_{k,i,m} + \sum_{i=1}^{I} \lambda_k a_{k,i,m} p_{k,i,m} +$$
$$\sum_{i=1}^{I} \mu_m(\varepsilon_B + \varepsilon_e)|h_{ke,m}|^2 a_{k,i,m} p_{k,i,m} + \sum_{i=1}^{I}\eta_{k,m} a_{k,i,m} \tag{12-29}$$

我们将原问题分解成一个主问题和 $K \times M$ 个子问题，可以通过依次求解每个子问题得到原问题的最优解。对于每个子问题，最优解 $\bar{p}_{k,i,m}$ 和 $\bar{a}_{k,i,m}$ 满足以下条件。

$$\frac{\partial L_{k,m}}{\partial \bar{p}_{k,i,m}} = -\frac{1}{\ln 2}\left(\frac{|g_{k,i,m}|^2}{|g_{k,i,m}|^2 \bar{p}_{k,i,m} + \sigma_{n_B}}\right) + \lambda_k + \mu_m(\varepsilon_k + \varepsilon_e)|h_{ke,m}|^2 \begin{cases} =0, & \bar{p}_{k,i,m} > 0 \\ \geqslant 0, & \bar{p}_{k,i,m} = 0 \end{cases}$$
（12-30）

$$\frac{\partial L_{k,m}}{\partial \bar{a}_{k,i,m}} = -\text{lb}\left(1 + \frac{|g_{k,i,m}|^2 \bar{p}_{k,i,m}}{\sigma_{n_B}}\right) + \lambda_k \bar{p}_{k,i,m} + $$

$$\mu_m(\varepsilon_k + \varepsilon_e)|h_{ke,m}|^2 \bar{p}_{k,i,m} + \eta_{k,m} \begin{cases} \geqslant 0, & \bar{a}_{k,i,m} = 0 \\ = 0, & 0 < \bar{a}_{k,i,m} < 1 \\ \leqslant 0, & \bar{a}_{k,i,m} = 1 \end{cases}$$
（12-31）

基于式（12-30），可以得到最优功率分配为

$$\bar{p}_{k,i,m} = \left(\frac{1}{\ln 2}\left(\frac{1}{\lambda_k + \mu_m(\varepsilon_k + \varepsilon_e)|h_{ke,m}|^2}\right) - \frac{\sigma_{n_B}}{|g_{k,i,m}|^2}\right)^+$$
（12-32）

其中，$(x)^+ = \max(0, x)$。

从式（12-32）可以看出，最优功率分配服从多层注水的形式。不同基站的基础水位受 $(\varepsilon_k + \varepsilon_e)|h_{ke,m}|^2$ 影响，信道误差越大、到卫星信道衰减越小的基站，水位将越低，从而对卫星的干扰降低。同时，$|g_{k,i,m}|^2/\sigma_{n_B}$ 值大的基站用户将会被分配更多的功率，从而优化地面网络容量。

接着，我们求解最优的子载波分配策略。式（12-31）中的导数可以等价为

$$\frac{\partial L_{k,m}}{\partial \bar{a}_{k,i,m}} = H_{k,i,m} + \eta_{k,m} \begin{cases} \geqslant 0, & \bar{a}_{k,i,m} = 0 \\ = 0, & 0 < \bar{a}_{k,i,m} < 1 \\ \leqslant 0, & \bar{a}_{k,i,m} = 1 \end{cases}$$
（12-33）

其中，

$$H_{k,i,m} = -\text{lb}\left(1 + \frac{|g_{k,i,m}|^2 \bar{p}_{k,i,m}}{\sigma_{n_B}}\right) + \lambda_k \bar{p}_{k,i,m} + \mu_m(\varepsilon_k + \varepsilon_e)|h_{ke,m}|^2 \bar{p}_{k,i,m}$$
（12-34）

从式（12-33）可以看出，最优的子载波分配策略倾向于将子载波 m 分配给具有最小 $H_{k,i,m}$ 值的用户，因此我们得到以下子载波分配策略。

$$\bar{a}_{k,i^*,m} = 1 \big|_{i^* = \min_i H_{k,i,m}, \forall k, m}$$
（12-35）

最优的功率和子载波分配策略可以由拉格朗日乘子 λ 和 μ 表示。由于 $\theta(\lambda,\mu,\eta)$ 不可求导，所以我们使用次梯度方法迭代计算 λ 和 μ 。

$$\begin{cases} \lambda_k^{(j+1)} = \left[\lambda_k^j - \beta_1^{(j)}(P_k^{\max} - \sum_{i=1}^{I}\sum_{m=1}^{M} s_{k,i,m}) \right]^+ \\ \mu_m^{(j+1)} = \left[\mu_m^j - \beta_2^{(j)}(P_m^{\text{th}} - \sum_{k=1}^{K}\sum_{i=1}^{I} t_{k,m} s_{k,i,m}) \right]^+ \\ s_{k,i,m} = a_{k,i,m} p_{k,i,m}, t_{k,m} = (\varepsilon_k + \varepsilon_e)|h_{ke,m}|^2 \end{cases} \quad (12-36)$$

其中，$j \in \{1,2,\cdots,J_{\max}\}$ 是迭代步骤，最大迭代步骤为 $J_{\max}$，$\beta_1^{(j)}$ 和 $\beta_2^{(j)}$ 是第 j 次迭代的迭代步长。

由于最优的功率和子载波分配策略只与拉格朗日乘子 λ 和 μ 有关，因此不需要计算拉格朗日乘子 η。由于所有的信号处理过程都在云端进行，云端拥有进行最优资源分配所需的所有信息。在每次迭代中，我们计算拉格朗日乘子 λ 和 μ，更新最优功率和子载波分配策略，直到结果收敛。

12.3.3 仿真结果

通过对实际系统进行仿真验证我们所提出的最优资源分配方法。系统载波频率为 2 GHz，带宽为 10 MHz，并分割成 $M = 20$ 个子载波。每个子载波上的噪声功率可计算为 $\sigma_{n_B} = \dfrac{B}{M} N_0$，其中，$N_0 = -174$ dBm/Hz 是高斯噪声频谱密度。每个基站的覆盖半径设定为 50 m，最大发射功率统一设定为 $P_k^{\max} = P_B^{\max}$。每个基站所服务的 I 个用户随机分布在其覆盖范围内。卫星轨道高度为 10 000 km。基站到基站用户的信道建模为瑞利信道[25]，基站到卫星的信道建模为莱斯信道[18]。信道误差建模参数参考文献[26]。此外我们将干扰温度限制与文献[27]中的子载波分配方法结合，作为对比仿真方法，标明为"已有方法"。

图 12-6 给出了所提出最优方法的收敛过程，其中设定基站数量 $K = 50$，最大传输功率为 $P_B^{\max} = 30$ dBm，所有子载波干扰温度限制为 $P_m^{\text{th}} = -200$ dBm，这里的干扰温度考虑为在卫星接收处的等效干扰温度。可以看出，对于不同的用户数量，所提出的算法能够迅速收敛（在 10 次迭代之内），证明了该方法在实际系统中的可行性。

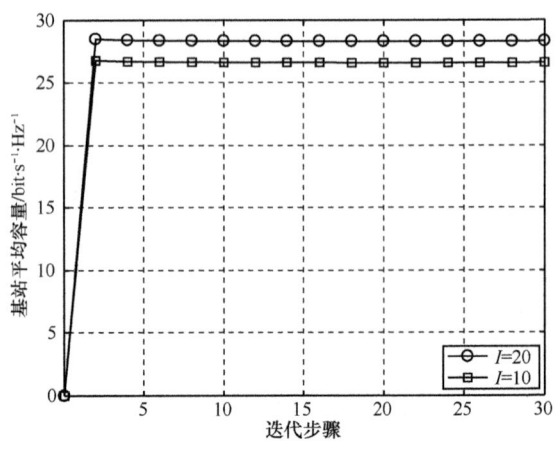

图 12-6　迭代过程

如图 12-7 所示,我们研究了不同基站数量下的系统总容量,系统参数设定与图 12-8 设定相同。可以看到,当用户数量为 $I=15$,基站数量从 10 个增长到 50 个时,系统总容量从 270 bit/s·Hz^{-1} 近于线性地增长到 1 270 bit/s·Hz^{-1}。由于干扰温度的限制,$K=50$ 相比于 $K=10$ 有大约 6% 的容量损失。当基站数量增加到 $K=100$ 时,容量损失将会增加到 10%。此外,我们可以看到当基站的用户数量从 15 个增长到 20 个时,系统容量将增长大约 2.5%。用户数量的增长将会带来更多的可选的信道分配策略,由于多用户分集增益,系统容量将会增加。当用户数量为 15 个时,可以看到我们所提出的最优方法相对于已有方法有 10% 左右的性能提升,证明了我们所提出方法的最优性。

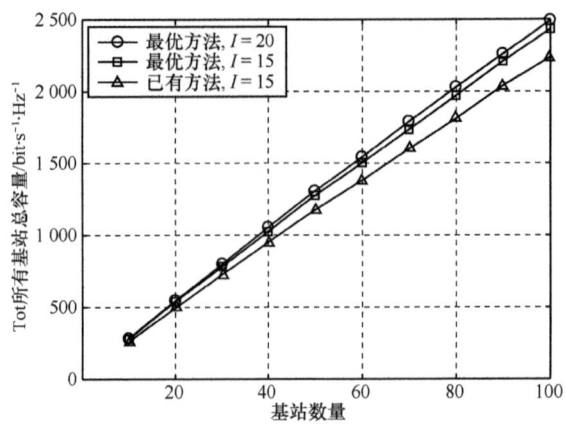

图 12-7　不同基站数量下的系统总容量

图 12-8 给出了不同干扰温度限制下的系统总容量,其中基站数量和用户数量设定为 $K=10$ 和 $I=15$。当干扰温度限制增加时,基站将会被允许更大的发射功率,从而增加系统容量。我们可以看到系统容量随干扰温度增加是对数线性的,因为干扰和发射功率之间的关系是线性的,而容量和发射功率之间的关系是对数的。当干扰温度限制继续增加时,所有基站将会达到其最大发射功率,因此系统总容量将不再增加。我们还可以看到,当基站最大发射功率增加时,由于更大的干扰温度限制下基站可以采用更大的发射功率,系统总容量的增长过程将会更长。当干扰温度限制很小时,增加基站的发射功率对系统容量影响将会很小,此时系统容量的主要瓶颈来自干扰温度限制。此外,也可以看到我们所提出的最优算法和已有算法之间的容量差近似于一个定值。因此我们所提出的最优方法在干扰温度限制较小时有更大的相对增益。

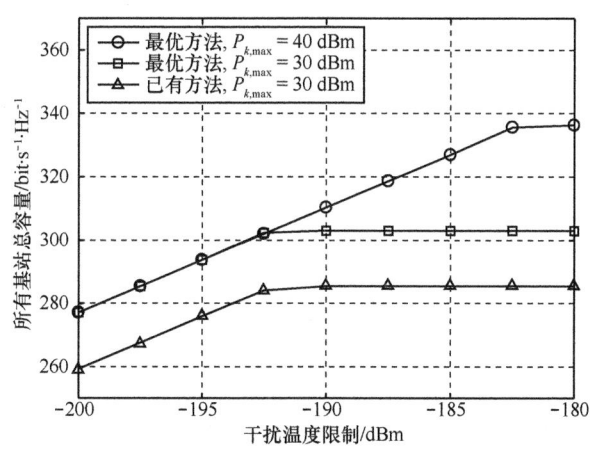

图 12-8 不同干扰温度下系统总容量

12.4 本章小结

在本章中,我们提出了星地协同网络中的两种资源分配方法。首先研究了频谱共享的星地协同网络中的干扰控制和功率分配的问题,并提出了最优功率分配方法;接着,提出了基于云处理的星地协同网络架构,其中卫星和基站都连接到共同的云端处理中心,所有信号处理过程将在云端进行。针对该架构,我们提出了优化系统总容量的最优子载波和功率分配方法。

12.5 本部分小结

本部分主要研究了空间信息网络资源管理的问题。随着无线通信的发展，有限的资源与迅速增长的业务需求之间的矛盾日益突出。空间信息网络中，复杂的资源状态使得资源的管理更具挑战性，需针对空间信息网络的特点研究资源管理技术，提高无线频谱资源利用的有效性，从而提升空间信息网络的性能。

第9章主要研究了中继卫星系统的业务调度问题。随着用户数量不断增多和应用领域不断扩展，对中继卫星系统业务调度的技术水平提出了更高要求。我们统筹考虑中继卫星系统业务特征分析、业务需求预处理与资源分配，基于中继卫星系统业务具有的多类型、大时空跨度、不均匀分布特点，开展中继卫星业务时空特征研究，进而提出一种包含统一输出接口的业务需求预处理方法。在业务特征研究基础上，考虑中继卫星系统多类型星间链路天线、动态业务准备时间等要素，将原系统资源分配问题转化为星间链路天线的跟踪指向路径问题，为此构建了混合整数规划模型，并设计了一种改进的贪婪随机自适应算法对模型求解。基于不同业务规模和数据类型的实例调度结果表明：本章方法在提升调度业务完成率的同时显著压缩了天线业务准备总时长，有效提升了中继卫星系统效益。

第10章主要研究了中继卫星系统的用户行为建模分析与用户合作机制。随着用户目标对中继任务需求快速增长，高效管理极其有限的天线波束资源对中继卫星系统的性能优化意义重大。为解决不同用户对有限资源的竞争，采用博弈论对中继卫星系统资源分配过程中的用户资源竞争行为进行理论分析和建模。基于一种博弈论中的重复博弈框架，设计了中继卫星系统多用户间的合作机制，通过将用户的资源竞争行为与系统内部任务调度协同考虑，有效抑制了用户在任务需求申请过程中的自私行为，降低了中继卫星系统中资源冲突强度，并结合高效启发式任务调度策略，显著提升了整个系统的服务效能。

第11章主要研究了空间异构网络的资源管理与应急资源调度服务。为提高卫星服务能力以及未来天地一体化网络空间信息服务建设的需求，通过将通信卫星等传输资源统一整合，形成综合组网应用的接入手段，利用综合运行管理网络构建统一的资源管理和调度系统，形成资源综合应用、按需服务的体系框架，动态分配波束和转发器资源，提升资源综合应用效益。此外，面对网络服务过程中产生突发任务

第 12 章 星地协同网络的联合资源管理方法与技术

的情况，本章以中继卫星系统为例研究了空间异构网络的资源调度方法。在分析多类动态调度策略的基础上，建立了应急资源调度的多目标优化模型，并提出了相应的动态调度算法。结果表明该动态调度算法能够在保证对原规划方案调整最小的情况下，进一步优化系统性能。

第 12 章主要研究了星地协同网络的联合资源管理问题。由于无线通信需求增长迅速，无线网络正面临越来越大的挑战。在下一代无线网络中，目前地面网络和卫星网络的协作传输已经被考虑用于提供更加全面的通信覆盖，因此地面网络和卫星网络之间的频谱共享技术在未来无线通信中将起到重要作用。在本章中，我们提出了星地协同网络中的两种资源分配方法。首先我们研究了频谱共享的星地协同网络中的干扰控制和功率分配问题，并提出了最优功率分配方法。接着，我们提出了基于云处理的星地协同网络架构，其中卫星和基站都连接到共同的云端处理中心，所有信号处理过程将在云端进行。针对该架构，我们提出了优化系统总容量的最优子载波和功率分配方法。

参考文献

[1] GHOSH A, THOMAS T A, CUDAK M C, et al. Millimeter-wave enhanced local area systems: A high-data-rate approach for future wireless networks[J]. IEEE journal on selected areas in communications, 2014, 32(6): 1152-1163.

[2] MALEKI S, CHATZINOTAS S, EVANS B, et al. Cognitive spectrum utilization in Ka band multibeam satellite communications[J]. IEEE communications magazine, 2015, 53(3): 24-29.

[3] ZHU X, JIANG C, KUANG L, et al. Non-orthogonal multiple access based integrated terrestrial-satellite networks[J]. IEEE journal on selected areas in communications, 2017, 35(10): 2253-2267.

[4] 3rd Generation Partnership Project (3GPP). Feasibility Study on New Services and Markets Technology Enablers— Enhanced Mobile Broadband[R]. 2016.

[5] JIANG C, KUANG L, HAN Z, et al. Information credibility modeling in cooperative networks: equilibrium and mechanism design[J]. IEEE journal on selected areas in communications, 2017, 35(2): 432-448.

[6] JIANG C, ZHANG H, HAN Z, et al. Information-sharing outage-probability analysis of vehicular networks[J]. IEEE transactions on vehicular technology, 2016, 65(12): 9479-9492.

[7] LAGUNAS E, SHARMA S K, MALEKI S, et al. Resource allocation for cognitive satellite communications with incumbent terrestrial networks[J]. IEEE transactions on cognitive

communications and networking, 2015, 1(3): 305-317.

[8] KHAN A H, IMRAN M A, EVANS B G. Semi-adaptive beamforming for OFDM based hybrid terrestrial-satellite mobile system[J]. IEEE transactions on wireless communications, 2012, 11(10): 3424-3433.

[9] KANG K, PARK J M, KIM H W, et al. Analysis of interference and availability between satellite and ground components in an integrated mobile-satellite service system[J]. International journal of satellite communications and networking, 2015, 33(4): 351-366.

[10] DESLANDES V, TRONC J, BEYLOT A L. Analysis of interference issues in integrated satellite and terrestrial mobile systems[C]// Advanced Satellite Multimedia Systems Conference (ASMA) and the 11th Signal Processing for Space Communications Workshop (SPSC), 2010 5th. IEEE, 2010: 256-261.

[11] AN K, LIN M, OUYANG J, et al. Symbol error analysis of hybrid satellite-terrestrial cooperative networks with co-channel interference[J]. IEEE communications letters, 2014, 18(11): 1947-1950.

[12] AN K, LIN M, LIANG T, et al. Performance analysis of multi-antenna hybrid satellite-terrestrial relay networks in the presence of interference[J]. IEEE transactions on communications, 2015, 63(11): 4390-4404.

[13] PARK S H, SIMEONE O, SAHIN O, et al. Joint precoding and multivariate backhaul compression for the downlink of cloud radio access networks[J]. IEEE transactions on signal processing, 2013, 61(22): 5646-5658.

[14] WANG J, JIANG C, HAN Z, et al. Network association strategies for an energy harvesting aided super-WiFi network relying on measured solar activity[J]. IEEE journal on selected areas in communications, 2016, 34(12): 3785-3797.

[15] MENG Y, JIANG C, XU L, et al. User association in heterogeneous networks: A social interaction approach[J]. IEEE transactions on vehicular technology, 2016, 65(12): 9982-9993.

[16] MARKS B R, WRIGHT G P. A general inner approximation algorithm for nonconvex mathematical programs[J]. Operations research, 1978, 26(4): 681-683.

[17] PAPANDRIOPOULOS J, EVANS J S. SCALE: a low-complexity distributed protocol for spectrum balancing in multiuser DSL networks[J]. IEEE transactions on information theory, 2009, 55(8): 3711-3724.

[18] BOYD S, VANDENBERGHE L. Convex optimization[M]. Cambridge: Cambridge University Press, 2004.

[19] LUTZ E, CYGAN D, DIPPOLD M, et al. The land mobile satellite communication channel-recording, statistics, and channel model[J]. IEEE transactions on vehicular technology, 1991, 40(2): 375-386.

[20] ZHANG H, JIANG C, BEAULIEU N C, et al. Resource allocation for cognitive small cell networks: a cooperative bargaining game theoretic approach[J]. IEEE transactions on wireless communications, 2015, 14(6): 3481-3493.

[21] ZHANG H, JIANG C, BEAULIEU N C, et al. Resource allocation in spectrum-sharing OFDMA femtocells with heterogeneous services[J]. IEEE transactions on communications, 2014, 62(7): 2366-2377.

[22] DU J, JIANG C, QIAN Y, et al. Resource allocation with video traffic prediction in cloud-based space systems[J]. IEEE transactions on multimedia, 2016, 18(5): 820-830.

[23] JIANG C, CHEN Y, REN Y, et al. Maximizing network capacity with optimal source selection: a network science perspective[J]. IEEE signal processing letters, 2015, 22(7): 938-942.

[24] WONG C Y, CHENG R S, LATAIEF K B, et al. Multiuser OFDM with adaptive subcarrier, bit, and power allocation[J]. IEEE journal on selected areas in communications, 1999, 17(10): 1747-1758.

[25] 3rd Generation Partnership Project (3GPP). Further Advancements for E-UTRA, Physical Layer Aspects[R]. 2010.

[26] MUKHERJEE A, SWINDLEHURST A L. Robust beam forming for security in MIMO wiretap channels with imperfect CSI[J]. IEEE transactions on signal processing, 2011, 59(1): 351-361.

[27] SHEN Z, ANDREWS J G, EVANS B L. Adaptive resource allocation in multiuser OFDM systems with proportional rate constraints[J]. IEEE transactions on wireless communications, 2005, 4(6): 2726-2737.

名词索引

保护区　29, 44～47, 49～51, 53, 59, 60, 62, 65, 67, 78, 108

多波束多用户协同　6, 127, 172

多波束干扰模型　115, 118, 121, 127, 152

多星共轨　116

多星协同传输　172

干扰协调　157～159, 161, 163, 165～168, 170～172

角度隔离　29, 56, 57, 64, 86

空间信息网络资源管理　6, 224, 233, 250

空间异构网络　6, 195, 196, 200, 202, 212, 250

扩频　120, 124, 128, 130, 132, 134, 137

拉格朗日对偶方法　169, 238

链路夹角概率分析方法　76, 82

频率协调　6, 16～18, 21, 24, 80, 108

频谱感知　6, 85～88, 90, 92～94, 99, 101, 105, 107～109

频谱共享　6, 11, 14, 24, 27～29, 54, 59, 67, 69, 70, 76, 85, 86, 107～109, 115, 158, 159, 234, 235, 241, 249, 251

同频干扰　6, 11, 14, 18, 24, 78, 82, 108, 109, 119～121, 151, 158, 234

相轨迹分析方法　29, 43, 44, 67

小尺度衰落　121, 122

星地协同　6, 7, 157～161, 167, 168, 171, 172, 233～235, 241, 242, 249, 251

因子图　129, 131, 132, 134, 139～142, 144

预编码技术　149, 150

云处理　235, 241, 242, 249, 251

中断概率　60, 62, 67, 94, 108

中继卫星系统　6, 177, 178, 180, 182, 185, 186, 188, 190～192, 195, 202, 203, 205, 206, 210, 250, 251

资源调度模型　205

自由空间损耗　121